新生物学丛书

RNA-seq 数据分析实用方法

〔芬〕E. 科佩莱恩　　〔芬〕J. 图梅拉　　〔芬〕P. 萨默沃
〔瑞典〕M. 赫斯　　〔芬〕G. 旺　编著

陈建国　张海谋　译

科学出版社
北 京

图字：01-2017-7081 号

内 容 简 介

本书全面介绍了 RNA-seq 数据分析的基本原理和方法，内容涵盖数据分析的整个工作流程，包括质量控制、作图、组装、统计检验和代谢途径分析等。书中在进行理论讲解的同时，还使用了较多实例，不仅生物信息学家，甚至没有相关分析经验的研究人员也均可参照这些实例进行分析。

本书是一部 RNA-seq 数据分析的实用参考书，可供生物学、医学、遗传学和计算机科学领域的研究人员阅读，也可供高年级本科生、研究生参考。

图书在版编目（CIP）数据

RNA-seq 数据分析实用方法/（芬）E. 科佩莱恩（Eija Korpelainen）等编著；陈建国，张海谋译. —北京：科学出版社，2018.3
（新生物学丛书）
书名原文：RNA-seq Data Analysis：A Practical Approach
ISBN 978-7-03-056486-3

Ⅰ. ①R⋯ Ⅱ. ①E⋯ ②陈⋯ ③张⋯ Ⅲ. ①基因组–序列–测试–研究 Ⅳ. ①Q343.1

中国版本图书馆 CIP 数据核字(2018)第 021066 号

责任编辑：王海光 高璐佳 / 责任校对：郑金红
责任印制：吴兆东 / 封面设计：刘新新

科 学 出 版 社 出版
北京东黄城根北街 16 号
邮政编码：100717
http://www.sciencep.com
北京中石油彩色印刷有限责任公司印刷
科学出版社发行 各地新华书店经销
*
2018 年 3 月第 一 版 开本：720×1000 1/16
2024 年 6 月第六次印刷 印张：15 3/4
字数：310 000
定价：**120.00 元**
（如有印装质量问题，我社负责调换）

《新生物学丛书》专家委员会

主　　任：蒲慕明

副 主 任：吴家睿

专家委员会成员(按姓氏汉语拼音排序)

丛 书 序

当前，一场新的生物学革命正在展开。为此，美国国家科学院研究理事会于2009年发布了一份战略研究报告，提出一个"新生物学"（New Biology）时代即将来临。这个"新生物学"，一方面是生物学内部各种分支学科的重组与融合，另一方面是化学、物理、信息科学、材料科学等众多非生命学科与生物学的紧密交叉与整合。

在这样一个全球生命科学发展变革的时代，我国的生命科学研究也正在高速发展，并进入了一个充满机遇和挑战的黄金期。在这个时期，将会产生许多具有影响力、推动力的科研成果。因此，有必要通过系统性集成和出版相关主题的国内外优秀图书，为后人留下一笔宝贵的"新生物学"时代精神财富。

科学出版社联合国内一批有志于推进生命科学发展的专家与学者，联合打造了一个21世纪中国生命科学的传播平台——《新生物学丛书》。希望通过这套丛书的出版，记录生命科学的进步，传递对生物技术发展的梦想。

《新生物学丛书》下设三个子系列：科学风向标，着重收集科学发展战略和态势分析报告，为科学管理者和科研人员展示科学的最新动向；科学百家园，重点收录国内外专家与学者的科研专著，为专业工作者提供新思想和新方法；科学新视窗，主要发表高级科普著作，为不同领域的研究人员和科学爱好者普及生命科学的前沿知识。

如果说科学出版社是一个"支点"，这套丛书就像一根"杠杆"，那么读者就能够借助这根"杠杆"成为撬动"地球"的人。编委会相信，不同类型的读者都能够从这套丛书中得到新的知识信息，获得思考与启迪。

《新生物学丛书》专家委员会

主 任：蒲慕明

副主任：吴家睿

2012年3月

前　言

实用性

　　RNA 测序（RNA-seq）提供了关于转录组的前所未有的信息，但利用生物信息学工具来驾驭这种信息通常是一个瓶颈。本书的目的是使读者能够对 RNA-seq 数据进行分析。本书详细讨论了几个主题，涵盖整个数据分析工作流程，从质量控制、作图和组装到统计检验和代谢途径分析。本书的目的不是最小化与现有同类书的重叠之处，而是进行更全面和更实用的介绍。

　　本书使研究人员能够考察基因、外显子和转录水平上的差异表达，发现新的基因、转录本和整个转录组。为了与非编码小 RNA 的重要调节作用一致，用整整一部分（第 12 章和第 13 章）来介绍非编码小 RNA 的发现和功能分析。

　　本书是专为学生和高级研究人员写的。实际的例子是以这种原则选择的：不仅生物信息学家，而且没有编程经验的实验室科学家都可以跟着这些例子去做，这使本书适合各种不同背景，包括生物学、医学、遗传学和计算机科学的研究人员以及高年级本科生、研究生使用。它可以作为主要的RNA-seq数据分析方法及如何在实践中使用这些方法的指导手册。

　　本书在理论与实践之间进行了平衡，每一章以理论背景开始，然后是有关分析工具的描述，最后举例说明它们的用法。我们尽力使本书成为一部能够指导实践的 RNA-seq 数据分析操作指南。重要的是，它也满足对计算机不精通的实验室生物学家的需要，因为除了命令行工具之外，还使用图形化的 Chipster 软件给出了实例。在实例中使用的所有软件都是开放源代码和免费可用的。

内容概要

　　在第 1 章和第 2 章"引言"部分中，讨论了 RNA-seq 的不同应用，从基因和转录本的发现，到差异表达分析和突变及融合基因的发现。概述了 RNA-seq 数据分析，并讨论了实验设计的重要方面。

　　第一部分介绍了将读段作图到参考基因组和重新组装的方法。因为这两者都受读段质量的强烈影响，所以还包括关于质量控制和预处理的一章。第 3 章讨论了高通量测序数据特有的若干质量问题，以及用于检测和解决这些问题的工具。第 4 章介绍了将 RNA-seq 读段作图到参考基因组时所面临的挑战，利用实例介绍了一些常用的比对工具；还介绍了用于操作比对文件的工具和在基因组的上下文中可视化读段的基因组浏览器。第 5 章介绍了转录组组装的一些要素；讨论了数据处理相关的步骤，如过滤、修剪和 RNA-seq 组装中的误差校正；解释了基本的概念，如剪接图、de Bruijn 图和组装图中的路径遍历等；讨论了基因组组装和转录组组装之间的区别。此外，介绍了重构全长转录本的两种方法：基于作图的组装和重新组装，这两种方法都用实例进行了演示。

第二部分主要致力于统计分析，主要利用 R 软件来进行，辅以 Bioconductor 项目所开发的工具。第 6 章讨论了不同的定量化方法和工具，以及基于注释的质量指标。第 7 章介绍了以 R 和 Bioconductor 为基础的 RNA-seq 数据分析的框架，以及如何导入数据；讨论了 R 中的统计学工具和生物信息学工具之间的主要区别。第 8 章和第 9 章讨论了分析基因、转录本及外显子差异表达的不同选项，演示了如何使用 R/Bioconductor 工具和一些单独的工具来进行分析。第 10 章提供了用于注释结果的解决方案，第 11 章介绍了产生信息性可视化效果的不同方式，以显示重要的结果。

本书的最后一部分集中于分析非编码小 RNA，使用基于 web 的或可免费下载的工具。第 12 章描述了非编码小 RNA 的不同类别，刻画了其功能、丰度和序列属性。第 13 章描述了从下一代测序数据集中发现非编码小 RNA 的不同算法，提供了一个实用的方法，带有工作流程和例子，来介绍非编码小 RNA 是如何被发现和注释的；此外，还介绍了可以用来阐明非编码小 RNA 功能的下游工具。

编著者

致　　谢

我们感谢 CRC 出版社的工作人员给我们这个机会为 RNA-seq 领域写一本书。尤其是 Sunil Nair、Sarah Gelson 和 Stephanie Morkert 在写作过程中引导我们，对我们表现出无限的耐心，并对我们的每次咨询做出快速而及时的回应。

我们还感谢同事和本实验室的成员 Vuokko Aarnio、Liisa Heikkinen 及 Juhani Peltonen 阅读和评论了本书的各个章节，深深感谢他们为此付出的时间和精力。

Tommy Kissa 在本书的最终写作阶段作为助理提供了坚定的和无条件的热心帮助。他把这个工作当作最令人愉快的任务的态度激励了我们，使我们能够获得最终的结果。

最后，我们感谢我们的配偶和家庭成员 Lily、Philippe、Stefan、Sanna 及 Merja，在整个写作过程中，她们除了担任旅馆老板、厨师、女佣和心理治疗师的角色，还充当了研究助理、审稿人、图形艺术家、计算机支持和被征询者。我们亲切地将这部作品献给你们。

编著者

作 者 简 介

E. 科佩莱恩（Eija Korpelainen）

芬兰 CSC-IT 科学中心的生物信息学家，在提供国家级的生物信息学支持方面有十几年的经验。她的团队开发了 Chipster 软件，为芯片和下一代测序数据的分析及可视化工具的全面集合提供了一个用户友好的平台。她还在芬兰和其他国家开设了几门培训课程。

J. 图梅拉（Jarno Tuimala）

芬兰红十字会血液服务中心和 CSC-IT 科学中心的生物学家，致力于生物统计学和生物信息学，也是赫尔辛基大学生物信息学兼职教授。他在使用 R 软件和高通量数据分析方面有十多年的经验。

P. 萨默沃（Panu Somervuo）

2000 年在芬兰赫尔辛基科技大学获得博士学位，从事信号处理、自动语音识别和神经网络的相关研究，后转向生物信息学领域。近 6 年来，他一直参与赫尔辛基大学的微阵列和测序研究项目。

M. 赫斯（Mikael Huss）

在计算生物学方面拥有超过十年的从业经验。2007 年曾在新加坡基因组研究所从事高通量测序的生物信息学博士后研究工作，后来在瑞典国家生命科学实验室（SciLifeLab）的测序机构工作，并设计了 RNA-seq 分析工作流程。目前在 SciLifeLab 的瓦伦堡高级生物信息学机构（Wallenberg Advanced Bioinformatics Infrastructure，WABI）担任"驻站生物信息学家"，WABI 是承担生物信息学分析项目的国家机构。

G. 旺（Garry Wong）

东芬兰大学分子生物信息学教授，澳门大学生物医学教授。在使用、开发 RNA 转录组分析工具方面有十多年的经验，目前的研究重点是利用生物信息学和功能基因组学的工具阐明模式生物中非编码小 RNA 的功能。

目　　录

第1章 RNA-seq 简介

1.1 引 言

RNA-seq 指的是用来确定生物样品中 RNA 序列的身份（identity）和丰度（abundance）的实验方法和计算方法的集合。因此，存在于一个单链 RNA 分子中的每个腺嘌呤、胞嘧啶、鸟嘌呤和尿嘧啶核糖核酸残基的顺序被确定。实验方法涉及从细胞、组织或整个动物样品中分离 RNA，制备代表样品中的 RNA 种类（species）的文库，文库的实际化学测序，以及随后的生物信息学数据分析。RNA-seq 与早些时候的方法（如微阵列）最重要的区别是：当前的 RNA-seq 平台的通量非常高，新技术提供了更高的灵敏度，发现新型转录本、基因模型和非编码小 RNA 的能力更强。

RNA-seq 方法由测序技术的代际变化衍生而来。第一代高通量测序通常指 Sanger 双脱氧测序法。由于毛细管电泳被用来解决核酸片段长度的问题，一个标准的毛细管电泳实验可以使用 96 个毛细管，得到的序列长度为 600~1000 个碱基，产生大约 100 000 个碱基的序列。第二代测序，也称为下一代测序（next-generation sequencing，NGS），是指使用类似的测序方法，通过个别核苷酸的合成化学测序，但以大规模并行的方式执行，以便使单次测序实验中的测序反应数目可以达到数百万。一个典型的 NGS 实验可以包含 100 个核苷酸（nt）的 6000 兆测序反应，产生 6000 亿碱基的序列信息。

第三代测序的方法也是大规模并行的，并使用合成化学测序（sequencing by synthesis chemistry），但用单个分子的 DNA 或 RNA 作为模板。第三代测序平台每次实验的测序反应较少，为几百万数量级，但每个反应的序列长度可以更长，可以轻松地对 1500 nt 范围内的序列进行测序。

从 RNA-seq 实验获得的数据可以产生新的知识，从胚胎干细胞中编码蛋白质的新转录本的鉴定到皮肤肿瘤细胞株中过表达的转录本的表征。可以问的问题包括：正常细胞和癌细胞中基因表达水平有什么差异？在缺少一种抑癌基因的细胞株中基因表达水平会发生什么变化？诱变剂处理前后在细胞株中基因表达有什么差异？在大脑发育过程中哪些基因被上调？什么转录本存在于皮肤，但不存在于肌肉中？在氧化应激过程中基因剪接是如何改变的？在人类胚胎干细胞样本中，我们能够发现什么新颖的 miRNA？大家可以看到，可以问的问题的范围是很广的。

RNA-seq 技术表明有关基因结构和基因的一般注释的当前知识（从单细胞模式生物到人类细胞）还相当贫乏，因此人们对转录组学（transcriptomics）产生了更大的兴趣并寄予了更高的期望。来自 RNA-seq 平台的新的数据显示了基因结构的广泛的多样性，识别了新的未知基因，并阐明小的和长的非编码转录本[1-4]。后来的研究为许多转录本序列信息非常有限的新物种提供了大量的数据。关于研究的步伐，在测序界有一个著名的类比：测序成本下降的速度快于摩尔定律。除了成本下降以外，测序能力也有很大的提高，给人们带来更大的期望。

本书着重介绍 RNA-seq 中数据分析的实用方法；然而，如果不介绍实验方法，将无法描述这些分析方法。在这个介绍性的一章中，我们将提供一些必要的背景，介绍一些典型的规程（protocol），提供一个工作流程，最后提供成功应用的一些例子。届时希望读者能对整个过程有更好的理解，一步接一步，从项目的构想到结果的可视化和解释。

RNA-seq 的典型流程如图 1.1 所示。工作流程图的顶部显示的是湿实验室（wet-laboratory）的步骤，而底部显示的是数据处理和分析的步骤。

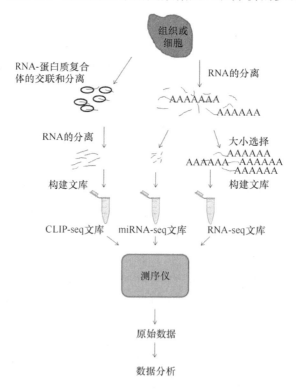

图 1.1　RNA-seq 实验的总体方案。为 CLIP-seq、miRNA-seq 和一般的 RNA-seq，显示了 RNA-seq 方法中从组织到数据的工作流程。

1.2 RNA 的分离

RNA 通常是从新鲜的或冷冻的细胞或组织样品中分离的，使用商业试剂盒，如 RNAEasy（Qiagen Hilden，德国）、TRIZOL（Life Technologies，Carlsbad，CA）或 RiboPure（Ambion，Austin，TX），还有许多其他的试剂盒。这些试剂盒的优点是容易使用，使用得当可以产生大量的总 RNA。也有高通量 RNA 分离系统，主要依赖于附着到磁性颗粒上的 RNA，这方便它们的洗脱和分离。也有可能从甲醛溶液固定的、石蜡包埋的组织中分离 RNA，虽然这并不理想。为了防止 RNA 降解，样品可以浸泡在 RNA 存储试剂中，如 RNAlater（Ambion），或作部分处理并以酚醛乳状液（trizol）存储。在这个阶段，也可以使用柱系统（miRVana；Ambion）将 RNA 样品浓缩为大小特定的类，如小 RNA。或者，最初可以从样品中提取总 RNA，然后通过聚丙烯酰胺凝胶电泳来选择大小。

在分离总 RNA 的几乎所有情况下，样品都会被基因组 DNA 污染，这是不可避免的，并且即使污染较小，RNA-seq 由于其灵敏性和通量最终也将捕获这些污染物。因此，在制备文库之前，通常用 DNA 酶（DNase）处理分离的总 RNA 样品，以消化污染的 DNA。一旦污染的 DNA 已被消除，可以用大多数 DNA 酶试剂盒提供的试剂使 DNA 酶失活。制备 RNA-seq 文库所需的总 RNA 的量是不同的。标准的文库规程需要 0.1~10 μg 的总 RNA，高灵敏度的规程可以从少至 10 pg 的 RNA 产生文库。正在普及从单个细胞分离 RNA 的方法，也正在为这些应用开发专门的试剂盒。

1.3 RNA 的质量控制

在制备文库之前要就其降解、纯度和数量对 RNA 进行质量检查。有若干平台可用于这一步骤。Nanodrop 和类似设备通常在 260 nm 及 280 nm 测量核酸样品的荧光吸光度，只需要不到 1 μL 的液体来进行测量，在其中样品可以稀释，因此使用纳升量的初始材料。设备很容易使用，几秒就可以获得结果，并可以同时处理许多样品。由于设备测量样品的吸光度，它不能够区分 RNA 和 DNA，因此不能显示 RNA 样品是否被 DNA 污染。此外，降解的 RNA 会给出与完整的 RNA 相似的读数，因此我们不能了解样品的质量。然而，260/280 吸光度值将提供一些关于受蛋白质污染的信息。

由于在纳升范围内用移液管移取样品已经达到了普通实验室移液器（pipettor）的极限，在最低浓度范围（ng/μL）测量的准确性可能是具有挑战性的。QubitFluorometer（Life Technologies）和类似的系统测量核酸衍生物的荧光，因而可更直接地测量样品中的 RNA 或 DNA。使用低浓度标准样品的测量值，并把荧光值放在标准样品的一个标定回归直线上，然后在回归直线上绘出样品的荧光测量值，可以实现对 RNA 更具体、更准确和动态范围更宽的测量。此外，少于 1 μL 的量就足以进行测量，甚至还可以对其进行稀释。虽然使用简单，但这些系统仍不提供对降解的任何测量。为了解决这一问题，需要使用其他的设备。

安捷伦生物分析仪（Agilent Bioanalyzer）是一种用来测量核酸的基于微流控毛细管电泳的系统。它结合了小体积和高灵敏度的优点，利用电泳来区分核酸样品的大小。当使用了大小标准的样品时，样品中 RNA 的大小和定量提供了关于浓度和核酸质量的关键信息。降解的 RNA 将在低分子质量处显示为曳尾（smear），而完整的总 RNA 将显示陡峭的 28S 和 18S 峰。Bioanalyzer 系统包含一个微芯片，加载了大小控件，一次可以测量多达 12 个样品。样品与一种聚合物和一种荧光染料混合，然后加载并通过毛细管电泳来测量。对于更习惯传统的凝胶电泳的用户，仪器上集成的数据分析管道还会将电泳数据渲染成凝胶状的图片。一个 Bioanalyzer 分析的示例如图 1.2 所示。

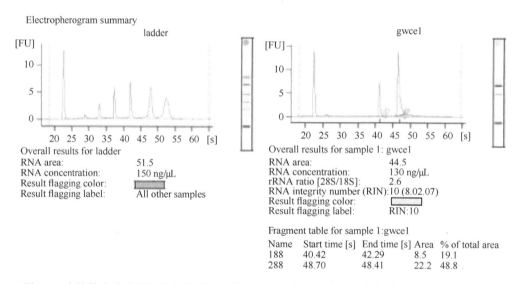

图 1.2　安捷伦生物分析仪的分析示例，显示 RNA 质量。显示了阶梯图（ladder）和样品。

1.4　文库制备

测序前，样品中的 RNA 被转换成代表样品中所有 RNA 分子的 cDNA 文库。执行这一步骤是因为在实践中 RNA 分子不直接被测序，而是对 DNA 进行测序，这是由于 DNA 具有较好的化学稳定性，并且更适于测序化学和每个测序平台的规程。因此，文库制备有两个目的：第一是忠实地代表样品中的 RNA；第二是将

RNA 转化为 DNA。每个 RNA 测序平台（如 Illumina、Solid、Ion Torrent）都有其自身特定的规程，因此就没有必要为每个测序平台提供单独的规程了。每个商业平台的文库规程及其试剂盒可以在该公司的网站找到（表 1.1）。

表 1.1　主要的 RNA-seq 平台及其一般特性

平台	测序化学	检测化学	网站链接
Illumina	通过合成测序	荧光	www.illumina.com
SOLID	通过连接测序	荧光	www.invitrogen.com
Roche 454	通过合成测序	发光	www.454.com
Ion Torrent	通过合成测序	释放质子	www.iontorrent.com
Pacific Biosciences	通过合成的单分子测序	实时荧光	www.pacificbiosciences.com
Oxford Nanopore	通过合成的单分子测序	通过一个孔的每个核苷酸的电流差	www.nanoporetech.com

也有第三方文库制备试剂盒，并正在被成功地使用。还可以使用普遍可用的分子生物学组件创建自己的试剂盒，虽然这没有商业产品的方便、优化和支持。在这里，我们介绍 RNA-seq 的 Illumina 平台的典型的文库规程步骤。步骤的示意图如图 1.3 所示。

文库制备的主要步骤涉及以下工作：

1）获得 1~10 µg 纯的、完好的、检查过质量的总 RNA。所需的确切数量取决于应用和平台。

2）从总 RNA 中纯化 mRNA。通常情况下，这是通过将总 RNA 退火到寡核苷酸 dT（oligo-dT）磁珠来完成的。可进行两轮纯化，以便从寡核苷酸 dT 上去除非特异结合的核糖体和其他 RNA。从寡核苷酸 dT 上释放或分离 mRNA。

3）利用片段化试剂（fragmentation reagent）使纯化的 mRNA 片段化。这会使 mRNA 链断裂成多个小片段。

4）利用随机六聚体（hexamer）引物给片段化的 mRNA 加上引物。

5）用逆转录酶逆转录片段化的 mRNA，从而产生 cDNA。

6）合成 cDNA 的第二条链并删除 RNA。该产物将是双链 cDNA（ds cDNA）。

7）从游离的核苷酸、酶、缓冲剂和 RNA 中纯化 ds cDNA。例如，可以通过用固相可逆固定化（solid-phase reversible immobilization，SPRI）珠结合 DNA 来完成。使用这些具有顺磁性的珠子的好处是，一旦结合后，珠子可被冲洗，以纯化留在珠子上的 ds cDNA。一旦经冲洗，ds cDNA 可以从珠子上洗脱用于下一个反应。

8）对洗脱的纯化 ds cDNA 进行末端修复。

9）纯化末端修复的 ds cDNA。这也可以在 SPRI 珠上完成。

10）将洗脱的末端修复的 ds cDNA 的 3′端转换成腺苷酸。

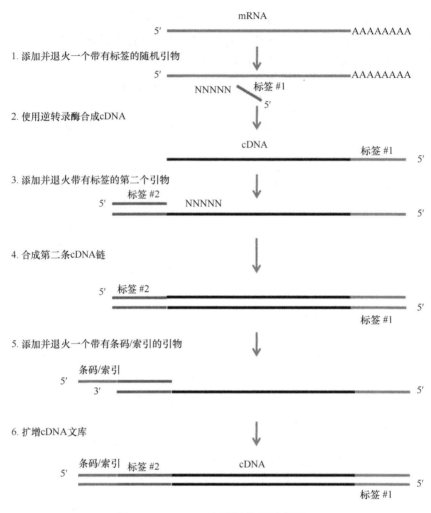

图 1.3　RNA-seq 文库制备的示意图。

11）将接头连接到末端修复的 ds cDNA。接头将连接到 ds cDNA 的两端。这些接头可以对每个文库反应进行索引。换句话说，每个接头在接头序列中可以有 6 个单核苷酸的差异。对每个文库反应使用不同的索引允许后面将文库合并用于测序，但仍然允许基于接头序列将序列追踪回原始的文库。

12）纯化连接了接头、经末端修复的 ds cDNA。这同样可以通过 SPRI 珠来完成。

13）通过聚合酶链反应（PCR）扩增来富集文库。使用来自接头的序列作为引物，用少数几轮（12~16 轮）来扩增已经存在的序列。

14）对 PCR 富集的连接了接头并经末端修复的 ds cDNA 进行纯化。这同样可以通过 SPRI 珠来完成。现在这是代表样品中的原始 mRNA 的文库。

15）对文库进行验证和质量控制。这可以通过几种方式来完成：①通过 PCR 有选择地扩增应该存在于文库中的特异性基因；②量化文库中的 ds cDNA 产物；③通过聚丙烯酰胺凝胶电泳或在安捷伦生物分析仪上的毛细管电泳，可视化文库的丰度和大小分布。

16）归一化（normalize）和合并文库。因为在单个流动小室（cell）内的测序能力是巨大的，可对许多文库进行测序［高达 24 个文库/流动小室道（lane）是可能的，更通常的做法是 6~12 个］。归一化的作用是使每个文库中的 ds cDNA 的量均匀。例如，所有文库可以稀释至 10 nmol/L ds cDNA，然后按均匀的体积合并，以便每个文库被同等地代表。

17）将归一化和合并的文库发送到测序设备，用于簇生成（cluster generation），测序规程取决于特定的平台（Illumina、SOLID、Roche 454 等）。

1.5　主要的 RNA-seq 平台

1.5.1　Illumina

这个平台代表最普遍使用的在大规模并行排列中通过合成化学进行测序的平台之一。文库制备之后，ds cDNA 穿过一个流动小室，它将基于与接头序列的互补对单个分子进行杂交。杂交的序列被流动小室保持在接头的两端，将作为一个桥梁被扩增。这些新生成的序列将杂交到附近的流动小室，多轮之后流动小室的一个区域将包含原始 ds cDNA 的多个副本。整个过程被称为簇生成。簇生成之后，一条链从 ds cDNA 中被删除，试剂穿过流动小室来执行合成测序（sequencing by synthesis）。合成测序描述一个反应，其中在每一轮合成中，一个单核苷酸的添加（可以是 A、C、G 或 T，由一个荧光信号确定）被成像，这样位置和添加的核苷酸可以被确定、存储和分析。在流动小室的特定位置上添加的序列的重建（它对应于生成的 ds cDNA 簇）给出了 ds cDNA 的一个原始片段的精确的核苷酸序列。

合成的轮数可以较少，例如，从 50 nt 到 150 nt。还有两种测序可执行的模式：如果测序只在 ds cDNA 的一端执行，则它是单一读段模式（single read mode）；如果从两端进行测序，则它被称为双端读段模式（paired-end read mode）。读段类型和长度的缩写通常是 SR50 或 PE100，分别表示单一读段 50 nt 或双端读段 100 nt。由于每个循环都需要清洗用过的试剂并引进新的试剂，在设备上的单个测序实验可能需要 3~12 d，取决于仪器型号和测序长度。Illumina 提供具有不同通量的种类繁多的仪器。Hi-Seq 2500 仪器一次实验产生高达 60 亿的双端读段。

在 PE100 上，这代表了 600 Gb 的数据。这是比单一的一项研究中通常需要的多得多的序列数据，因此，在实践中，文库被索引，若干个文库被归一化然后合并起来，在单个流动小室上运行。总共多达 100 个文库运行在一个 16 道（lane）的流动小室上，是通常的做法。如果这样的测序能力对于一个实验室来说是过多的，Illumina 还提供了一个更小、更个人化的测序仪，具有较低的通量。MiSeq 系统可以在 2 d 的运行时间内产生 30 兆读段，在 PE250 模式下，代表 8.5 Gb 的数据。

1.5.2 SOLID

SOLID 代表通过寡核苷酸连接和检测进行的测序，是由 Applied Biosystems（应用生物系统，Carlsbad，CA）商业化的平台。顾名思义，测序化学是通过连接，而不是合成。在 SOLID 平台中，DNA 片段的文库（最初都源自 RNA 分子）附着到磁珠上，每个磁珠一个分子。然后每个珠子上的 DNA 在一种乳液中被扩增，以便扩增的产物仍然与珠子在一起。之后由此产生的扩增产物被共价地结合到玻璃载玻片上。使用若干引物（这些引物与通用的引物杂交），带有荧光标记的二碱基探针（di-base probe）被竞争性地连接到引物上。如果二碱基探针的第一个和第二个位置上的碱基与序列是互补的，那么连接反应将会发生，标记将提供一个信号。引物被一个单核苷酸重置 5 次，所以在循环结束时，由于二核苷酸探针，至少 4 个核苷酸会被查询两次，5 个核苷酸至少会被查询一次。随后的二核苷酸探针的连接提供 5 个核苷酸的第二次查询，在 5 个引物被重置后，5 个更多的核苷酸将至少被查询两次。连接步骤继续，直到序列被读取。

独特的连接化学允许对一个核苷酸位置进行两次检查，因而提供了更高的测序准确性，高达 99.99%。虽然这可能对于有些应用是不必要的（如差异表达），但对于单核苷酸多态性（SNP）的检测是至关重要的。最新的设备，如 5500 W，废除了磁珠扩增，使用流式芯片（flow chip）代替扩增模板。来自两个流式芯片的通量可达 320 Gb 数据。与其他平台一样，索引/条码可以用于多重文库（multiplex library），以至于数百个文库样品可以同时在仪器上运行。

1.5.3 Roche 454

这个平台也是通过合成化学基于接头连接的 ds DNA 文库的测序。ds DNA 被固定在珠子上，在水-油乳化液中扩增。然后珠子被放入铬尖晶石平板（picotiter plate），测序反应在那里发生。铬尖晶石平板中大量的样孔提供 NGS 所需的大规模并行布局。检测方法与其他平台的不同之处在于，合成化学通过两步反应来检测添加的核苷酸。

第一步在添加后切开三磷酸核苷酸，释放焦磷酸。第二步通过 ATP 硫酸化酶将焦磷酸转为腺苷三磷酸（ATP）。第三步使用新合成的 ATP 通过萤光素酶来催化萤光素转为氧化萤光素，这种反应产生一个来自铬尖晶石平板的光量子，被一台电荷耦合的相机捕获。每次添加之后，自由的核苷酸和未反应的 ATP 采用吡咯烷酮肽酶（PYRase）降解。重复这些步骤直到达到预定的反应次数。每个核苷酸添加后记录光的产生和样孔位置，允许对每个样孔重构核苷酸的身份（identity）和序列。

这种方法被称为焦磷酸测序（pyrosequencing），这种测序化学的优点是当与其他平台相比时，它允许更长的读段。在这个平台上可以实现高达 1000 个碱基的读段长度。罗氏公司（Roche）拥有这个平台，并提供当前的 GS FLX+系统，以及一个更小的 GS 初级系统。每次运行可达 100 万读段，平均每个读段 700 nt，700 Mb 的序列数据可以在不到 1 d 的运行时间内实现。

1.5.4　Ion Torrent

这个较新的平台利用接头连接的文库，然后使用其他平台上的合成测序化学，但其有一个很特别的特征。它不是检测荧光信号或光子，而是检测当一个核苷酸被添加并产生质子时一个样孔中的溶液的 pH 的变化。这些变化是微乎其微的，但是 Ion Torrent 设备利用半导体行业中开发的技术来获得具有足够灵敏度的探测器，可用于核酸测序。已经指出的一个局限性是可能难以读取同聚物（homopolymer），因为当序列中下一个核苷酸是相同的时，没有办法防止只添加一个核苷酸。Ion Torrent 可以检测 pH 的较大变化，使用这种测量方法来读取聚合物区域。

这个平台一次运行产生的读段整体上比其他平台的要少些。例如，在 Proton 仪器上以每个读段为 200 个碱基，一次运行 60~80 兆的读段是可能的，产生 10 Gb 的数据。然而，运行的时间只有 2~4 h，而不是其他平台上的 1~2 周。因为既不修改核苷酸，也不需要光学测量仪器，这个平台的优点是仪器和试剂都容易负担得起。该仪器封装小，可以在不使用时关闭，并容易回复到使用状态，并且需要的保养最少。由于其便利、大小和速度优势，它在微生物测序、环境基因组学及临床中得到广泛的应用，在这些领域中时间是关键。这个平台对于扩增子（amplicon）测序，以及由特定用户社区开发的使用引物面板来进行扩增子测序也是非常受欢迎的。其低成本和小的封装也对希望有自己的测序仪的实验室具有吸引力。

1.5.5　Pacific Biosciences

这是第三代测序平台的一个代表。测序化学仍类似于第二代，因为它是一种合成测序系统；然而，主要的区别是它只要求一个单一的分子，并实时读取添加的核苷酸。因此，该平台被称为单分子实时（SMRT）测序平台。单分子化学意味着不需要进行扩增。必须记住这个平台是对 DNA 分子进行测序。

SMRT 由太平洋生物科学仪器公司（Pacific Biosciences Instruments）实施，使用零模波导（zero-mode waveguide，ZMW）作为其技术基础。ZMW 是空间有限的小室，允许引导光能和试剂进入极小的体积，在仄升（zeptoliter）（10^{-21} L）的数量级。就太平洋生物科学平台来说，这意味着单个小室，包含单个分子的 DNA 聚合酶和被实时测序的单分子 DNA。使用特定的荧光核苷三磷酸，可以检测出添加到一条核苷酸链上的 A、C、G 或 T。它具有巨大的速度优势。作为实时仪器，添加时就测量，运行时间可以很短，只有一两个小时。平均读段长度可以是 5000 nt。酶和合成化学方面的改进可以产生高达 10 000 nt 的常规读段，最长读段达 30 000 nt。当前版本的仪器称为 PacBio RS II，一次运行可以产生高达 250 Mb 的序列，所以通量也没打折扣。

作为单分子 DNA 直接测序的一个后果，人们注意到核酸修饰（如 5-甲基胞嘧啶）引起在测序 DNA 聚合酶的动力学（kinetics）方面的一致的、可重现的延迟。在平台上已经利用了这一点来对修饰的 DNA 进行测序。目前，在这个平台上可以检测多达 25 个碱基的修饰。

1.5.6 纳米孔技术

尽管当前的测序技术在通量和每个碱基的成本方面取得了令人惊叹的进步，但人们仍在继续努力改进测序技术。当前的纳米孔技术（nanopore technology）还处在原型或发展阶段，它们到目前为止对 RNA-seq 研究影响最小。然而，其影响在未来可能增大。纳米孔测序是一种第三代单分子技术，其中单个酶被用来分离一个 DNA 链并引导它通过一个嵌入在膜中的蛋白质孔隙。离子同时通过孔隙，生成被测量的电流。电流对通过孔隙的特定核苷酸是敏感的，因此 A、C、G 或 T 以不同的方式阻碍电流流动，产生一个在孔隙中被测量的信号。此系统的优点是简单，平台设备小（例如，早期的宣传表明这可能是一个 USB 棒大小的设备），但该系统在技术上具有挑战性，因为需要在单分子尺度上测量电流的微小变化。将这种技术商业化的工作由牛津纳米孔公司（Oxford Nanopore）领导，然而 Illumina 也已经在开发纳米孔测序。牛津纳米孔技术预计可使 RNA、DNA 或蛋白质穿过一个制造的孔隙并直接对其进行测量。虽然这项技术在商业水平上还没有达到广泛可用，但它显示了很大的希望。

1.6　RNA-seq 的应用

RNA-seq 的主要目标是确定特定样品中 RNA 分子的序列、结构和丰度。我们这里说的序列指的是 A、C、G、U 残基的特定顺序。结构是指基因结构［即启动子、内含子-外显子接头（junction）、5′端和 3′端非翻译区（UTR，非编码区），以及 polyA 位置］。二级结构提供互补的核苷酸配对和发夹或凸起的位置。三级结构提供分子的三维形状。丰度指的是每个特定序列的数值量，作为绝对值和归一化的值。序列可以用于识别已知的蛋白质编码基因、新基因或长的非编码 RNA。一旦序列已被确定，折叠成二级结构可以揭示分子的类型，如 tRNA 或 miRNA。在来自不同的发育阶段、身体部位或密切相关的物种的样品之间，可以对每种 RNA 读段的丰度进行比较。下面，我们将介绍一些普遍的应用，以提供使用 RNA-seq 方法可以回答的问题的范围。在适当情况下，我们还提供一些来自科学文献的例子。

1.6.1　蛋白质编码基因结构

早些时候的转录组方法，如克隆和 cDNA 文库的 Sanger 测序、基因芯片表达分析、基因表达系列分析（serial analysis of gene expression，SAGE），以及根据基因组序列进行计算预测已经提供了基因结构。这些结构已存档在数据库中，为将原始的 RNA-seq 数据与已知的蛋白质编码基因进行比较提供了容易访问的资源。作为重要的第一步，RNA-seq 读段通常最初被作图到已知的蛋白质编码基因。除了确认外显子-内含子边界之外，RNA-seq 数据还可以显示较短和较长的外显子边界的证据，以及存在全新的外显子的证据。组成一个基因的外显子和内含子的集合称为基因模型（gene model）。由于 RNA-seq 是定量的，它还可以显示样品内可变外显子边界（alternative exon boundary）或可变外显子（alternative exon）的使用。例如，当一个特定的外显子的使用比另一个多 5 倍时。同样，可以精确地作图 5′转录起始点（transcription start site，TSS）。或者也可以识别 5′TSS。在分子的 3′端，可以精确地识别 3′UTR，正是这样，在 RNA-seq 读段中可以观察到多腺苷酸位点（site of polyadenylation）。还可以用与可变 TSS 相同的方式观察到可变多腺苷酸位点，以及它们各自的丰度。由于 RNA-seq 是大规模并行的，对于基因组中的每个蛋白质编码基因，足够的读段将允许这些基因结构和它们的变型（alternative）被作图。因此，RNA-seq 可以提供 5′TSS、5′UTR、外显子-内含子边界、3′UTR、多腺苷酸位点及这些结构的变型的使用，如果适用的话。基因结构和 RNA-seq 可以识别的东西的图形示例如图 1.4 所示。

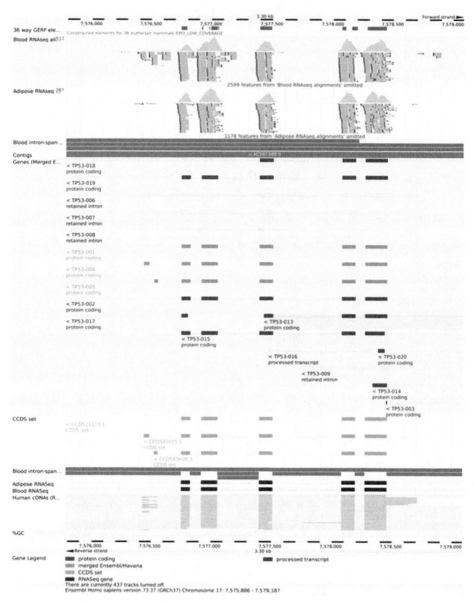

图 1.4　人类 *TP53* 基因结构模型的示意图，来自 ENSEMBL 基因组浏览器，显示来自血液和脂肪组织的 RNA-seq 读段，作为对模型的支持。

1.6.2　新型蛋白质编码基因

早期的蛋白质编码基因的注释依赖于以基因组序列为基础的计算预测。这是很好的，只要基因组数据是可用的，基因模型元件适合普遍预期的大小和距离参数，有表达序列标签（EST）形式的转录组数据的数据集，或直系同源（orthology）数据可用来验证预测。然而，很容易看到这些标准只适合科学研究中数目非常有限的生物。因此，RNA-seq 以其高通量可以验证许多先前的预测，但在没有预测存在的地方也可能找到新的蛋白质编码基因。在没有基因组序列可用，可能完全根据 RNA-seq 数据来构建一个生物的转录组的情况下，这是特别有用的。此应用的一个最近的例子是黑颏罗非鱼（black-chinned tilapia）的测序，这是起源于非洲的一种具有侵略性的鱼，其基因组资源非常稀缺[5]。另一个例子是燕麦（*Avena sativa* L.）转录组，尽管其具有鲜美、营养丰富的特点和经济上的重要性，但异源六倍体基因组使其遗传作图、测序及表征充满了挑战性。一个最近的 RNA-seq 研究产生了 134 兆双端 100 nt 读段，可用的 EST 序列增加了两倍[6]。

1.6.3　基因表达的量化和比较

一旦阐明了序列和基因结构，逻辑上可以获得每个基因及其结构中各种特征的丰度值。由于许多研究喜欢比较 RNA 转录本的丰度，如健康人对患者、未处理对处理或时间点 0 对 1，进行比较研究是合乎逻辑的。比较研究的范围和类型几乎不受限制，所以不能在这里一一列举了。我们将介绍一些相关的 RNA-seq 研究来说明 RNA-seq 的应用，让读者初步了解 RNA-seq 可以提供些什么。

在最早的一项 RNA-seq 研究中，对来自成年小鼠大脑、肝脏和骨骼肌的转录本进行了测序和比较[7]。在 Illumina 平台上以 25 nt 对 40 兆单端读段（SR）进行了测序，作者发现了新的 TSS、可变的外显子和可变的 3′UTR。研究证明了以前对基因结构注释的浅陋，因此强调了由 RNA-seq 技术所提供的注释的广度和深度可能如何改变我们对基因结构的看法。这些结果为随后的 RNA-seq 研究铺平了道路。

仅仅过了两年，一项 RNA-seq 研究跟踪了来自小鼠骨骼肌 C2C12 细胞在分化后 60 h、5 d 或 7 d RNA 转录本的表达[8]。该研究对技术进行了改进，以便 75 nt、> 430 兆的双端读段用于识别>3700 nt 的以前未注释的转录本。还表明在分化过程中 TSS 在> 300 个基因中发生了变化，进一步证明在相对知名的细胞培养体系中 RNA-seq 可以发现的额外转录本的程度。

也可以研究整个动物中的 RNA 转录本。秀丽隐杆线虫（*Caenorhabditis elegans*），一种自由生活的土壤线虫，在变为成虫之前，从胚胎阶段到最后幼虫阶段，被培养在 0.2 mol/L 的乙醇或水中。从整个动物中分离总 RNA 并进行 RNA-seq[9]。从水处理或乙醇处理的动物中获得了超过 30 兆的读段。可以看到暴露于乙醇增加了解毒酶基因的 RNA 转录本，减少了内质网应激中所涉及的转录本。在不同的模式生物上也进行了类似的研究，使其暴露于毒素，从黄曲霉毒素和苯并(a)芘等致癌物质到环境污染物甲基汞。

在一种最近进化的模式生物和商业应用物种淡水虾（*Macrobrachium rosenbergii*，罗氏沼虾）中进行了 RNA-seq 分析[10]。来自肝胰腺、鳃和肌肉的总 RNA 的 polyA+富集的 RNA 产生了 86 兆双端 75 nt 读段。由于这个生物的基因组以前没有被测序，数据被用来构建一个转录组，包括超过 102 000 个 UniGene，其中 24%可以作图到 NCBI nr、Swissprot、KEGG 及 COG 数据库。

1.6.4　表达数量性状基因座

RNA-seq 研究已经变得如此普遍，它们已被用来研究数量性状。传统上，数量性状基因座的全基因组关联研究已经把单核苷酸多态性（SNP）与数量性状联系起来，如身高、体重、胆固醇水平或患 II 型糖尿病的风险。表达数量性状基因座（eQTL）提供可能与已知的 SNP 相关的基因表达的变化[11]。这种相关性的基础可能是本地的作用，称为顺式 eQTL（*cis*-eQTL），如在一个 SNP 被定位于一个增强子区域的地方改变表达；或远端的作用，称为反式 eQTL（*trans*-eQTL），如一个 SNP 改变一个转录因子的结构，不再对其靶基因起作用。

因此，通过 RNA-seq 确定的基因的表达水平可以通过其与 SNP 的相关性提供一个与表型的连接。这种想法的一个延伸是将基因剪接位点和使用与 SNP 相关联。这种方法称为 sQTL，表明剪接在调节整体基因表达方面发挥重要作用[12]。除了对人类疾病的研究，这种方法已应用于传统的领域，如植物育种，在这里数量性状是重要的。

1.6.5　单细胞 RNA-seq

单细胞 RNA-seq 是 RNA-seq 的一种变型，其中用于测序的总 RNA 来自单个细胞。通常情况下不分离总 RNA，而是将细胞单独从它们的来源收获并进行逆转录。制备文库的方法类似于 RNA-seq：RNA 被逆转录成 cDNA，连接接头，对每个细胞添加条形码，扩增 ds cDNA。由于 RNA 种类的低复杂性，单个分离的细胞或个别的文库有时在测序前被合并。在这种方法的一个例子中，收集单个老鼠卵裂球（blastomere），并对其内容物进行 RNA 测序，发现 5000 个表达的基因和超过 1700 个新的可变剪接接合点，表明该方法的鲁棒性及单个细胞中剪接的复杂性[13]。在该方法的另一个例子中，来自秀丽隐杆线虫（*Caenorhabditis elegans*）的处在早期的多细胞发育阶段的单个细胞被分离，并从其总 RNA 制备文库。在每个发育阶段，通过分析单个细胞的转录本，可以监测基因的新的转录[14]。

1.6.6　融合基因

随着读段的数量和长度的增加，以及双端测序变得可用，识别稀少但有潜在重要性的转录本的能力提高了。融合基因（fusion gene）就是这种情况，它是从两个以前单独的基因结构融合生成的转录本。融合伴侣可能贡献 5′UTR、编码区和 3′多腺苷酸信号。在癌组织和细胞中发现的基因组重排过程中存在这种事件发生的条件。细胞遗传学上的紊乱，如基因组扩增、易位及缺失，可能将两个独立的基因结构汇集到一起。例如，在三个乳腺癌细胞系中，使用双端测序检测到 24种新的融合基因和 3 种已知的融合基因，文库大小为 100 nt 或 200 nt[15]。在细胞生长测定中发现这些融合基因之一（*VAPB-IKZF3*）是功能性的。最近的 RNA-seq研究发现融合基因存在于正常的组织中，这表明融合基因事件可能也有正常的生物学功能。

1.6.7　基因变异

随着 RNA-seq 数据量的累积，有可能对基因变异的数据进行挖掘。由于允许甚至要求公开来自大型项目和已发表文献的数据，这个领域是非常活跃的。主要是通过下载公开可用的数据，将生物信息学方法用于扫描转录组数据中的 SNP[16]。在此研究中，在 10×的覆盖上，来自 RNA-seq 数据的 89%的 SNP 被发现是真实的变异体。也可直接从原始的 RNA-seq 数据获得 SNP 检测。一个研究小组对来自利木赞牛胸最长肌（longissimus thoracis）的 mRNA 进行了 RNA-seq[17]。他们能够从 30 兆以上的双端读段中识别超过 8000 个高质量的 SNP。在法国，这些 SNP的一个子集被用来对 9 个主要品种的牛进行基因分型，证明了这种方法的实用性。

NGS 的一个最近的应用是从基因组 DNA 样品中识别蛋白质编码基因序列的变异。这种方法被称为"外显子组测序"（exome-sequencing）或"外显子组捕获"（exome-capture），从技术上讲不是 RNA-seq，因为它依赖于片段化的基因组 DNA的测序，这些基因组 DNA 已经通过与外显子序列杂交对外显子进行了富集。这方面的应用一直受到人类疾病研究的激发，在人类疾病研究中需要从一大群个体中识别变异（通常是 SNP）。即使在今天，对一大群数以千计的个体测序也是昂贵的，所以一个捷径就是只对个体的外显子序列进行测序。因为外显子绝大多数位于蛋白质编码基因中，这个方法的优点是可以找到直接影响蛋白质结构的变异。它是 NGS 最流行的应用之一，人们已经为此开发了许多商业试剂盒。

1.6.8 长的非编码 RNA

RNA-seq 的另一个应用是发现存在但不编码基因的转录本。在 RNA-seq 技术可用之前，长的非编码 RNA（long noncoding RNA，lncRNA）就是已知的。然而，其存在和普遍存在的程度直到 RNA-seq 方法能够在活细胞中发现许多不同种类的 lncRNA 才被充分认识。lncRNA 通常被描述为落在已知的非编码 RNA（如 tRNA、rRNA、小 RNA）之外的转录本，不与编码蛋白质的外显子重叠，长度超过 200 nt[18]。lncRNA 作为增强子（eRNA），可以通过表观遗传途径控制转录，结合和改变组蛋白的功能，作为 RNA 加工机制的竞争者[竞争性内源 RNA（ceRNA）]，或作为随机生成的噪声。现在可以理解的是 lncRNA 可能在疾病如阿尔茨海默病（Alzheimer's disease）中发挥作用[19]。

1.6.9 非编码小 RNA

最后，RNA-seq 可以用于识别非编码小 RNA 的序列、结构、功能和丰度。其中最知名的例子是微 RNA（miRNA），但也可以使用 miRNA-seq 方法来研究其他的非编码小 RNA，如小核/核仁 RNA（snRNA）、微 RNA 并列 RNA（microRNA offset RNA，moRNA），以及内源沉默 RNA（endogenous silencing RNA，endo-siRNA）。用于 miRNA-seq 的方法与 RNA-seq 的类似。起始材料可以是总 RNA 或选择过大小的/分级的小 RNA。一旦转化为 ds cDNA，可以用大多数常见的测序平台对小 RNA 进行测序，因此实验规程中的大部分差别出现在测序之前。这些将在后面的章节中详细描述。对这些分子进行表征有许多应用，其不仅应用于基础生物化学、生理学、遗传学和进化生物学的研究中，而且在医学中作为癌症的诊断工具，或在衰老过程中也有应用。最近一项对线虫 *Panagrellus redivivus* 的研究识别了超过 200 个新型 miRNA 及其前体发夹序列，同时也提供了基因结构模型、蛋白质编码基因的注释及基因组序列[20]。

1.6.10 扩增产物测序（ampli-seq）

有时并不需要对整个转录组进行测序，只需对少数基因进行测序。虽然人们总是可以从全转录组序列分析中获得感兴趣的基因的一个子集，但所需的工作、时间和资源可能造成浪费。通过使用由 10~200 对 PCR 引物组成的面板，可以执行逆转录-PCR（RT-PCR），而不是克隆每个产物和将分离质粒 DNA 用于 Sanger 测序，可以对合并的 PCR 产物进行测序以获得序列，其有实际的应用，在这种应用中被考察的样品数目较大，而基因数目少。

1.7　选择 RNA-seq 平台

既然介绍了平台，并介绍了一些典型的应用，自然要问对于一个特定的应用应选择哪一种平台。一个简单的解决方案是追踪一篇 PubMed 参考文献，基于相同的或类似的应用，并基于已发表的经验进行选择。当然总是建议在着手一项科学研究之前查阅文献，看看过去的研究已经如何处理过当前的问题。然而，盲目追踪过去的先例的一个弱点是，NGS 测序（特别是 RNA-seq）在如何设计实验和如何执行实验方面正在迅速发生变化。由于这种快速的技术演变，公平地说，针对特定问题没有一个正确的答案。此外，许多 RNA-seq 项目有多个目标。例如，人们可能想要识别样品中新的基因融合转录本，定量已知基因的丰度，以及识别任何已知基因的 SNP。

因此，基于通用研究设计原则提供指南是更合理的，以便用户既可以为项目做计划，对预期结果有信心，又明白为什么做出一些选择。在研究中使用的覆盖深度和平台数目方面可能需要做出权衡，因为实验室的资源有限，做出权衡是不可避免的。

1.7.1　选择 RNA-seq 平台和测序模式的 8 个原则

1.7.1.1　准确性

如果目标是检测 SNP 或 RNA 种类中的单核苷酸编辑事件，那么我们必须选择错误率低的平台，在实践中我们应该能够区分真正的 SNP 和测序错误。人类 SNP 频率约为 1/800，这对应于 99.9% 的准确率。只有 SOLID 平台声称有超过这个水平的准确率，某些平台则差得远。然而，我们应该牢记，我们可以通过得到更多的读段来补偿较低的准确性。所以准确性为 99.9% 的同一个 RNA 片段的 10 个读段可以有效地提供 99.99% 的准确性。

如果目标是识别已知的蛋白质编码基因和改进基因结构模型的注释，对转录本进行定量及发现新的基因，那就不需要很高的准确性。事实上，将读段作图到已知基因模型的程序，对一次匹配允许有一个甚至两个错误匹配。实际上，我们接受 98% 的准确率，如果我们的读段长为 50 nt，并允许一个错误匹配的话。在这个水平上，可以使用大多数常见的平台，如 SOLID、Illumina、Roche 454、Ion Torrent。

1.7.1.2 读段数目

在 RNA-seq 研究中计算覆盖统计量（coverage statistic）是很好的做法。作为粗略的计算，人类基因组有 3000 兆 nt，其中约 1/30 用于蛋白质编码基因。这意味着要测序的 RNA 被大约 100 兆 nt 所代表。如果我们使用 100 nt 的单端读段（或 50 nt 的双端读段），那么 1 兆读段给出 100 兆 nt 的序列数据，相当于 1×覆盖。总共 30 兆读段（这是来自常见平台的典型的读段输出）将提供 30×覆盖。所以对于 30 兆读段，我们可以预期，对于充分表达的基因有大量的读段，对大多数的基因有良好的覆盖，可能会错过少数几个低表达或很少表达的基因。为了计算一个读段被作图到一个特定基因的概率，我们可以假设平均的基因大小为 4000 nt（100 兆 nt 除以 25 000 个基因）。按 30 兆读段相当于 30×覆盖来算，按单端读段 100 nt（或双端读段 50 nt）的长度，我们可以预期一个读段被作图到表达的具有平均长度的基因 1200 次：4000 nt × 30 覆盖/100 nt。因此，与平均长度的基因相比，如果基因在 1/1200 的水平上表达，我们就有 50：50 的概率来保证有一个读段作图到这个基因。在实践中，30 兆读段对于捕捉样品中大多数但可能不是所有表达的基因是相当合理的。因为大多数平台都可产生高达 30 兆的读段，这通常不是一个限制。如果需要更好的覆盖，以及需要可变外显子用法和其他基因模型的详细信息或罕见的事件，那么更容易产生大量读段的操作平台是首选。一个最近开发的方法称为"捕获-seq"（capture-seq），已经被用于富集人类基因组的少数基因位点的 RNA。该方法本质上是用一个打印的 Nimblegen 芯片来捕获来自有限数目的位点的 RNA[21]。在示例中，捕获了将近 50 个位点，包括蛋白质编码基因和长的非编码 RNA。利用捕获策略，得以有效地获得其基因座的超过 4600 倍的覆盖，能够发现未注释的外显子和剪接模式，甚至是对于精心研究过的基因。一个简单的结论是，你可能永远不会有足够的覆盖来获得来自一个位点的每个单一的可能转录本。

要考虑的另一个问题是：需要多少读段才能证实一个转录本的存在。在这件事上没有一致的看法，有很多文献认为一个读段就足以证实一个分子的存在，与之相反，有的文献认为少于 10 个读段是不够的。这在很大程度上取决于研究的背景、期刊或数据库的标准，以及研究的总体目标。

1.7.1.3 读段长度

如果只是将读段作图到一个生物的已知的基因模型，甚至 14 nt 就足够了。但是，因为一些读段可能作图到超过一个位置，所以需要更长的读段。在 50 nt 上，一小部分读段仍将作图到超过一个位置，但数目通常很小（<0.01%），所以实际上这个读段长度将允许你进行差异表达的研究，并更好地确定基因模型。然而，

在很多情况下更长的读段是必要的，如在没有其他序列数据（如基因组学的 EST 或长 cDNA）可用的情况下想注释一个物种中的新基因。拥有更长的序列，而不是试图基于作图不连续的 50 nt 读段预测基因模型，是一个明显的优点。Roche 454 在这些类型的应用中具有公认的业绩纪录。太平洋生物科学（Pacific Biosciences），特别是较新一代的设备和试剂盒，能够产生更长的读段，长达 10 000 nt 或更多。

1.7.1.4　读段类型

如果在文库制备的任何步骤（RNA 片段化、连接接头、链的定向）中没有偏差，且 cDNA 合成产生代表 RNA 样品的完全随机的片段，那么我们从单端读段（SR）获得的序列信息会与我们从双端读段（PE）获得的序列信息相同。然而，在文库制备的这些步骤中是有偏差的。增加待测序片段的随机化的方法之一是对文库克隆的两端测序。这有双重目的，来自短片段的 PE 序列可能重叠，这提供对一个序列的额外的确认。现在大多数数据分析程序都有能力处理 SR 和 PE 数据，所以下游分析没有障碍。不幸的是，并不是所有的平台都允许在两个末端测序，所以从根本上说，如果有条件最好是使用双端测序。

1.7.1.5　核酸类型

正如前面提到的，大多数平台对双链 cDNA 进行测序，这些 cDNA 源自于样品中的 RNA 分子的逆转录和 PCR 扩增。在 RNA-seq 中有这样的情况，其中 RNA 最好被直接测序，如在对于 RNA 的结构修饰很重要的项目，如 mRNA 加帽（mRNA capping）中。

1.7.1.6　样品量

现在，因为有可能对来自单个细胞的总 RNA 进行测序，人们想知道所需的样品材料是否有下限。双链 cDNA 序列使用扩增的平台，对材料基本上没有下限。然而，这并不意味着人们应为测序平台提供最低的样品量。增加材料还应提高样品中 RNA 种类的代表性。大部分合成测序平台现在有专门的试剂盒，用于从纳克数量的总 RNA 中制备文库。按定义，单分子平台只需要单个分子来进行测序。因此，这并不是针对不同平台的限制。

1.7.1.7　成本

由于在过去的 10 年中测序的费用已经大幅度降低，成本不应是一个考虑因素。然而，现实是，发表的要求和质量的标准继续走高，所以总是存在费用的问题。将 RNA-seq 文库发送到商业的、国家的或本地的核心 NGS 机构进行测序是降低成本的好方法。如果资金充足，购买个人实验室测序仪现在也是可行的。事实上，Illumina 的 MiSeq 及 Ion Torrent 的 Personal Genome Machine 和 Ion Proton 现在都是不太宽裕的实验室用得起的个人实验室测序仪。可能尚未达到价格的下限，所以可以期待在测序平台方面有更多的选择，并非都是出于经济上的考虑。事实上，商业机构和非营利核心 NGS 机构都在大量征集测序样品，表明价格压力将会继续减小。

1.7.1.8 测序时间

工作中有句老话，需要的任务"昨天"已经完成。基因组学是一个快速发展的领域，理想情况下样品制备了，文库构建了，测序被执行，没有任何排队或延误。然而在现实中，很多平台（Illumina、SOLID、Roche 454）要排队，并不是因为机器正在运行，而是因为没有构建足够的文库并提交测序，不足以填充一个流动小室，用于单次运行。我只想说，在实践中，可能出现工作排队，不是由于设备，而是由于构建文库和收集足够数量的文库来开启仪器运行方面的准备工作需要时间。在工作流程的另一端，一旦生成序列数据，工作才刚刚开始，可以着手进行数据分析。数据分析阶段则可能需要几天、几个月或几年（对于大型项目），这使得测序仪运行时间看起来就相对较短。

1.7.2 小结

综上所述，人们可以看到进行 RNA-seq 实验有很多可选的平台，每个平台都有其独特的特点。在表 1.1 中列出了主要的 RNA-seq 平台，其测序和检测化学及网站链接。如果幸运，你有多个平台可供选择。事实上，一些研究利用每个平台的最佳特性，以便使不同平台用于不同的目的。例如，为了达到最佳覆盖率可以用 Illumina，为了达到最佳准确性可以用 SOLID，为了达到最佳测序长度可以使用 Roche 454 或 Pacific Biosciences。人们很容易想象这样的未来：对于一个特定的项目，通常使用多个平台。选择平台的因素是多方面的，但是对于一个特定的应用不可能确定最合适的平台。利用这里给出的信息，以及更新的仪器说明和当前的定价，有可能在适当的平台上对其使用及其在 RNA-seq 实验中的使用模式做出明智的决定。

参 考 文 献

1. Nagalakshmi U., Wang Z., Waern K. et al. The transcriptional landscape of the yeast genome defined by RNA sequencing. *Science* 320(5881):1344–1349, 2008.

2. Sultan M., Schulz M.H., Richard H. et al. A global view of gene activity and

alternative splicing by deep sequencing of the human transcriptome. *Science* 321(5891):956–960, 2008.

3. Wilhelm B.T., Marguerat S., Watt S. et al. Dynamic repertoire of a eukaryotic transcriptome surveyed at single-nucleotide resolution. *Nature* 453(7199):1239–1243, 2008.

4. Wang Z., Gerstein M., and Snyder M. RNA-Seq: A revolutionary tool for transcriptomics. *Nature Reviews in Genetics* 10(1):57–63, 2009.

5. Avarre J.C., Dugué R., Alonso P. et al. Analysis of the black-chinned tilapia *Sarotherodon melanotheron heudelotii* reproducing under a wide range of salinities: From RNA-seq to candidate genes. *Molecular Ecology Resources* 14(1):139–149, 2014.

6. Gutierrez-Gonzalez J.J., Tu Z.J., and Garvin D.F. Analysis and annotation of the hexaploid oat seed transcriptome. *BMC Genomics* 14:471, 2013.

7. Mortazavi A., Williams B.A., McCue K. et al. Mapping and quantifying mammalian transcriptomes by RNA-seq. *Nature Methods* 5(7):621–628, 2008.

8. Trapnell C., Williams B.A., Pertea G. et al. Transcript assembly and quantification by RNA-seq reveals unannotated transcripts and isoform switching during cell differentiation. *Nature Biotechnology* 28(5):511–515, 2010.

9. Peltonen J., Aarnio V., Heikkinen L. et al. Chronic ethanol exposure increases cytochrome P-450 and decreases activated in blocked unfolded protein response gene family transcripts in *Caenorhabditis elegans*. *Journal of Biochemical Molecular Toxicology* 27(3):219–228, 2013.

10. Mohd-Shamsudin M.I., Kang Y., Lili Z. et al. In-depth transcriptomic analysis on giant freshwater prawns. *PLoS ONE* 8(5):e60839, 2013.

11. Majewski J. and Pastinen T. The study of eQTL variations by RNA-seq: From SNPs to phenotypes. *Trends in Genetics* 27(2):72–79, 2011.

12. Lalonde E., Ha K.C., Wang Z. et al. RNA sequencing reveals the role of splicing polymorphisms in regulating human gene expression. *Genome Research* 21(4):545–554, 2011.

13. Tang F., Barbacioru C., Wang Y. et al. mRNA-seq whole-transcriptome analysis of a single cell. *Nature Methods* 6:377–382, 2009.

14. Hashimshony T., Wagner F., Sher N. et al. CEL-Seq: Single-cell RNA-seq by multiplexed linear amplification. *Cell Reports* 2(3):666–673, 2012.

15. Edgren H., Murumagi A., Kangaspeska S. et al. Identification of fusion genes in breast cancer by paired-end RNA-sequencing. *Genome Biology* 12(1):R6, 2011.

16. Quinn E.M., Cormican P., Kenny E.M. et al. Development of strategies for SNP detection in RNA-seq data: Application to lymphoblastoid cell lines and evaluation using 1000 Genomes data. *PLoS ONE* 8(3):e58815, 2013.

17. Djari A., Esquerré D., Weiss B. et al. Gene-based single nucleotide polymorphism discovery in bovine muscle using next-generation transcriptomic sequencing. *BMC Genomics* 14(1):307, 2013.

18. Ilott N.E. and Ponting C.P. Predicting long non-coding RNAs using RNA sequencing. *Methods* 63(1):50–59, 2013.

19. Faghihi M.A., Modarresi F., Khalil A.M. et al. Expression of a noncoding

RNA is elevated in Alzheimer's disease and drives rapid feed-forward regulation of beta-secretase. *Nature Medicine* 14(7):723–730, 2008.

20. Srinivasan J., Dillman A.R., Macchietto M.G. et al. The draft genome and transcriptome of *Panagrellus redivivus* are shaped by the harsh demands of a free-living lifestyle. *Genetics* 193(4):1279–1295, 2013.

21. Mercer T.R., Gerhardt D.J., Dinger M.E. et al. Targeted RNA sequencing reveals the deep complexity of the human transcriptome. *Nature Biotechnology* 30(1):99–104, 2011.

第 2 章　RNA-seq 数据分析导论

2.1　引　　言

　　一旦从 RNA-seq 实验获得数以百万计的读段，数据分析就开始了。如第 1 章所述，RNA-seq 是强大的技术，具有许多应用，从基因和剪接变异体的发现到差异表达分析和融合基因、变异体及 RNA 编辑的检测。因此，有许多数据分析路径可用，不可能在单个分析工作流程中涵盖它们。图 2.1 中概述了大多数常规分析中的主要步骤，其中不同的路径取决于参考基因组或转录组是否可用。数据分析步骤由不同的程序执行，可能需要特定的数据格式和外部文件。由于 RNA-seq 数据分析是一个活跃的研究领域，新方法和工具产生的速度很快，每个分析步骤存在许多备选的方案。跟踪可用的选项并选择最合适的程序可能是一个挑战，但幸运的是已经发表了许多对分析工具进行透彻比较的文章，我们在下面的章节中会参阅这些评论文章。

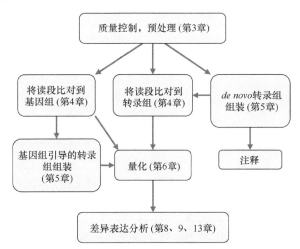

图 2.1　RNA-seq 数据分析中的可能的路径。开始的时候，对读段进行质量检查，如有必要，对读段进行预处理，以消除低质量数据和假象。然后通过将读段比对到一个参考基因组（如果有的话）来确定它们的来源。使用基因组引导的转录组组装检测新基因和转录本，基因和转录本的表达被量化。另外，可以跳过基因和转录本的发现，只量化已知的基因和转录本的表达。如果没有参考基因组，可以改用参考转录组对读段进行比对和量化。如果没有转录组，可以使用 de novo 转录组组装从读段产生。当使用这些路径之一获得丰度估计时，可以用统计检验分析样本组之间的表达差异。每个步骤的详细信息可以在括号中所示的章节中找到。

那么我们如何开始RNA-seq 数据分析呢？这取决于你想要执行的是什么样的分析和你的知识背景。如果你不喜欢在命令行上工作及使用 Unix 和 R，你可能会喜欢选择一个用户友好的图形用户界面，如Galaxy（galaxyproject.org/）[1]或 Chipster（chipster.csc.fi）[2]。这些是集成和灵活的工具，可以让你从原始的 RNA-seq 读段得到实验结果，并且从实用角度来看非常方便。Chipster 界面的一个示例如图 2.2 所示。

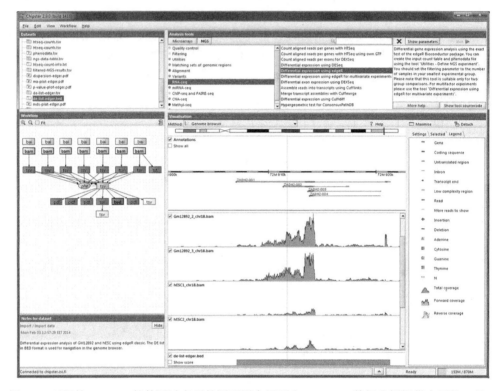

图 2.2　开源的 Chipster 软件通过直观的图形用户界面为 RNA-seq 数据分析提供全面的工具。工作流程面板（左下角）显示结果文件的关系。这个屏幕截图显示 GM12892 和 hESC 细胞的差异表达分析，这被用作贯穿全书的一个例子。得到了基因水平的表达水平估计，使用基因组比对的读段和 HTSeq 工具，并使用 edgeR Bioconductor 包分析了差异表达。通过倍数变化（fold change）和内置的基因组浏览器中的可视化进一步筛选差异表达的基因。

　　然而，很多用户想要完全掌控他们的数据分析并能够更灵活地修改参数，使用所有可用的选项，将数据导入和导出到不同的工具，其中有些是标准的，有些不是。这些用户将需要熟悉命令行环境。熟知 Unix 命令是有帮助的，而且在网络上有优秀的资源可用，如 www.ks.uiuc.edu/Training/Tutorials/Reference/unixprimer.html。许多 RNA-seq 数据分析程序是用 Java、Perl、C++或 Python 编写的。简单地运行这些程序不需要编程知识，虽然编程知识很有帮助。事实上，现在大多数工具都有很好的帮助手册，用于安装和运行程序。对于本书中的示例和目前所使用的工具，对 R 有一定程度的熟悉是重要的。对于那些不熟悉 R 的人，我们建议他们去利用一些免费的 web 资源，如在 http://www.ats.ucla.edu/stat/r/ 上的那些。对于那些只想了解 RNA-seq 的方法而不亲自动手执行试验和分析的人，那么所需要的是灵活和开放的态度。

2.2　差异表达分析工作流程

在前一节中，我们为数据分析提供了一个一般的方案。在本节中，我们简短描述差异表达分析的主要步骤，这是 RNA-seq 中很常见的任务。示例工作流程假定有一个参考基因组可用。对于每个步骤，我们描述分析目标、一些典型的选项、输入和输出，并指出在哪里可以找到描述这一步骤的完整的一章。我们希望提供整个数据分析过程的一个概述，以便用户可以看到各步骤如何彼此相关。图 2.3 提供数据处理步骤的一个总体视图。每一步骤存在单独的程序，尽管一些工具可以将其中的少数几个结合起来。

图 2.3　差异表达分析工作流程包含若干个彼此相关的步骤。括号中表示典型的输出文件格式。

2.2.1 第一步：读段的质量控制

分析从原始序列读段开始，通常为 FASTQ 格式，虽然有时可以使用其他格式。当程序不支持其他格式时，读段必须重新转化为 FASTQ 格式。第一步，进行全面的质量控制分析。这是对数以百万计的读段的整体质量进行考察。对读段进行扫描，寻找可信度低的碱基、有偏差的核苷酸组成、接头、重复等，如第 3 章所述。此步骤的输出是基本统计量，如读段的数目和质量信息，它指导下一步骤中的预处理决策。

2.2.2 第二步：读段的预处理

预处理的目标是要从各读段中删除低质量的碱基和假象（artifact），如接头或建库序列。也可以删除实验的假象。例如，可以删除 polyA 尾，因为它们会干扰后面的分析步骤。假象的另一个来源是存在于许多生物体中的微生物。从人类的 RNA 组织样品中删除大肠杆菌序列可能对后面的下游步骤有帮助。读段也可能会因为它们的大小而被剪裁。例如，成熟的 microRNA 序列的长度是 21~22 nt，而读段的长度可能是 50 nt。第 3 章介绍通过修剪和过滤进行的预处理，第 5 章在转录组组装的背景下讨论误差校正。经过预处理之后，数据现在处于清洁和抛光的形式，可以进行下一个数据分析步骤。

2.2.3 第三步：将读段比对到参考基因组

这一步的目标是为每一个读段寻找原点（point of origin）。如果没有参考基因组可用，可以将读段作图到转录组（如有必要，可以从读段 *de novo* 创建转录组，如第 5 章所述）。当读段被作图到一个参考基因组时，就创建了一个序列比对。在此步骤中，除了预处理过的读段的文件之外，需要有一个参考序列作为输入文件。作图是计算密集型的，因为有数以百万计的读段将被作图，基因组是大的，而剪接的读段必须不连续地作图。因此，基因组序列经常被转换，并压缩成一个索引，来加快作图。最常使用的转换是 Burrows-Wheeler 变换。此步骤的输出是一个比对文件，其中列出了作图的读段及其在参考基因组中的作图位置。除了下游的分析之外，可以使用基因组浏览器在基因组上下文中将比对的读段可视化。第 4 章介绍作图和基因组的可视化，还讨论了一些实用程序，用于操作比对文件。

2.2.4　第四步：基因组引导的转录组组装

如果读段被比对到一个基因组，则比对可以用于发现新基因和剪接变异。与测序读段相比基因是大的。例如，与 100~250 nt 的 RNA-seq 读段相比，来自哺乳动物的成熟 mRNA 通常是 1.5 kb。因此通常不可能从单个读段知道转录本的确切结构（转录起始位点，外显子-内含子组织，polyA 位置）。更长的测序平台，如 PacBio 系统，实际上可以对整个转录本进行测序，但较短的读段数据目前仍在分析中占主导。大多数外显子是<200 bp 的，所以可变外显子的使用和次序需要根据基因组作图来重建，然后连接比对，从一个区域到另一个区域。表面上看，这还是简单的，但需要计算，并因此要求一些熟练的变通办法，这在第 5 章的转录组组装中将被详细介绍。此步骤的输出是基因和转录本的模型。从不同样品组装的转录本被合并，并将其与参考注释相结合，以便产生更完整的基因模型，然后可以用于下一步的表达量化。

2.2.5　第五步：计算表达水平

由分析生成的一个关键数据表是每个基因和转录本的读段数目。在此步骤中，一个单一的读段是基于其作图位置与一个基因相关联的。使用在上一步中获得的基因模型，可以量化新基因和转录本的表达。当使用来自良好注释的生物（如人类）的数据进行工作时，可以使用参考注释，从而将量化仅仅限制于已知的基因和转录本。丰度估计可按原始读段计数或归一化的单位报告，如 RPKM（每 100 万读段的转录本中每 1000 个核苷酸的读段）或 FPKM（每 100 万个作图的读段每 1000 个核苷酸的片段）。有关作图到基因的读段数目的信息和不同基因组特征类型也使我们能够有重要的质量控制指标，如第 6 章所述。在此步骤中，数据变得简单，就是一个表，里面是基因和它们的读段计数或 RPKM/FPKM 值。

2.2.6　第六步：比较不同条件之间的基因表达

一旦我们有了丰度信息，我们就可以使用统计检验来比较样品组之间的值。归一化（normalization）是必要的，因为在读段数目和转录组组成方面可能存在差异。很多统计工具都有内置的归一化方法。第 8 章和第 9 章介绍了统计方法。

2.2.7　第七步：在基因组的上下文中的数据可视化

在分析的不同阶段，在基因组上下文中对读段和结果进行可视化是重要的，以便洞察基因和转录本的结构，以及获得对丰度的了解。有许多基因组浏览器可用，可以以你自己的数据或者预先加载的数据来使用这些浏览器。一个例子是综合基因组学查看器（integrative genomics viewer，IGV），它允许人们查看 RNA-seq 及其他基因组数据[3]。在图 2.4 中，我们加载了两个样本的读段的比对文件，一个来自对照，一个来自乙醇处理的动物。需注意，更多作图的读段来自对照样本。第 4 章介绍了基因组浏览器。

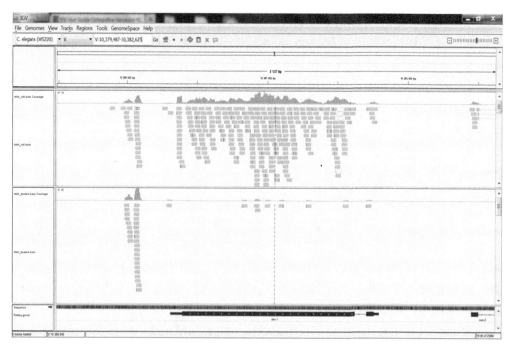

图 2.4　综合基因组学查看器（IGV）窗口，显示来自秀丽隐杆线虫（*Caenorhabditis elegans*）*abu-1* 基因的 RNA-seq 读段。顶部面板显示来自对照的读段，底部面板显示来自乙醇处理的动物的读段。

2.3　下游分析

2.3.1　基因注释

对于基因组已被测序的物种，转录组研究的典型输出是表达的已知基因的一个列表。读段可能提供关于基因结构的更多信息，如可变转录启动位点（alternative transcription start site）和新的外显子。也可能发现新的基因。新基因的输出通常是一个规定基因标识符（provision gene identifier）和一个序列。用户则必须利用像 BLAST 这样的工具将序列与已知基因进行比较以确定基因的功能。除了编码蛋白质的基因，也可识别其他类型的新转录本，如长的非编码 RNA。

　　如果 RNA-seq 数据是对来自一个生物体的基因的首次描述，则会建立一个自动的管线（pipeline）来注释基因。注释是根据计算预测的基因进行的，这些预测的基因是从被比对以创建长转录本的读段构建的。最初，结构的 RNA 分子（tRNA、rRNA、snoRNA 等）被注释和删除，然后将蛋白质编码基因比对到已知基因的数据库，并根据序列相似性推断其功能。

2.3.2　基因集的富集分析

　　差异表达分析的输出通常是基因的列表及两个或多个组之间在这些基因上的表达水平的差异。用户可以应用不同的阈值（cut-off threshold）（如 2 倍的差异或 < 0.01 的 P 值）把列表缩短到一个可操作的基因数目。即使利用了严格的标准，留给用户的可能还会有数百个基因，因此对数据的解释还是很困难的。基因集富集分析（gene set enrichment analysis）提供了一种手段，通过它可以对一个数据集中的基因进行分组，基于它们的注释和对一个组中的过度代表（overrepresentation）的检验 [与一个背景（如全部基因）相比较]。例如，一个基因列表可能包含 20 个转录因子，来自 200 个基因的列表。当基因组包含来自 22 000 个基因的 800 个转录因子时这是显著的吗？用于基因分组的最常见的注释是基因本体论（gene ontology）[4]，它是一个受控制的词汇表。它是分层的，所以你可以在不同的细节水平上注释基因，一个基因可有多个注释。例如，一个转录因子也可以是一个核因子（nuclear factor），一个受体，以及一个 DNA 结合蛋白。基因集富集分析提供过度代表的分子功能、生物过程及细胞位置的列表，可以用于检验某个生化或细胞途径中的基因是否失调的假说。

2.4　自动的工作流程和管线

　　使多个数据分析步骤的处理自动化通常是合乎需要的。对于常规的 RNA-seq 分析，有可能对可重新使用的分析管线编写脚本，具有确定的阶段，每一步的输入、输出和参数。因为分析的复杂性和大量工具的存在，要在单一的图形用户界面中整合所有的分析步骤更具挑战性。然而，人们正在朝这个方向做出很大的努力，已经可以在单个软件工具中执行最常见和常规的 RNA-seq 分析。这些工具使用已建立的程序，可以把一个工作流程放到单个图形用户界面中。允许用户建立自己的下一代测序工作流程的两个例子包括 Galaxy（galaxyproject.org/）[1] 和 Chipster（chipster.csc.fi）[2]，如上文所述。除了这些工具，也有商业化的工具。这些工具提供了一个方便的图形用户界面并易于使用，但要付费。

2.5 硬 件 要 求

应该意识到，RNA-seq 产生大量的数据。仅仅一个样品就可以生成 100 个碱基的 60 兆读段（6 亿碱基的序列），需要若干千兆字节（GB）的存储。硬件要求取决于实验的规模和类型。如果不进行 *de novo* 转录组组装，则可以在 4 GB 的随机存取内存（RAM）、200 GB 的硬盘空间和 2.5 GHz 主频的桌面工作站上进行一项小规模的研究。在此情况下，将读段作图到一个基因组将至少需要一通宵。随着包含更多条件和重复的更复杂的实验设计的使用，为期一周的运行时间用于作图是普遍的。在这个水平上，应考虑最小 16 GB 的 RAM、2TB 外置硬盘或 48 TB 服务器和 3.6 GHz 主频，如果你想要在自己的工作站上运行。

当一个核心或服务设施负责分析时，标准工作站不足以在合理的时间内处理所需的通量。在 RNA-seq 数据分析的情况下，建议核心设施为超过 200 个处理器和 1 拍字节（petabyte，10^{15} 字节）存储的 Linux 集群。不过，人们应该了解另一个解决方案，云服务，其具有实质上无限的存储量和计算能力。云计算的最大特点之一就是租用数据存储空间并获得以所需为基础的处理能力。

人们还应该了解从原始的 RNA-seq 数据的存储处到分析环境的数据传输速率。即使有 1 Gbit/s（125 MB/s）带宽的最好的光纤基础设施，由于拥堵、写入硬盘或由系统管理员施加的限制，原始数据的传输也可能会持续几小时或几天。从实际的角度来看，典型的 RNA-seq 用户对可用的带宽没有多少控制权，但他们可以预计和计算简单的数据传输所需的时间。在某些情况下，要求数据产生机构邮寄包含数据的硬盘给用户是更可行和更快的。

2.6 仿效书中的示例

本书包含大量关于如何使用不同分析工具的例子。我们建议你使用相同的数据集自己执行例子中的操作。这些文件可在本书的网页下载，网址为 http://rnaseq-book.blogspot.fi/（译者注：这个网页不能打开，正确的网址为 http://chipster.csc.fi/material/RNAseq_data_analysis/）。为使生物信息学家和不会编程的湿实验室科学家仿效例子，我们为相同的任务提供了两套说明。一套使用命令行工具和 R，另一套使用 Chipster 软件，它具有图形用户界面。示例中使用的所有软件都是开放源代码和免费可用的。

2.6.1　使用命令行工具和 R

我们建议你安装一个 Linux 发行版，如 Ubuntu，因为我们在这本书中演示的大多数命令行分析工具都是在 Linux 操作系统上运行的。如果你是 Windows 用户，不想完全切换到 Linux，你可以创建一个磁盘分区，以便你可以在你的计算机上运行 Linux 和 Windows。有关如何下载 Ubuntu 的详细信息，请参阅 http://www.ubuntu.com/download/desktop。

例子涵盖大量的分析工具，所有这些工具的安装说明超出了本书的范围，但详细的说明可以在工具网站上找到。下载和安装每个工具的一个替代方案是使用 Chipster 虚拟机，它基于 Ubuntu，并包含大部分的分析工具和参考数据集。如下文所述，你可以通过图形用户界面使用工具，但也可以登录到虚拟机，并在命令行上使用它们。在下一节中给出设置虚拟机的说明。

为你写的代码做笔记是一个好习惯，因为它可以让你以后重现分析步骤。除了简单的文本编辑器，如 Windows 中的记事本和 Linux 中的 nano，也有一些专门的代码编辑器，如 Windows 上 R 的 Notepad++ 和 RStudio，以及 Linux 上的 emacs（具有一些额外的插件）。强烈推荐这些专门化的工具，因为它们通过以不同的方式着色代码使代码编辑更容易，这样就很容易看出命令和参数。

每当你遇到新的代码或命令时，你可能想得到有关的可用选项和内部工作原理的详细信息。对于 R，你可以访问该命令的内置帮助，利用 "?" 后面跟着你正在搜索帮助的命令的名称。例如，"?lm" 将打开命令 lm 的帮助页，它为数据拟合线性模型。对于 Unix 命令，你可以用命令 man 访问手册页。例如，"man less" 打开命令 less 的手册页。对于命令行分析软件，可在该软件的主页找到帮助。也有活跃的论坛，如 SEQanswers（http://seqanswers.com/）和 Biostar（http://www.biostars.org/），在那里你可以发布数据分析的问题。

2.6.2　使用 Chipster 软件

如果你想尝试对本书中的例题进行分析，但不喜欢利用命令行工具和 R/Bioconductor 进行工作，你可以使用图形化的 Chipster 软件执行相同的分析任务。Chipster 是开源的，是免费提供的。它为不同的下一代测序应用提供全面的数据分析工具集，包括 RNA-seq。这些工具包括从质量控制到统计检验和通路分析的所有步骤。你可以从任何点开始你的分析，导入原始读段（FASTQ）、比对（BAM）或计数表。

技术上 Chipster 是一个基于 Java 的客户端-服务器系统，可作为 http://chipster.

sourceforge.net/downloads.shtml 上的一个虚拟机镜像。虚拟机包含所有的分析工具和参考数据集，因此，它是可以直接使用的（但相对较大）。你需要一个虚拟化软件，如 VMware 或 Virtual Box，来在 Windows、MacOS X 或 Linux 中运行 Chipster 虚拟机。如果你以前没有使用过虚拟机，我们建议你找一个本地系统管理员，以帮助你进行安装。如果不能本地安装，你可以使用在芬兰的 Chipster 服务器（http://chipster.csc.fi/），虽然由于数据传输时间的问题这不是最佳的。如果你只是想要看看现成的分析会话或使用基因组浏览器，你可以用用户名 guest 登录。也有免费的评估账户可用。

可以在下面找到一些使用 Chipster 的一般说明，而对个别的分析步骤的说明嵌入在有关章节中。Chipster 用户界面截图如图 2.2 所示。

• 通过选择 "Import files" 导入数据。文件将出现在数据集视图（左上角）和工作流程视图（左下角）中。

• 分析工具分为不同的类别（右上角）。每个工具都有少许帮助文本，你可以通过点击 "More help" 按钮得到工具手册。你也可以通过选择 "Show tool source code" 按钮查看工具的源代码。可以使用默认参数运行工具，但建议你检查它们是否适合你的数据。

• 为了运行分析，选择文件、工具类别和工具。检查和可能改变参数后，单击 "Run"。你可以通过点击底部面板中的小三角形来监视运行的状态。

• 当分析完成时，结果文件出现在数据集视图和工作流程视图中。你可以通过从可视化面板（右下角）选择文件和合适的可视化方法来可视化结果。

• 通过选择 "File/Save session" 保存分析会话。这将打包所有文件、它们的关系、元数据（什么工具和哪些参数被用来创建一个特定的结果文件的信息）到一个 zip 文件。你还可以保存工作流程，它允许你在一个不同的数据集上运行相同的分析步骤，只需单击一下。

• Chipster 为你所做的事情保留一个 "实验室记载本"（lab book）。单击工作流程面板中的小纸片图标产生一个文本报告，列出生成一个特定文件的所有步骤（工具及其参数设置）。

• 如果你需要某个特定功能（如内置的基因组浏览器）的任何帮助，请参阅手册（http://chipster.csc.fi/manual/），或把你的问题发送到 Chipster 邮件列表。

2.6.3　示例数据集

这些示例使用来自 GM12878 和 H1-hESC 细胞系的 ENCODE 数据。GM12878 是淋巴母细胞系，来自女性捐赠者的血液，通过 EBV 转化；H1-hESC 是人类胚胎干细胞。数据在加利福尼亚理工学院（Caltech）产生，由 75 个碱基的双端读段组成，插入长度为 200 个碱基。这来自较早的 Illumina 平台，所以碱基质量编码是 phred64。

有 3 个 GM12878 样本和 4 个 H1-hESC 样本。来自 GM12878 重复 2 的读段用于第 3 章、第 4 章和第 6 章。第 5 章使用来自 H1-hESC 重复 1 的读段，集中在作图到 18 号染色体的读段。第 7~10 章使用来自所有样本的作图到 18 号染色体的读段。

文件可以在以下网站找到：

http://hgdownload.cse.ucsc.edu/goldenPath/hg19/encodeDCC/wgEncodeCaltechRnaSeq/

选择下面的 FASTQ 文件：

wgEncodeCaltechRnaSeqGm12892R2x75Il200FastqRd1Rep2V2.fastq.gz
wgEncodeCaltechRnaSeqGm12892R2x75Il200FastqRd2Rep2V2.fastq.gz

选择下列 BAM 文件：

wgEncodeCaltechRnaSeqGm12892R2x75Il200AlignsRep1V2.bam
wgEncodeCaltechRnaSeqGm12892R2x75Il200AlignsRep2V2.bam
wgEncodeCaltechRnaSeqGm12892R2x75Il200AlignsRep3V2.bam
wgEncodeCaltechRnaSeqH1hescR2x75Il200AlignsRep1V2.bam
wgEncodeCaltechRnaSeqH1hescR2x75Il200AlignsRep2V2.bam
wgEncodeCaltechRnaSeqH1hescR2x75Il200AlignsRep3V2.bam
wgEncodeCaltechRnaSeqH1hescR2x75Il200AlignsRep4V2.bam

在几个例子中，我们使用来自甲状旁腺肿瘤的原代培养研究的一组 RNA-seq 数据。原始数据（及估计的表达值）可以从 Gene Expression Omnibus（GEO accession GSE37211）得到，但在这里我们使用一个 R/BioConductor 包，parathyroid（甲状旁腺），它由 Michael Love 开发，其中包含该数据集的"分析就绪"（analysis-ready）版本，允许直接加载表达数据和相关的元数据到 R 会话中。此数据集包含肿瘤中的 mRNA 水平的 RNA-seq 测定，培养物来自 4 个不同的患者。对于每个患者，两种培养物中每个用不同的化学物质（分别是 diarylpropionitrile 或"DPN"和 4-羟基他莫昔芬或"OHT"）处理，而一种培养物被作为对照。此外，每一种培养物在两个时间点采样，每个患者有 6 次测量（除了在一个案例中文库制备失败，没有得到可用的序列）。

2.7　小　　结

RNA-seq 是一种强大的技术，有许多应用，因此有许多可用的数据分析路径。即使是最常规的分析也需要大量相互关联的离散的步骤。尽管一开始看似复杂，人们最终可以看到各个步骤背后的逻辑，以及它们彼此之间如何相关。RNA-seq

数据分析步骤典型的简要描述是作图、转录本构建和表达量化[5]。我们一直在努力将此分解成更小的步骤，以便读者可以看到生成的数据输出和它们是如何派生出来的。我们希望能在下面的章节中展示 RNA-seq 分析的每一步所涉及的背景、理论和实际执行。由于 RNA-seq 数据分析是十分活跃的研究领域，一直在产生新的方法和工具，我们建议读者积极关注文献和论坛（如 SEQanswers 和 Biostar）上的讨论。

参 考 文 献

1. Goecks J., Nekrutenko A., Taylor J. et al. Galaxy: A comprehensive approach for supporting accessible, reproducible, and transparent computational research in the life sciences. *Genome Biology* 11(8):R86, 2010.
2. Kallio M.A., Tuimala J.T., Hupponen T. et al. Chipster: User-friendly analysis software for microarray and other high-throughput data. *BMC Genomics* 12:507, 2011.
3. Thorvaldsdóttir H., Robinson J.T., and Mesirov J.P. Integrative Genomics Viewer (IGV): High-performance genomics data visualization and exploration. *Briefings in Bioinformatics* 14(2):178–192, 2013.
4. Ashburner M., Ball C.A. et al. The Gene Ontology Consortium. Gene ontology: Tool for the unification of biology. *Nature Genetics* 25(1):25–29, 2000.
5. Garber M., Grabherr M.G., Guttman M. et al. Computational methods for transcriptome annotation and quantification using RNA-seq. *Nature Methods* 8(6):469–477, 2011.

第 3 章　质量控制和预处理

3.1　引　言

质量问题通常来源于测序本身或前面的文库制备。它们包括可信度低的碱基、序列特异性的偏差、3′/5′位置偏差、聚合酶链反应（PCR）假象、未修剪的接头，以及序列污染。这些问题可能严重影响参考作图、组装及表达的估计，但幸运的是这些问题很多可以通过过滤、修剪、纠错或偏差订正被矫正。有些问题不能被纠正，但在解释结果时你至少应该意识到它们。

本章涵盖原始读段（也就是 FASTQ 文件）的质量检查[1]。一旦读段已被比对到一个参考基因组，可以基于位置信息调查额外的质量指标，如同第 6 章中讨论的。这些包括沿转录本的覆盖均匀性，测序深度的饱和度，核糖体 RNA 含量，以及外显子、内含子和基因间区域读段的分布。最后，一旦比对的读段对每个基因进行了计数，可以利用热图和 PCA 图可视化样品关系和批次效应（batch effect）。这种实验水平的质量控制将在第 8 章与统计检验一起被讨论。

除了质量检查，本章还包括读段的修剪（trimming）和过滤，这是解决质量问题的最常用的预处理方法。第三种预处理方法，纠错（error correction），将在第 5 章与 de novo 转录组组装一起讨论。

3.2　质量控制和预处理的软件

已经开发了许多工具用于读段的质量控制和预处理。读段的质量检查工具包括 FastQC[2]和 PRINSEQ[3]，它们检查若干个质量指标，并提供可视化的报告。PRINSEQ 软件包还提供过滤和修剪功能。其他预处理工具包括 Trimmomatic[4]、Cutadapt[5]、FastX[6]，仅举几例。在这里对 FastQC、PRINSEQ 和 Trimmomatic 做一般的介绍，本章后面部分在不同质量问题的背景下详细讨论其特征。这些示例使用双端读段，来自 GM12892 细胞系（第 2 重复的样品），如第 2 章中所述。

3.2.1　FastQC

FastQC 可以作为一个独立的 Java 程序使用，具有图形用户界面（GUI），也容易在命令行上使用。它还集成在 Galaxy[7]和 Chipster[8]平台中，这两个平台为大量的分析工具提供了 GUI。FastQC 相对较快，只需要几分钟来运行数千万的读段。输入的文件可以是 FASTQ（未压缩或压缩的）或 SAM/BAM 文件[9]。除了列出读段的数目及其质量编码，FastQC 还报告并可视化有关碱基质量和内容、读段长度及 *k*-mer 内容的信息，也有含糊不清的碱基、过度代表的序列和重复的信息。

下面的命令生成一个质量报告，并为结果文件创建一个文件夹 reads_fastqc：

`fastqc reads.fastq.gz`

文件 fastqc_report.html 直观显示 fastqc_data.txt 中包含的信息。除了报告几个质量指标，FastQC 也对它们作出判断。判断是在 summary.txt 中以文本（通过、警告、失败）及 html 报告中的交通灯形式给出的（图 3.1）。请注意，它基于一般的阈值，也可能不适用于你的数据。例如，在这里使用的数据未能通过"序列重复水平"（sequence duplication level）检查，但高重复水平对于 RNA-seq 数据可能是正常的，如同本章后面讨论的。FastQC 还报告一些关于数据的一般信息，如读段的数目和长度，使用的质量编码［请注意，如果你使用比对过的读段（即 BAM 文件）运行 FastQC，那么报告的"读段"数目实际上是比对的数目］。

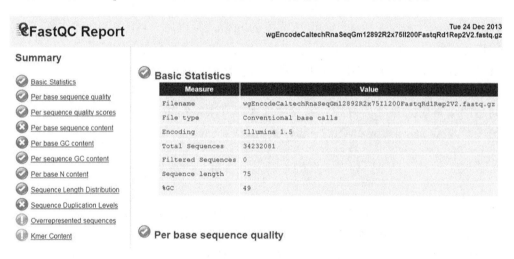

图 3.1 FastQC 质量报告的一开始提供基本统计量（右）和测量的不同质量方面的判断（左）。

3.2.2 PRINSEQ

PRINSEQ 是一个 web 应用程序[10]，也提供了一个可使用命令行的单机版。它在 Chipster GUI 中也是可用的。PRINSEQ 质量控制报告包括读段的数目及其长度分布、碱基质量分布、序列复杂性、GC 含量、模糊碱基（N）的存在、polyA/T 尾巴、重复和接头。如果检测到这些方面的任何问题，PRINSEQ 的修剪和过滤选项提供各种不同的方式来处理它们。PRINSEQ 接受未压缩的 FASTQ、FASTA 和

QUAL 文件。质量报告、修剪及过滤是用 Perl 程序 prinseq-lite.pl 完成的。你可以在一个命令中结合许多修剪和过滤选项。其处理顺序不依赖你如何在命令中列出它们，因为它是在 PRINSEQ 中硬编码的（hard-coded）。次序在帮助菜单中描述，你可以用下面的命令访问：

```
prinseq-lite.pl-help
```

PRINSEQ 可产生文本或 html 格式的质量报告。为了创建一个 html 报告，需要两个命令。第一个制作一个临时的图形文件：

```
prinseq-lite.pl -fastq reads.fastq -phred64 -out_good
null -out_bad null -graph_data graph
```

由于我们不执行任何预处理，因此不会有任何接受的或丢弃的读段，我们将这些命令的输出文件（-out_good 和-out_bad）设置为 null。添加了限定符-phred64，因为示例数据使用 Illumina 的旧的质量编码（见下文）。这第一个命令可能需要几个小时来运行。注意，你可以只要求质量统计量的一个子集，以减少内存消耗和运行时间。例如，添加-graph_stats ld,gc,qd,ns,pt,ts,de 将跳过序列复杂性和二核苷酸计算，并只报告精确的重复（而不是还要报告 5′端和 3′端重复）。

图形文件用于创建 html 文件。-o 参数给出文件前缀，因此该命令生成一个文件 QCreport.html：

```
prinseq-graphs.pl -i graph -html_all -o QCreport
```

3.2.3　Trimmomatic

Trimmomatic 是一个基于 Java 的多功能的工具，用于预处理读段。你可以通过命令行或在 Galaxy 或 Chipster 中通过 GUI 使用它。Trimmomatic 可以删除接头，而且以基于质量的不同的方式对读段进行修剪。它也可以基于质量和长度对读段进行过滤，并将碱基质量从一种编码系统转换成另一种。可以使用一个命令执行几个步骤，按所需的顺序列出它们。输入和输出是 FASTQ 文件，可以被压缩。Trimmomatic 是多线程的，所以运行非常快。

3.3　读段质量问题

3.3.1　碱基质量

碱基质量表明碱基判读（base call）中的可信度。它是按 phred 尺度表示的，其中碱基为错误的概率被取 $\log_{10}$ 的对数，然后乘以−10。例如，如果有 1%的可能性碱基是错的，则质量值是 $q = -10 \times \log_{10}(0.01) = 20$。质量值的范围通常为 0~40。

为了节省空间，在 FASTQ 文件中其用 ASCII 字符，而不是数字进行编码。当前的 FASTQ 文件使用 Sanger 编码，其中第 33 个 ASCII 字符被作为 0 使用。要知道低于 1.8 版本的 Illumina 软件产生的 FASTQ 文件中是第 64 个 ASCII 字符被作为 0 使用的。关于不同的质量编码系统的详细信息，请参阅 FASTQ 格式描述[1]。如果你不知道你的数据的质量编码为哪种，FastQC 可以为你检测。如果你需要将 FASTQ 文件从一种质量编码转换成另一种，Trimmomatic 可以这样做。

通常碱基质量值在测序的后面的循环中显著下降。在沿读段可视化碱基质量的箱线图中，这很容易被检测。FastQC 和 PRINSEQ 在其质量报告中包括这种图。图 3.2 显示的是我们的示例数据的双端读段（GM12892 细胞株重复 2）每碱基序列 FastQC 质量图。如同从图中可以看出的那样，前面的读段质量高，而反向读段质量低，沿着读段末端质量进一步恶化。

除了检查每个碱基位置的碱基质量的分布，检查读段的平均质量是如何分布的，也可以提供丰富的信息。这允许人们了解是否有整体劣质的读段的一个子集。FastQC 和 PRINSEQ 可以绘制读段的平均碱基质量的分布图。理想情况下，大多数读段应该有 25 或更高的平均碱基质量。如图 3.3 所示，正向和反向读段包含大约 200 万个读段，其中碱基质量普遍是不好的。

包含低质量碱基的读段可被过滤或修剪。过滤删除整个读段，而修剪允许人们只移除读段的低质量末端。如果你要对双端读段进行过滤或质量修剪，选择一种工具，当一个读段（或其一对末端）被删除时能够保存输出文件中读段的匹配顺序。当将读段作图到一个参考基因组时这很重要，因为比对工具期望在这两个文件中以相同的顺序找到配对的读段。注意不只过滤，而且修剪也可以扰乱次序，因为一些读段被完全删去，而其他的读段可能变得太短，以至于它们会因此而被抛弃。

3.3.1.1 过滤

Trimmomatic、FastX 和 PRINSEQ 可以基于质量对读段进行过滤。FastX 质量过滤工具允许你设置一个最小质量值和必须具有此值或比此值更高的碱基的百分比。PRINSEQ 和 Trimmomatic 可以基于读段的平均碱基质量进行过滤，重要的是，它们可以处理双端读段。下面的 Trimmomatic 命令过滤出双端读段（PE），其平均的碱基质量低于 20（AVGQUAL: 20）。输入和输出文件都可以被压缩。

```
java -jar trimmomatic-0.32.jar PE -phred64 reads1.fast
q.gz reads2.fastq.gz paired1.fq.gz unpaired1.fq.gz
paired2.fq.gz unpaired2.fq.gz AVGQUAL:20
```

(a)

🔘 每个碱基位置上的序列质量

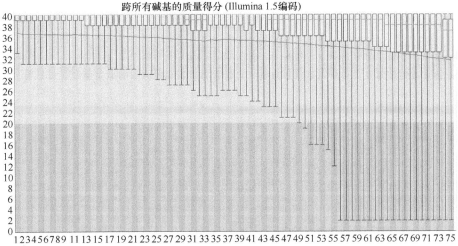

(b)

❌ 每个碱基位置上的序列质量

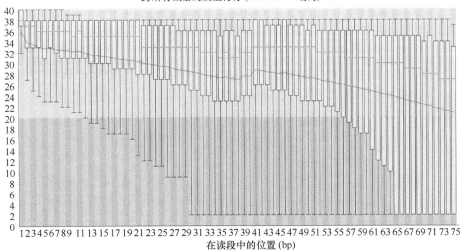

图 3.2　示例数据的正向读段（顶部）和反向读段（底部）的 FastQC 每个碱基序列质量图。本图跨越所有读段总结了每个碱基位置上的碱基质量。y 轴显示质量得分，黄色框代表每个碱基位置的碱基质量值的四分位间距（25%~75%）。红线是中位数值，蓝线是平均数。绿色、橙色和红色背景着色分别表示良好、合理和差的质量。如果在任何碱基位置的下四分位数低于 10，或中位数小于 25，则 FastQC 发出警告（原书无彩图，译者注）。

(a)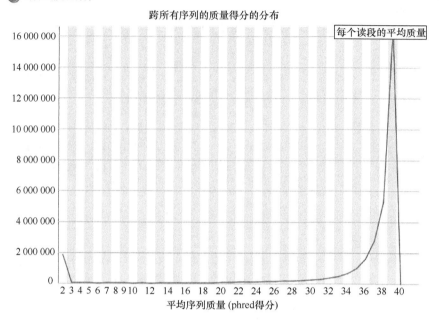

(b)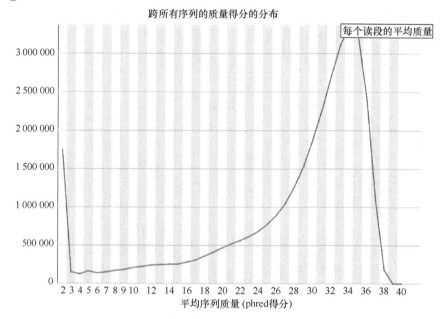

图 3.3 由 FastQC 产生的每序列质量得分图，显示读段的平均质量的分布情况。我们的示例数据的正向读段（顶部）和反向读段（底部）包含大约 200 万个读段的一个子集（~6%），其平均质量小于 2。反向读段的平均质量一般更低。

Trimmomatic 检查保留下来的读段对，并在文件 paired1.fq.gz 和 paired2.fq.gz 中报告正确配对的读段。输出文件 unpaired1.fq.gz 和 unpaired2.fq.gz 包含失去了自己的配对的读段。这里大约 82% 的配对从过滤中保留下来，如输出结果的屏幕汇总所示：

```
TrimmomaticPE:Started with arguments:-phred64
reads1.fastq.gz reads2.fastq.gz paired1.fq.gz
unpaired1.fq.gz paired2.fq.gz unpaired2.fq.gz
AVGQUAL:20
Multiple cores found:Using 16 threads
Input Read Pairs:34232081 Both Surviving:
27981021(81.74%)Forward Only Surviving:3162984(9.24%)
Reverse Only Surviving:609823(1.78%)Dropped:
2478253(7.24%)
TrimmomaticPE:Completed successfully
```

使用 PRINSEQ，利用下面的命令可以执行相同的质量过滤：

```
prinseq-lite.pl -fastq reads1.fastq -fastq2 reads2.
fastq -phred64 -min_qual_mean 20 -out_good qual_
filtered -out_bad null -no_qual_header -log -verbose
```

保留的配对在文件 qual_filtered_1.fastq 和 qual_filtered_2.fastq 中报告，而输出文件 qual_fil-tered_1_singletons.fastq 和 qual_filtered_2_single tons.fastq 包含失去了自己的配对的读段。-verbose 限定符允许你跟踪运行和查看统计信息（在日志文件中也可用）。-no_qual_header 告诉 PRINSEQ，只写 "+" 而不是 "+读段名称" 作为每个读段质量行的标题，以减小由此产生的 FASTQ 文件的大小。

3.3.1.2 修剪

如果在读段的末端检测到低质量的碱基，将它们移除的最简单的方法是修剪读段到给定的长度或从任一端修剪给定数目的碱基。但是，这种方法也会删除质量好的序列。可以通过考虑每个碱基的质量值减少序列的损失：从读段的 3′端或 5′端开始，如果一个碱基的质量低于用户定义的阈值则将其剔除。FastX 质量修剪器（quality trimmer）从 3′端修剪碱基，而 PRINSEQ 和 Trimmomatic 可以从两端修剪读段。因为一些读段可能变得很短，修剪器通常可以滤除比用户定义的最小长度更短的读段。PRINSEQ、Trimmomatic 和 Cutadapt 有双端支持，因此它们能够保持读段文件同步，即使一个读段在修剪过程中失去其配对。

下面的 Trimmomatic 命令用于双端读段（PE），当碱基质量低于 20 时从 3′端修剪碱基（TRAILING：20），并且过滤掉修剪后少于 50 个碱基的读段（MINLEN：50）。修剪和过滤步骤的顺序是由命令确定的，所以必须按正确的顺序列出它们。

```
java -jar trimmomatic-0.32.jar PE -phred64 reads1.
fastq.gz reads2.fastq.gz paired1.fq.gz unpaired1.fq.gz
paired2.fq.gz unpaired2.fq.gz TRAILING:20 MINLEN: 50
```

这里大约 82%的配对经过修剪和随后的长度过滤之后保留下来，如输出结果的屏幕汇总所示：

```
Input Read Pairs:34232081 Both Surviving:27992914
(81.77%)Forward Only Surviving:3114023(9.10%)
Reverse Only Surviving:780195(2.28%)Dropped:2344949
(6.85%)
```

查看质量时不是一次一个碱基，修剪可以使用一种滑动窗口的方法，在那里一个用户定义的窗口中的碱基质量与一个给定的阈值进行比较。Trimmomatic 从读段的开头（5′端）滑动窗口，而 PRINSEQ 允许你决定从哪一端开始扫描。请注意从 5′端滑动窗口保留了读段的开始，直到质量低于阈值，而从 3′端滑动是切除，直到它到达一个具有足够好的质量的窗口。由于在读段的中间质量也可能降低，从 5′端滑动窗口通常产生更短的读段。如果修剪与用户定义的最小长度的过滤相结合，许多读段可能会一起丢失。对于双端读段该问题更严重，因为丢失一个读段导致从配对的文件中也删除其配对。除了扫描方向，PRINSEQ 在其他设置方面也更灵活：Trimmomatic 允许设置窗口的大小并且在该窗口中总是使用平均质量，PRINSEQ 还允许用户决定移动窗口的步长，以及是用平均质量还是用最低质量与阈值相比。

下面的 Trimmomatic 命令从 5′端滑动一个三碱基窗口，当平均质量低于 20 时切割读段（SLIDINGWINDOW：3：20）。它也在修剪后过滤掉少于 50 个碱基的读段（MINLEN：50）。如上所述，保留的配对在单独的文件中报告。

```
java -jar trimmomatic-0.32.jar PE -phred64 reads1.
fastq.gz reads2.fastq.gz paired1.fq.gz unpaired1.fq.gz
paired2.fq.gz unpaired2.fq.gz SLIDINGWINDOW:3:20
MINLEN:50
```

请注意，只有 64.4%的配对在这种修剪和过滤中保留，如同下面的输出结果的屏幕汇总所示。你可以通过增加窗口大小来使修剪温和些。例如，使用 7 碱基窗口将保留 73.4%的读段对。

```
Input Read Pairs:34232081 Both Surviving:22045360
(64.40%)Forward Only Surviving:7811189(22.82%)
Reverse Only Surviving:607284(1.77%)Dropped:
3768248(11.01%)
```

相比较而言，以下的 PRINSEQ 命令从相反的方向（3′端）滑动一个三碱基窗口，并修剪读段，如果平均碱基质量小于（lt）20。它也在修剪后过滤掉少于 50 个碱基的读段。保留的配对在文件 window_1.fastq 和 window_2.fastq 中报告,输出文件 window_1_singletons.fastq 和 window_2_singletons.fastq 包含失去了其配对的读段。

```
prinseq-lite.pl -phred64 -trim_qual_window 3 -trim_
qual_type mean -trim_qual_right 20 -trim_qual_rule lt
-fastq reads1.fastq -fastq2 reads2.fastq -out_good
window -out_bad null -verbose -min_len 50 -no_qual_
header
```

现在 28 133 789 个(81%)配对从修剪和过滤中保留,如输出结果的汇总所示:

```
Input and filter stats:
Input sequences(file 1):34,232,081
Input bases(file 1):2,567,406,075
Input mean length(file 1):75.00
Input sequences(file 2):34,232,081
Input bases(file 2):2,567,406,075
Input mean length(file 2):75.00
Good sequences(pairs):28,133,789
Good bases(pairs):4,220,068,350
Good mean length(pairs):150.00
Good sequences(singletons file 1):3,008,972(8.79%)
Good bases(singletons file 1):225,672,900
Good mean length(singletons file 1):75.00
Good sequences(singletons file 2):769,471(2.25%)
Good bases(singletons file 2):57,710,325
Good mean length(singletons file 2):75.00
Bad sequences(file 1):3,089,320(9.02%)
Bad bases(file 1):231,699,000
Bad mean length(file 1):75.00
Bad sequences(file 2):3,008,972(8.79%)
Bad bases(file 2):225,672,900
Bad mean length(file 2):75.00
Sequences filtered by specified parameters:
trim_qual_right:3330145
min_len:50879967
```

滑动窗口方法的一个替代方法是运行求和(sum)方法,这最初是在 BWA 比对程序中实现的[11],因此通常称为 "BWA 质量修剪"(BWA quality trimming)。它从右(3'端)扫描读段,将每个碱基的质量与给定的阈值进行比较,对差异求总和。读段在累积的"坏处"(badness)最高的位置被修剪。这种方法是在 Cutadapt 工具中执行的。

最后，Trimmomatic 提供了称为 MAXINFO 的自适应质量修剪方法，它试图在保留尽可能长的读段与去除错误的碱基之间取得平衡。它采用两个参数，即目标读段长度和严格性，并从 3′端修剪读段，在每个碱基上计算一个得分。如果读段变得比目标长度短，则应用惩罚。对于更长的读段，来自错误概率的惩罚增加，并最终超过保留额外的碱基的红利。人们可以通过严格性参数来控制这种平衡，它取一个介于 0 和 1 之间的值，较高的值支持读段的正确性。下面的 MAXINFO 修剪命令设置目标长度= 50 和严格性= 0.7。

```
java -jar trimmomatic-0.32.jar PE -phred64 reads1.
fastq.gz reads2.fastq.gz paired1.fq.gz unpaired1.fq.gz
paired2.fq.gz unpaired2.fq.gz MAXINFO:50:0.7 MINLEN:50
```

大约99%的读段从这个修剪和过滤中保留：

```
Input Read Pairs:34232081 Both Surviving:33724880
(98.52%)Forward Only Surviving:63886(0.19%)Reverse
Only Surviving:4564(0.01%)Dropped: 438751(1.28%)
```

如果我们将严格性参数增加到 0.8，从而在长度上有利于读段正确性，保留的配对的百分比将降至82%：

```
Input Read Pairs:34232081 Both Surviving:27993319
(81.78%)Forward Only Surviving:3113077(9.09%)Reverse
Only Surviving:780359(2.28%)Dropped:2345326(6.85%)
```

3.3.2　模糊的碱基

如果在测序过程中一个碱基未被识别，则在读段中将其标明为 N。组装程序和比对程序有不同的方法来处理模糊的碱基：有些用一个随机的碱基来替换 N，而有些将它们替换成一个固定的碱基。因为 N 可能导致错误的组装或错误的作图，应删除具有高数目 N 的读段。PRINSEQ 质量报告包括一个 N 的分布图（图3.4），它允许人们看到每个读段的 N 的百分比。

PRINSEQ 的过滤功能允许人们指定一个读段可以有的 N 的最大数目或百分比。以下命令过滤出具有两个以上 N 的双端读段：

```
prinseq-lite.pl -fastq reads1.fastq -fastq2 reads2.
fastq -ns_max_n 2 -out_good nfiltered -out_bad null
-no_qual_header -log -verbose
```

保留的配对在文件 nfiltered_1.fastq 和 nfiltered_2.fastq 中被报告，输出文件 nfiltered_1_single-tons.fastq 和 nfiltered_2 _singletons.fastq 包含失去了其配对的读段。如日志所示，33 546 906 个配对在这种过滤中保留：

N的存在

带有N的序列:　　　　　　　　　688 264(2.01%)
每个序列的N的最大百分比:　　　100%

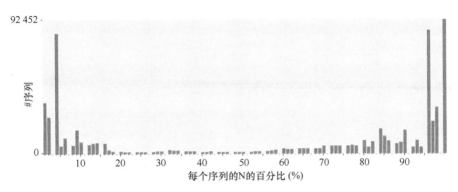

图 3.4　关于模糊碱基（N）的 PRINSEQ 报告。2%的读段包含 N，而 92 452 个读段只包含 N。

```
Input sequences(file 1):34,232,081
Input bases(file 1):2,567,406,075
Input mean length(file 1):75.00
Input sequences(file 2):34,232,081
Input bases(file 2):2,567,406,075
Input mean length(file 2):75.00
Good sequences(pairs):33,546,906
Good bases(pairs):5,032,035,900
Good mean length(pairs):150.00
Good sequences(singletons file 1):58,095(0.17%)
Good bases(singletons file 1):4,357,125
Good mean length(singletons file 1):75.00
Good sequences(singletons file 2):141,443(0.41%)
Good bases(singletons file 2):10,608,225
Good mean length(singletons file 2):75.00
Bad sequences(file 1):627,080(1.83%)
Bad bases(file 1):47,031,000
Bad mean length(file 1):75.00
Bad sequences(file 2):58,095(0.17%)
Bad bases(file 2):4,357,125
Bad mean length(file 2):75.00
Sequences filtered by specified parameters:
ns_max_n:1170812
```

3.3.3 接头

如第 1 章中所述，Illumina 和 Roche 454 规程使用测序接头，需要在进行数据分析之前将其剪裁掉。此外其他的标签（tag）如多路复用标识符（multiplexing identifier）和引物也需要删除。虽然这听起来很琐碎，但有一些挑战。首先，这些标签，像读段的任何其他部分一样，可能有测序错误，所以修剪软件应该能够应付错匹配、插入/缺失（indel）和模糊的碱基。其次，当测序小分子 RNA 时，读段可能延长到 3′接头。与这个"通读"（read-through）情况有关的问题是 3′端的接头可能只是一部分，因此难以识别。最后，如果数据来自于一个公共的数据库，甚至可能没有接头序列的信息。

如果不知道接头序列，TagCleaner[12]可以对其进行预测。FastQC 的 k-mer 过度代表图（k-mer overrepresentation plot）和 PRINSEQ 的标签序列检查图（tag sequence check plot）也允许人们检测接头的存在。可用于去除接头的工具包括 Trimmomatic、FastX、TagCleaner 和 Cutadapt。其中，Trimmomatic、TagCleaner 和 Cutadapt 可以处理不匹配、在两端修剪接头，以及允许用户指定读段和标签序列的最小重叠。TagCleaner 也可以处理插入/缺失和模糊的碱基。Trimmomatic 是快速的，因为它首先扫描具有短的种子序列（seed sequence）的读段，并只对与这些种子很相配的读段执行完全的比对。它具有双端支持，也可将双端信息用于接头检测。这个所谓的回文方法（palindrome approach）基于这样的事实："通读"发生在两个方向，并且片段被完全测序。因此，读段可以被比对，允许部分接头的检测，甚至少到一个碱基的接头（图 3.5）。请注意，如果你把 general（一般）、quality（质量）和 adapter trimming（接头修剪）结合到一个 Trimmomatic 命令，那么你应该将接头修剪列在第一步，因为识别完整的接头比识别部分的接头更容易。

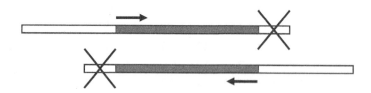

图 3.5　在"通读"的情况下，Trimmomatic 软件的回文方法可以检测双端读段中很短的部分接头。两个双端读段被比对（正向读段在上面，反向读段在下面）。接头是白色的，要被测序的插入是黑色的。当插入短时，测序将其"通读"到 3′端，导致在此端中的一个部分（或全部）的接头。Trimmomatic 可以将其识别并删除（如叉号所示）。

示例数据已经进行了接头修剪，但下面的示例命令将从双端读段中删除 Illumina TruSeq2 接头。它允许种子中有两个不匹配，回文剪辑阈值（palindrome clip threshold）是 30，简单剪辑阈值（simple clip threshold）是 10，由回文模式检测到的最低接头长度是 1，反向读段被保留（默认情况下，它被删除）。

```
java -jar trimmomatic-0.32.jar PE -phred64 reads1.
fastq.gz reads2.fastq.gz paired1.fq.gz unpaired1.fq.gz
paired2.fq.gz unpaired2.fq.gz ILLUMINACLIP: TruSeq2
-PE.fa:2:30:10:1:true
```

3.3.4　读段长度

把检查读段长度分布作为质量控制的一部分是一个好的习惯。这也适用于 Illumina 读段，它最初是长度一致的，因为基于质量或接头的修剪可以导致很短的片段。FastQC 和 PRINSEQ 提供读段长度分布图。许多修剪工具，包括 Trimmomatic、PRINSEQ、Cutadapt 和 FastX Quality Trimmer（FastX 质量修剪器）提供了基于读段长度进行过滤的可能性。所需的最小长度取决于下游的应用。很短的读段很难明确地作图到基因组，更长的读段则有利于组装和剪接异构体（splice isoform）的定量。

3.3.5　序列特异性偏差和由随机联体引物造成的不匹配

文库制备过程中，RNA 被片段化，随机联体引物（random hexamer primer）用于引导逆转录以产生 cDNA，cDNA 的两端被最终测序。因此，人们会期望读段沿转录本的随机位置开始，因此不应该有沿读段的任何碱基组成偏差。然而，已经发现使用随机联体引物导致 RNA-seq 读段开头的核苷酸组成的偏差[13]。这种序列特异性偏差影响基因表达估计和异构体的估计，因为沿着转录本的覆盖是不均匀的。在不同碱基位置上的强的偏差也可能是未修剪的接头或文库中过度代表的序列的迹象。

FastQC 沿读段对碱基组成绘图（图 3.6），它产生一条平整的线，其中每个碱基的量与该有机体的相似。如果在任何读段位置 A 和 T 或 G 和 C 之间的差异大于 10%，那么 FastQC 发出警告。

序列特异性偏差不能通过过滤或修剪消除，但第 6 章中描述的 Cufflinks 和 eXpress 软件包提供了一个矫正方法，它从数据中学习选定的序列并在丰度估计中包括此信息[14]。

请注意，除了序列特异性偏差，随机联体引物已被证明导致 Illumina RNA-seq 读段的开头的不匹配[15]。虽然可以影响到多达 7 个核苷酸，但错配率在第一个核苷酸中是最高的。错配的碱基通常有很好的碱基质量值，所以它们无法通过碱基质量值被检测到。为了避免这一点，第一个碱基可以通过 Trimmomatic 或 PRINSEQ

修剪掉。

⊗ 每碱基序列内容

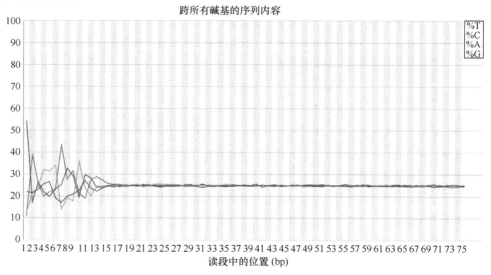

图 3.6 由 FastQC 产生的每碱基序列内容图。*y* 轴显示每个核苷酸的百分比。最前面 13 个碱基位置显示 Illumina RNA-seq 读段典型的序列特异性偏差。

3.3.6 GC 含量

读段的 GC 含量应服从正态分布，并以有机体的 GC 含量为中心。异常形状的分布或与源基因组 GC 含量的很大的偏离可能表示文库被污染，这将在本章的后面讨论。FastQC 和 PRINSEQ 绘制读段的平均 GC 的分布图。FastQC 还绘制每碱基位置的 GC 含量图，它应该在源基因组 GC 含量水平上产生一条平线。某些碱基位置上不同的 GC 含量表明文库中存在过度代表的序列。前面讨论的序列特异性偏差也显示在 GC 含量图中。

请注意，采用 PCR 扩增的标准的文库制备方法已被证明受到 GC 丰富和 GC 贫乏的区域的影响。有些令人出乎意料的是，这些 GC 含量效应可能是样品特异的，这使差异表达分析复杂化[16]。GC 偏差不能通过预处理消除，但人们已经提出了各种归一化（normalization）和矫正方法，在分析的后期将其纳入考虑[14,16]。

3.3.7 重复

如前面所讨论的，读段是随机片段的末端，所以大部分读段应该是唯一的。在其他下一代测序技术的应用中，高水平的完全相同的读段可能表明 PCR 过度扩增（overamplification），但在 RNA-seq 的上下文中重复往往是对高度表达的转录本进行测序的自然结果。对于差异表达分析，不建议删除重复，因为它们会使动态范围变平，并且读段的计数不会再与表达水平成正比。然而，如果一个稀疏覆盖的转录本在一个位置上有一个读段塔（tower of read），这可能预示着一个 PCR 赝品（artifact）。

FastQC 和 PRINSEQ 均对重复进行分析。FastQC 只检测精确的重复，但 PRINSEQ 还可以检测 5′端和 3′端重复。根据 PRINSEQ 的质量报告，在我们的示例数据中 51.4%的正向读段有精确的重复。PRINSEQ 提供一个图，显示重复最多的 100 个读段有多少个重复，这有助于人们确定是否有很多低水平重复的读段或少数非常高水平重复的读段（图 3.7）。

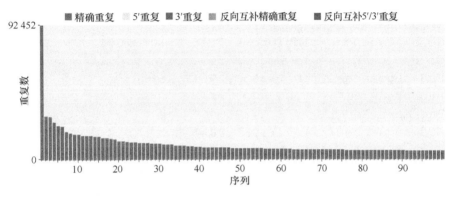

图 3.7　PRINSEQ 的重复报告的摘要，显示重复最多的 100 个读段的重复数目。重复最多的读段有 92 452 个副本。

PRINSEQ 的过滤功能可以指定一个读段允许有多少重复。FastX Collapser 把相同的读段合并到单个读段并保留读段的计数。这些工具在原始读段上工作并基于序列来识别重复。请注意，在现实中由于测序错误，来自同一片段的 PCR 重复的读段可能没有相同的序列，因此，基于序列的方法可能低估重复的数量。一旦读段被比对到一个参考基因组，则可以基于相同的作图位置而不是序列内容来检测重复。第 4 章讨论的用于比对读段的工具包中就有这样的工具。它们使用双端读段的外侧基因组作图坐标作为相同片段的征兆。虽然这对于 RNA-seq 读段是不理想的，因为来自可变转录本的读段可能有相同的外侧基因组坐标，但由于外显子跳读（exon skipping）等而具有不同的内容。

如果你需要删除原始读段的重复项，可以使用 PRINSEQ 软件包。这个示例命令移除出现 100 次以上的（-derep_min 101）准确的重复读段（-derep1）。

```
prinseq-lite.pl -fastq reads1.fastq -fastq2 reads2.
fastq -derep 1 -derep_min 101 -log -verbose -out_good
dupfiltered -out_bad null -no_qual_header
```

保留的配对在文件 dupfiltered_1.fastq 和 dupfiltered_2.fastq 中被报告,输出文件 dupfiltered_1_ singletons.fastq 和 dupfiltered_2_singletons.fastq 包含失去了其配对的读段。如同日志所报告的,这个命令删除了 808 295 个(2.4%)读段,保留了 33 423 786 个配对(96.7%):

```
Input sequences(file 1):34,232,081
Input bases(file 1):2,567,406,075
Input mean length(file 1):75.00
Input sequences(file 2):34,232,081
Input bases(file 2):2,567,406,075
Input mean length(file 2):75.00
Good sequences(pairs):33,423,786
Good bases(pairs):5,013,567,900
Good mean length(pairs):150.00
Good sequences(singletons file 1):0(0.00%)
Good sequences(singletons file 2):0(0.00%)
Bad sequences(file 1):808,295(2.36%)
Bad bases(file 1):60,622,125
Bad mean length(file 1):75.00
Bad sequences(file 2):0(0.00%)
Sequences filtered by specified parameters:
derep: 808295
```

3.3.8　序列污染

如果你运气不好,你的读段可能包含一些污染的有机体或载体的序列。如上文所述,这可以显示在 GC 含量分布中。PRINSEQ 的二核苷酸频率图也可以给出关于污染的线索。然而,最直接的方式可能是将读段比对到来自可能的污染源的序列。FastQ Screen 工具利用 Bowtie 比对程序将读段作图到用户定义的嫌疑污染源,结果用文本和图形两种形式汇总[17]。或者,你可以将读段的一个随机的子集 BLAST 到一个通用的核苷酸数据库。

3.3.9　低复杂度序列和 polyA 尾巴

低复杂度序列(low-complexity sequence)的信息含量是有限的,因此难以可靠地作图到一个参考基因组。例如,它们可能由同聚物(如 AAAAAAAAAA)、二核苷酸重复(如 CACACACACA)或三核苷酸重复(如 CATCATCATCAT)组成。PRINSEQ 报告用两种方法计算读段的序列复杂性:DUST 和熵。DUST 得分范围为 0~100,同聚物有最高的值。DUST 得分高于 7 的读段被认为是复杂度较低的。熵得分（entropy score）与此相反，所以同聚物的熵值为 0，任何低于 50 的读段被认为是复杂度较低的。你可以利用 PRINSEQ 来过滤低复杂度的读段（使用选项 -lc-threshold），你必须表明指的是哪种方法 [使用选项 -lc-method（dust/entropy）]。

polyA/T 尾巴是读段末端的 A 或 T 的重复。PRINSEQ 报告了多少读段包含 5 个碱基以上的 polyA/T 尾巴，以及尾巴长度的分布是什么。你可以通过在选项 -trim_tail_right（或 -trim_tail_left）中修剪尾巴给出最小尾巴长度。

Chipster 中的质量控制和预处理

• 你可以利用 FastQC、PRINSEQ 和 FastX 生成质量报告，使用质量控制类别（Quality control category）中的工具。例如，选择你的 FASTQ 文件，"Quality control/Read quality with FastQC" 工具，单击 "Run"。

• 用于过滤的 PRINSEQ 工具在预处理类别（Preprocessing category）中可用，这些过滤工具基于质量、N、GC 含量、低复杂度、长度和重复。如果你有双端读段，同时给出这两个文件并在参数面板中检查正向和反向读段已被正确地分配。

• 预处理类别提供 PRINSEQ、Trimmomatic、FastX 和基于 TagCleaner 的修剪工具，用于去除低质量碱基、接头和 polyA 尾巴。它还包含了基于 TagCleaner 的工具 "Predict adapters"（预测接头）和 "Statistics for adapters"（接头的统计信息）。选择你的 FASTQ 文件，设置参数，单击 "Run"。如果你有双端读段，同时给出这两个文件，并在参数面板中检查正向和反向读段已被正确地分配。

3.4 小　结

总起来说，读段可能有很多质量问题，其重要性因情况而异。接头和序列污染需要被删除，而碱基质量问题可能更微妙，重复可能是正常的。质量要求也取决于读段的后续使用，因此没有适合所有情况的通用的质量规则。例如，序列特异性偏差和 GC 偏差干扰异构体丰度估计及差异表达分析，读段长度对于 *de novo* 组装和异构体发现比差异表达分析更重要，而比对程序在其处理错误碱基的能力方面有不同。

在 RNA-seq 的上下文中，关于用于修剪的最优碱基质量阈值是什么，目前尚无共识。修剪低质量碱基可以促进 *de novo* 组装和将读段比对到参考基因组，但也减少了覆盖，因为被修剪的读段更短，它们的数目更少。因此，选择质量阈值是两者之间的权衡。虽然仍然缺少对于修剪对不同下游影响的综合研究，但最近的一份报告表明，使用质量阈值 2 或 5 进行很温和的修剪，对于 *de novo* 转录组组装是最佳的[18]。一个更综合性的研究表明，使用质量阈值为 20~30 修剪的读段具有更高的比对百分率，虽然读段的总数目大大减少[19]。

参 考 文 献

1. *FASTQ format description*. Available from: http://en.wikipedia.org/wiki/FASTQ_format.
2. *FastQC*. Available from: http://www.bioinformatics.babraham.ac.uk/projects/fastqc/.
3. Schmieder, R. and Edwards, R. Quality control and preprocessing of metagenomic datasets. *Bioinformatics*, 27(6):863–864, 2011.
4. Bolger, A.M., Lohse, M., and Usadel, B. Trimmomatic: A flexible trimmer for Illumina sequence data. *Bioinformatics*, 2014, doi: 10.1093/bioinformatics/btu170.
5. Martin, M. Cutadapt removes adapter sequences from high-throughput sequencing reads. *EMBnet J*, 17:10–12, 2011.
6. *FASTX-toolkit*. Available from: http://hannonlab.cshl.edu/fastx_toolkit/index.html.
7. Goecks, J., Nekrutenko, A., and Taylor, J. Galaxy: A comprehensive approach for supporting accessible, reproducible, and transparent computational research in the life sciences. *Genome Biol*, 11(8):R86, 2010.
8. Kallio, M.A., Tuimala, J.T., Hupponen, T. et al. Chipster: User-friendly analysis software for microarray and other high-throughput data. *BMC Genomics*, 12:507, 2011.
9. Li, H., Handsaker, B., Wysoker, A. et al. The sequence alignment/Map format and SAM tools. *Bioinformatics*, 25(16):2078–2079, 2009.
10. *PRINSEQ web application*. Available from: http://edwards.sdsu.edu/cgi-bin/prinseq/prinseq.cgi.
11. Li, H. and Durbin, R. Fast and accurate long-read alignment with Burrows–Wheeler transform. *Bioinformatics*, 26(5):589–595, 2010.
12. Schmieder, R., Lim, Y.W., Rohwer, F., and Edwards, R. TagCleaner: Identification and removal of tag sequences from genomic and metagenomic datasets. *BMC Bioinformatics*, 11:341, 2010.
13. Hansen, K.D., Brenner, S.E., and Dudoit, S. Biases in Illumina transcriptome sequencing caused by random hexamer priming. *Nucleic Acids Res*, 38(12):e131, 2010.
14. Roberts, A., Trapnell, C., Donaghey, J., Rinn, J.L., and Pachter, L. Improving RNA-seq expression estimates by correcting for fragment bias. *Genome Biol*, 12(3):R22, 2011.
15. van Gurp, T.P., McIntyre, L.M., and Verhoeven, K.J. Consistent errors in first strand cDNA due to random hexamer mispriming. *PLoS ONE*, 8(12):e85583, 2013.

16. Benjamini, Y. and Speed, T.P. Summarizing and correcting the GC content bias in high-throughput sequencing. *Nucleic Acids Res*, 40(10):e72, 2012.

17. *FastQ Screen*. Available from: http://www.bioinformatics.babraham.ac.uk/projects/fastq_screen/.

18. MacManes, M.D. On the optimal trimming of high-throughput mRNA sequence data. *Front Genet*, 5:13, 2014.

19. Del Fabbro, C., Scalabrin, S., Morgante, M., and Giorgi, F.M. An extensive evaluation of read trimming effects on illumina NGS data analysis. *PLoS ONE*, 8(12):e85024, 2013.

第4章　将读段比对到参考基因组

4.1　引　言

比对意味着给序列排队，以找出它们在哪里相似和相似度有多高。将读段比对或"作图"到一个参考基因组或转录组允许我们估计读段源自哪里。将读段作图到基因组提供基因组的位置信息，这可以用于发现新的基因和转录本（如第 5章所述），以及用于量化表达（如第 6 章所述）。如果没有参考基因组可用，或者如果你只想要量化已知的转录本，则可以将读段作图到一个转录组。

由于很多原因，将读段比对到参考基因组是具有挑战性的任务：读段都相对较短，数目以百万计，而基因组可能很大，并且包含非唯一的序列，如重复和假基因（pseudogene），降低了这些区域的"可作图性"（mappability）。此外，比对程序必须应对由基因组变异和测序错误造成的不匹配和插入/缺失。最后，许多生物在它们的基因中有内含子，因此 RNA-seq 读段非连续地比对到基因组。在内含子区域放置剪接的读段并正确地确定外显子-内含子边界是困难的，因为剪接位点上的序列信号有限，而内含子可能长达数千个碱基。

本章介绍不同类型的比对程序和在基因组的上下文中比对过的读段的可视化。介绍比对统计的工具和操作，而基于注释的质量评价将在第 6 章讨论。

4.2　比　对　程　序

人们已开发了成千上万的比对程序，提供各种办法来克服这些挑战。Fonseca等[1]全面调查了比对程序并在 web 上更新比对程序的列表[2]。比对程序通常应用一些启发式算法，并使用不同的索引方案来加快进程。当对不匹配打分的时候，很多工具可能考虑碱基质量值，它们还可能使用预期的距离和双端读段的相对定向。比对程序把作图位置中的置信度作为作图质量（$Q = -10 \times \log_{10} P$，其中 P 是读段来自其他地方的概率）来报告。作图质量可能取决于若干事物，但最重要的是唯一性（uniqueness）。一些比对程序能够按比例地将多作图的（multimapping）读段分配到同样匹配的位置之间的覆盖面。

RNA-seq 读段专化的剪接比对程序（spliced aligner）使用不同的方法来比对剪接的读段。这可能包括执行一个初始的比对，以发现外显子连接（exon junction），然后引导最终的比对。如果有基因组注释可用，比对程序可以使用它来放置剪接的读段。剪接比对程序在其比对产量、剪接检测性能、碱基精度、对不匹配的忍受及插入/缺失检测等方面有差异，如同由 Engström 等[3]进行的系统的评价所示。

当为 RNA-seq 研究选择一个比对程序时主要考虑是否需要剪接比对（spliced alignment）。如果生物体没有内含子，或对小分子 RNA（microRNA）进行测序，完全可以使用连续的比对程序，如 Bowtie[4]或 BWA[5]，它们最初是为 DNA 开发的。如果读段被作图到一个转录组而不是一个基因组，也可以使用这些比对程序。然而，如果 RNA-seq 读段被作图到含有内含子的基因组，则必须使用剪接比对程序，如 TopHat[6]、STAR[7]或 GSNAP[8]。

4.2.1 Bowtie

Bowtie 由于其速度和低的内存要求是最受欢迎的比对程序之一。在这里，我们集中于其更新的版本，Bowtie2，这特别适合长的读段（从 50 个到数以千计的碱基），并且它可以执行对插入/缺失的间隙比对（gapped alignment）。较早的版本，Bowtie1，可能对较短的读段更敏感，但它不允许间隙（gap）。虽然 Bowtie2 本身不能进行剪接比对，但它被剪接比对程序 TopHat2 作为比对引擎使用。Bowtie2 也能将转录组比对直接传递到 eXpress 定量工具[9]，如第 6 章中所述。

Bowtie2 通过使用 FM 索引来对参考基因组进行索引，以达到其对速度和小内存的要求，FM 索引是以一种 Burrows-Wheeler 变换方法为基础的。为了更进一步加快比对过程，它首先通过执行多种子（multiseed）比对来缩小搜索空间。在这个初始的步骤中，用 Bowtie2 比对一个读段的几个小片段（"种子"），不允许间隙或含糊不清的参考碱基。用户可以控制种子长度和区间及允许的不匹配的数目。

Bowtie2 有两个比对模式，端对端（end-to-end）和局部（local）。端对端模式要求对读段中的所有碱基进行比对，而局部模式可以从一端或两端修剪一些碱基，以便使比对得分最大化。默认模式为端对端，当 Bowtie2 由 TopHat2 运行时也应用这个模式。在此模式下，最好的可能比对的得分为 0，而罚分被从每个不匹配和间隙中减去。在高质量碱基上的不匹配受到的罚分比低置信度的碱基上的不匹配更高，低置信度的碱基可能是测序错误。用户可以选择使用的惩罚，以及是否将碱基质量信息纳入考虑。你可以使用现成的参数值组合之一：非常快、快、灵敏（默认）、非常灵敏，而不是为多种子比对和最终的比对设置不同的参数值。

默认情况下，Bowtie2 搜索几个比对，直到其到达了设置在搜索任务中的上限，并报告最好的一个比对。如果有若干个同样好的比对，它会随机选择其中之一，报告可选的比对的数目，并降低作图质量值，以表示对读段的原点缺乏信心。下面的 Bowtie2 示例显示如何将读段比对到基因组。请注意，Bowtie2 同样可以很好地用于将读段比对到转录组，在第 6 章利用 eXpress 进行转录本定量的上下文中给出了一个这样的例子。

（1）构建或下载参考索引

在 Bowtie2 网站[10]和 Illumina iGenomes 网站[11]上有许多生物体的 Bowtie2 参考基因组索引可用。当下载索引时，请确保你选择的是用于 Bowtie2 的，因为用于早期的 Bowtie 版本的索引是不同的。你可以很容易地自己生成索引，使用如下所示的 bowtie2-build 命令。无论采用哪种方式，你可能要使用来自与以后的 GTF 文件相同的提供者的基因组索引/FASTA 文件，以便染色体的名称能够匹配（如 1 vs chr1）。如果你打算以后用 HTSeq 来对表达进行定量，Ensembl 可能是一个不错的选择，因为 Ensembl GTF 对此有正确的格式。从 iGenomes 下载的 GTF 有可以供 Cuffdiff 程序使用的额外的字段。

在我们的示例中，我们使用来自 Ensembl 的基因组 FASTA 文件来生成 Bowtie2 的索引。

在 http://www.ensembl.org/info/data/ftp/index.html 上，选择生物体和选项 "DNA"。你想要的文件为 "dna.toplevel.fa.gz"，它在一个文件中包含所有染色体（避开文件 "dna_rm" 和 "dna_sm"，其中包含重复掩盖的 DNA）。请注意除了染色体之外，这个 FASTA 文件还包含组装补丁（assembly patch）和单倍型序列。如果你只想要使用染色体，你可以下载每个染色体各自的 FASTA 文件并将它们合并。

下载文件：

```
wget ftp://ftp.ensembl.org/pub/release-74/fasta/homo_
sapiens/dna/Homo_sapiens.GRCh37.74.dna.toplevel.fa.gz
```

并将它解压：

```
gunzip Homo_sapiens.GRCh37.74.dna.toplevel.fa.gz
```

使用 bowtie2-build 命令生成索引：

```
bowtie2-build-f Homo_sapiens.GRCh37.74.dna.toplevel.
fa GRCh37.74
```

命令的结尾部分（GRCh37.74）是在构成索引的 6 个 bt2 文件中使用的索引基本名（basename）：

```
GRCh37.74.1.bt2
GRCh37.74.2.bt2
GRCh37.74.3.bt2
GRCh37.74.4.bt2
GRCh37.74.rev.1.bt2
GRCh37.74.rev.2.bt2
```

用 Bowtie2 进行比对时，不需要基因组 FASTA 文件，但如果索引要被 TopHat2 使用的话，你应该保留它。在这种情况下，你还应对其进行重命名，以匹配索引基本名：

```
mv Homo_sapiens.GRCh37.74.dna.toplevel.fa GRCh37.74.fa
```

（2）将读段比对到基因组

Bowtie2 接受 FASTQ 和 FASTA 作为输入文件，并且它们可以被压缩。单端读段的一个典型的比对命令如下所示。如果你的样品被分成几个输入文件，它们应该用逗号分隔。

```
bowtie2 -q --phred64 -p 8 --no-unal -x GRCh37.74 -U
reads1.fastq.gz -S reads1aligned.sam
```

这里参考索引基本名（-x）是 GRCh37.74，输入文件（-U）是 FASTQ 格式（-q），它使用 phred+64 质量编码（--phred64）。请注意，如果你的 FASTQ 文件是最近的，并有 phred+33 质量编码，在这里你应该使用--phred33。输出被写入一个称为 reads1aligned.sam（-S）的文件，并且它不应该包括未比对的读段（--no-unal）。8 个处理器被同时使用（-p 8）来达到更高的比对速度。也可以指定许多其他选项，不同参数的详细描述请参阅手册。如同输出结果的屏幕汇总所表明的，47.42%的读段被唯一地比对，总比对率为 82.68%。

```
34232081 reads;of these:
  34232081(100.00%)were unpaired;of these:
    5928253(17.32%)aligned 0 times
    16232369(47.42%)aligned exactly 1 time
    12071459(35.26%)aligned > 1 times
82.68% overall alignment rate
```

对于双端读段，命令是相似的，只是现在我们有两个输入文件（-1 和-2）：

```
bowtie2 -q -phred64 -p 8 --no-unal -x GRCh37.74 -1
reads1.fastq.gz -2 reads2.fastq.gz -S paired.sam
```

请注意，在这两个文件中读段的顺序必须相同，以便 Bowtie2 可以将它们作为一个配对来处理。如果你有更多的文件，你应该按匹配的顺序给出它们，并以逗号分隔。有几个专门用于双端读段的参数，如最大片段长度，读段是否要被一致地作图（以正确的相对方向和距离），以及是否允许不成对的比对。如同输出结果的屏幕汇总所表明的，39.19%的读段对刚好共同比对一次，26.83%的读段对共同比对二次以上。总比对率为 81.67%。

```
34232081 reads;of these:
  34232081(100.00%)were paired;of these:
    11633330(33.98%)aligned concordantly 0 times
    13415597(39.19%)aligned concordantly exactly 1 time
    9183154(26.83%)aligned concordantly >1 times
```

```
    ----
    11633330 pairs aligned concordantly 0 times;of these:
      1999775(17.19%)aligned discordantly 1 time
    ----
    9633555 pairs aligned 0 times concordantly or
discordantly;of these:
      19267110 mates make up the pairs;of these:
        12546751(65.12%)aligned 0 times
        4349286(22.57%)aligned exactly 1 time
        2371073(12.31%)aligned >1 times
81.67% overall alignment rate
```

Bowtie2 按 SAM（Sequence Alignment/Mapped，序列比对/作图）格式报告比对结果，事实上这是读段比对的标准[12]。为了节省空间，SAM 可被转换为其二进制版本 BAM，如本章后面所述。

4.2.2　TopHat

相对快速和内存高效的 TopHat 是用于 RNA-seq 读段的常用的剪接比对程序。在这里，我们集中于 TopHat2，它使用 Bowtie2 作为其比对引擎（也支持 Bowtie1）。它为 75 bp 或更长的读段而优化。TopHat2 使用一个多步比对的过程，它通过将读段比对到转录组来启动，如果基因组注释是可用的。这提高了比对准确性，避免了将读段吸收到假基因，并加快总的比对过程。如果读段末端在比对中不匹配，TopHat2 也不会将不匹配的末端截断。这意味着对不匹配的低忍耐，因此具有低质量碱基的读段可能比对不好。最后，TopHat2 可用于检测基因组易位，因为它可以跨越融合断点（fusion breakpoint）比对读段。

TopHat2 的作图过程包括三个主要部分，其细节如下：可选的转录组比对（步骤 1），基因组比对（步骤 2），以及剪接比对（步骤 3~6，显示在图 4.1 中）。首先单独比对双端读段，然后通过考虑片段长度和方向合并到双端比对。

1）如果有注释信息可用，TopHat2 首先将读段比对到转录组。它使用 GTF/GFF 文件从 Bowtie2 基因组索引提取转录本序列。然后 Bowtie2 被用于索引这个虚拟的转录组并把读段比对到它。在最终的 TopHat2 输出中转录组比对被转换成（剪接的）基因组作图。

2）利用 Bowtie2 将没有完全比对到转录组的读段比对到基因组。在这个阶段，连续作图（到一个外显子）的读段将被作图，而多外显子（multiexon）剪接读段将不被作图。

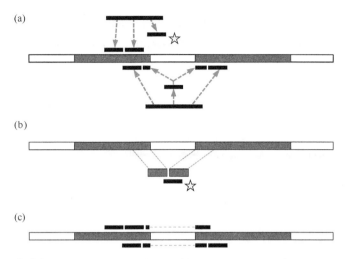

图 4.1　TopHat2 的剪接比对过程。（a）未作图到转录组或基因组的读段被分成短的片段，再次作图到基因组。如果 TopHat2 发现这样的读段，其中左和右片段作图在一个用户定义的最大内含子大小之内，它就将整个读段作图到那个基因组区域，以便寻找包含已知的剪接信号的潜在剪接位点。（b）侧翼潜在剪接位点的基因组序列被连接和索引，未作图的读段片段（在这里用一个星号标记）通过利用 Bowtie2 比对到这个结合点侧翼索引。（c）片段比对被连接在一起，形成整个读段的比对。

　　3）未作图的读段被分成小段（在默认情况下为 25 bp），并再次作图到基因组（图 4.1）。如果 TopHat2 发现这样的读段，其中左、右片段作图在一个用户定义的最大内含子大小之内，它就将整个读段作图到那个基因组区域，以便寻找包含已知的剪接信号（GT-AG、GC-AG 或 AT-AC）的潜在的剪接位点。在这一步，TopHat2 也寻找插入/缺失和融合断裂点（fusion break point）。

　　4）侧翼潜在的剪接位点的基因组序列被连接和索引，利用 Bowtie2 将未作图的读段片段比对到侧翼索引的这个连接。

　　5）来自步骤 3 和 4 的片段比对被连接在一起，形成整个读段的比对。

　　6）使用新的剪接位点信息，将步骤 2 中扩展到一个内含子几个碱基的读段比对到外显子。

　　7）对于多作图的（multimapping）读段，为了决定报告哪些比对，TopHat2 重新计算它们的比对得分，同时考虑到有多少个读段支持剪接位点、插入/缺失等。

（1）准备参考索引

　　为了使用 TopHat2，你需要索引参考基因组，如本章前面对 Bowtie2 所述的。TopHat2 还需要相应的基因组的 FASTA 文件，所以当准备好了索引时，不要删除它。如果在索引文件相同的目录中没有 FASTA 文件，TopHat2 将在每次运行时从索引文件创建它，这是耗费时间的过程。

如果有 GTF/GFF 文件格式的基因组注释可用[13]，那么读段将首先被比对到转录组。Ensembl GTF 能在 http://www.ensembl.org/info/data/ftp/index.html 上，通过选择有机体和选项"GTF"找到。在每一次后续比对中，你可以事先准备转录组索引以便节省时间：

```
tophat2 -G GRCh37.74.gtf --transcriptome-index=
GRCh37.74.tr GRCh37.74
```

在这里我们使用注释文件 GRCh37.74.gtf 和 Bowtie2 基因组索引 GRCh37.74 来打造 Bowtie2 转录组索引，它具有基本名 GRCh37.74.tr。请注意，GTF 文件和基因组索引中的染色体名称必须匹配。Bowtie2 必须在路径上，因为 TopHat2 使用它来生成索引。以下文件被创建：

```
GRCh37.74.tr.1.bt2
GRCh37.74.tr.2.bt2
GRCh37.74.tr.3.bt2
GRCh37.74.tr.4.bt2
GRCh37.74.tr.fa
GRCh37.74.tr.fa.tlst
GRCh37.74.tr.gff
GRCh37.74.tr.rev.1.bt2
GRCh37.74.tr.rev.2.bt2
GRCh37.74.tr.ver
```

（2）比对读段

TopHat2 接受 FASTQ 和 FASTA 文件作为输入。读段文件可以压缩（.gz），但打包工具（.tgz 或.tar.gz）需要打开到单独的文件。下面的示例显示单端和双端读段各自的比对命令，但 TopHat2 也可以合并一个双端比对中的单端读段，如果需要的话。

下面两个可选的命令比对单端读段。在这两种情况下，读段被比对到人类参考基因组（索引基本名 GRCh37.74），但第一个命令使用预制的转录组索引，而第二个命令使用 GTF 文件临时生成转录组索引。如果你有几个读段文件，用逗号分隔它们。请注意，Bowtie2 和 SAMtools 都必须在路径上，因为 TopHat2 在内部使用这些包。

```
tophat2 -o outputFolder --transcriptome-
index=GRCh37.74.tr -p 8 --phred64-quals GRCh37.74
reads1.fastq.gz
```

或

```
tophat2 -o outputFolder -G GRCh37.74.gtf -p 8
--phred64-quals GRCh37.74 reads1.fastq.gz
```

TopHat2 假定碱基质量编码是 Sanger（phred+33），所以我们要添加限定符 --phred64-quals，以表明该示例数据来自早期的 Illumina 版本 (--solexa1.3-qual 也会起作用）。在这里同时使用 8 个处理器（-p 8）来加快这一进程。注意，如果你的数据是用一种链专化的方法产生的，你必须相应地设置--library-type 参数（默认为 unstranded）。TopHat2 有很多比对和报告选项，例如，你可以只把读段比对到转录组（-T），或更改每个读段报告的最大比对数目（-g），其默认为 20。

文件 align_summary.txt 表明 79.3%的读段被作图：

```
 Reads:
    Input    :34232081
      Mapped :27140089(79.3% of input)
        of these:1612317(5.9%)have multiple
alignments(2771 have >20)
79.3% overall read mapping rate.
```

双端读段的比对命令如下所示。请注意，这两个文件中的读段顺序必须匹配，以便 TopHat2 可以正确地对它们进行配对。如果你有几个读段文件，用逗号将它们分开，按相同的顺序输入它们，两组之间留一个空格。

```
tophat2 -o outputFolder --transcriptome-
index=GRCh37.74.tr -p 8 --phred64-quals GRCh37.74
reads1.fastq.gz reads2.fastq.gz
```

双端比对专化的 TopHat 参数包括配对的读段之间预期的内在距离（-r），你应该根据你的数据来设置它。这里默认值 50 是适合的，因为示例数据的插入大小为 200，读段是 75 个碱基长（$200 - 2 \times 75 = 50$）。你也可以要求一个配对必须一致地作图，也就是说，利用预期的方向和距离(--no-discordant)。如果 TopHat 无法将一个配对一起作图，它将单独地作图读段，但你可以禁用这个默认行为 (--no-mixed)。

现在产生了下面的汇总：

```
Left reads:
       Input:34232081
         Mapped:27143093(79.3% of input)
           of these:1014796(3.7%)have multiple
alignments(3621 have >20)
Right reads:
    Input:34232081
      Mapped:22600062(66.0% of input)
       of these:759539(3.4%)have multiple
alignments(3193 have >20)
72.7% overall read mapping rate.
```

```
Aligned pairs:21229613
   of these:702920(3.3%)have multiple alignments
         336032(1.6%)are discordant alignments
61.0% concordant pair alignment rate.
```

TopHat 产生若干个结果文件:

- accepted_hits.bam 包含比对,为 BAM 格式。比对根据染色体的坐标被排序。
- junctions.bed 包含发现的外显子结界(exon junction),为 BED 格式[14]。结界由两个块组成,其中每个块与跨越该结界的任何读段的最长延伸量(overhang)一样长。得分数是跨越结界的比对的数目。
- insertions.bed 包含发现的插入(insertion)。chromLeft 指的是插入前面的最后一个基因组碱基。
- deletions.bed 包含发现的缺失(deletion)。chromLeft 指的是缺失的第一个基因组碱基。
- align_summary.txt 报告比对率,以及有多少读段和配对有多重比对。

4.2.3 STAR

STAR(Spliced Transcripts Alignment to a Reference,剪接的转录本比对到参考)是相对较新的剪接比对程序,运行得非常快。但是它比 TopHat 需要更多的内存。STAR 手册(截至 2013 年 2 月 11 日)称 31 GB RAM "对于人类和老鼠是足够的",但对于人类基因组,如果以适当的方式建立了参考索引的话(见下文),也有可能在 16 GB 的内存中运行 STAR。STAR 不但以其速度著称,还具有很多其他优点。它可以对剪接点进行不带偏见的搜索,因为它不需要有关剪接点的位置、序列信号或内含子长度的任何先验信息。STAR 可以包含任意数目的剪接点、插入/缺失和不匹配,并且它可以应对质量差的末端。最后,它可以作图长的读段,甚至作图全长 mRNA,随着读段长度不断增加,这是需要的。

STAR 的好处很大程度上基于所谓的"最大可作图长度"方法。STAR 将一个读段拆分成块(默认情况下是 50 个碱基长),并找出每个块可以被作图的最好的部分。然后作图剩余的部分,如果剩余的部分是剪接点,它们可能离已作图的部分比较远。这种序贯的最大可作图种子搜索(sequential maximum mappable seed search)寻找精确的匹配,并使用未压缩的后缀数组形式的基因组。STAR 的第二步在一个给定的基因组窗口内将种子缝合在一起,并允许不匹配、插入/缺失,以及剪接点。来自读段的种子在此步骤中被同时处理以提高灵敏度。

STAR 可以重新(de novo)寻找剪接点,但当建立参考索引时,你也可以为它提供剪接点注释。在这种情况下,来自剪接供体和受体位点的用户定义数目的外显子碱基被合并,这些序列被添加到基因组序列。在作图过程中,读段被比对到基因组序列和剪接位点序列。如果一个读段被作图到剪接序列并穿过其中的交界处，这个作图的坐标与基因组的坐标合并。

（1）构建或下载参考索引

运行 STAR 之前，你需要生成或以其他方式获得你感兴趣的基因组的一个参考索引。对于一些基因组（人类、老鼠、羊、鸡），有预建的 STAR 参考索引可供下载（ftp://ftp2.cshl.edu/gingeraslab/tracks/STARrelease/STARgenomes/）。对于人类基因组有几个不同的索引，为不同的用途建立。尤其是，名称中包含单词"sparse"的那一个是为内存较小的情况构建的。如果你想建立自己的索引，需要给出以下类型的 STAR 命令：

```
STAR --runMode genomeGenerate --genomeDir /path/to/
GenomeDir --genomeFastaFiles fasta1 fasta2
--sjdbFileChrStartEnd annotation.gtf.sjdb
--sjdbOverhang 74 --runThreadN 8
```

`--genomeDir` 选项指示参考索引（由二进制的基因组序列、后缀数组文件和一些辅助的文件组成）将要位于的目录。`--genomeFastaFiles` 列出要被索引的参考序列 FASTA 文件。索引过程可以按多线程的方式运行，使用`--runThreadN` 选项。如果你想要在作图中使用剪接点注释（这通常是一个好主意），当你构建参考索引时你需要提供一个剪接点参考文件。示例命令使用参数`--sjdbFileChrStartEnd` 来提供文件 annotation.gtf.sjdb，其中包含内含子的基因组坐标，按 STAR 手册中所定义的格式。对于人类参考基因组 hg19，这样的文件可以从上面指定的链接下载。或者你可以使用一个 GTF 文件，利用参数`--sjdbGTFfile`。在这两种情况下，你必须使用`-sjdbOverhang` 参数来定义构建参考索引时应使用来自已知的供体和受体位点的多长的序列。理想情况下此值应设置为读段长度减去 1，因此上面的例子假设 75 bp 读段。如果你有不同长度的读段，使用较大的值是更安全的。如果你需要减小运行 STAR 所需的内存量，你可以尝试生成具有较高的`--genomeSAsparseD` 选项值（默认值是 1）的参考索引。这将使用一个更稀疏的后缀数组，在损失速度的情况下它可以降低内存需求。

（2）作图

STAR 的以下作图命令使用一个预先构建的、注释了剪接点的人类基因组索引，其已从 STAR 主页下载（见上面的链接）：

```
STAR --genomeDir hg19_Gencode14.overhang75
--readFilesIn reads1.fastq.gz reads2.fastq.gz
--readFilesCommand zcat --outSAMstrandField
intronMotif --runThreadN 8
```

`--genomeDir` 选项应指向你根据上面的说明构建或下载的参考索引目录。

下一步，在--readFilesIn 之后，指定 FASTQ 文件。这些文件可以被压缩，但在这种情况下，你需要指定一个命令来解压特殊的压缩格式，作为--readFilesCommand 选项的一个参数（这里使用 zcat）。如果你有几个读段文件，用逗号隔开它们，在按匹配的次序列出配套文件之前留出一个空格。参数--outSAMstrandFieldintronMotif 添加 SAM 链属性 XS，这是下游的 Cufflinks 程序所需要的，以防你打算使用它。有很多其他参数控制 STAR 的行为的各个方面，如同手册中所述。例如，你可能想筛选出其中包含多于给定数量的不匹配的比对，或者含有由太少的读段支持的剪接点的比对。

（3）输出

到 2013 年 12 月，STAR 至少输出以下文件：

* Aligned.out.sam——按 SAM 格式的比对（没有比对的读段不包括在内）。
* SJ.out.tab——一个制表符分隔的文件，载有关于比对到剪接点的信息。
* Log.out、Log.final.out、Log.progress.out——如同名称所指示的，这些都是日志文件，提供有关运行如何进行的各种信息。看看下面所示的 Log.final.out 文件往往是令人感兴趣的，因为它提供了有用的作图统计量。请注意读段的数目和读段的长度结合了读段配对。

```
                        Started job on | Feb 12 11:32:58
                    Started mapping on | Feb 12 11:46:52
                           Finished on | Feb 12 11:51:09
      Mapping speed, Million of reads per hour | 479.52
                  Number of input reads | 34232081
               Average input read length | 150
                          UNIQUE READS:
          Uniquely mapped reads number | 27113906
                 Uniquely mapped reads% | 79.21%
                 Average mapped length | 147.51
                 Number of splices: Total | 12176905
      Number of splices: Annotated (sjdb) | 12049801
                 Number of splices: GT/AG | 12070507
                 Number of splices: GC/AG | 78264
                 Number of splices: AT/AC | 9359
          Number of splices: Non-canonical | 18775
               Mismatch rate per base,% | 1.04%
                 Deletion rate per base | 0.01%
                 Deletion average length | 2.20
                 Insertion rate per base | 0.02%
               Insertion average length | 1.85
```

```
                        MULTI-MAPPING READS:
    Number of reads mapped to multiple loci | 1376440
         % of reads mapped to multiple loci | 4.02%
    Number of reads mapped to too many loci | 7662
         % of reads mapped to too many loci | 0.02%
                           UNMAPPED READS:
    % of reads unmapped: too many mismatches | 0.00%
           % of reads unmapped: too short | 15.70%
              % of reads unmapped: other | 1.05%
```

在 Chipster 中将读段比对到参考

Chipster 提供 Bowtie2、BWA 和 TopHat，用于将读段比对到参考，单独的工具可用于单端和双端读段。

- 选择你的读段文件（FASTQ），在比对类别中选择一个工具。在双端读段和/或自己的 GTF 或参考 FASTA 文件的情况下，在参数面板中，选择正确的参考和比对选项，确认文件已被正确地分配。
- 结果文件总是按坐标排序和索引的 BAM 文件。

4.3　比对统计量和用于操作比对文件的程序

由比对程序产生的 SAM/BAM 文件通常需要一些加工，如 SAM/BAM 转换、排序、索引或合并。两个主要的包可用于这些任务：SAMtools [12]及其 Java 实现——Picard [15]。Picard 有更多的工具，当验证文件时也比 SAMtools 更严格。我们在这里侧重于一些常用的 SAMtools 命令。

- 将 SAM 转换为 BAM。以 BAM 格式存储比对节省空间，并且许多下游工具使用 BAM 格式，而不是 SAM。在这里我们指定输入是 SAM（-S），输出是 BAM（-b），输出文件应该命名为 alignments.bam（-o）。

```
samtools view -bS -o alignments.bam input.sam
```

- 将 BAM 转换成 SAM 并包括标题信息（-h）。标题行以"@"符号开始，包含关于以下方面的信息：参考序列名称和长度（@SQ），是哪个程序创建的文件（@PG），文件是否被排序及是如何排序的（@HD）。

```
samtools view -h -o alignments.sam input.bam
```

- 只检索标题（-H）。

```
samtools view -H alignments.bam
```

- 在 BAM 中按染色体坐标或读段名称对比对进行排序(-n)。坐标排序是基因组浏览器和一些分析工具所需要的,而名称排序通常是表达定量工具所需要的。

```
samtools sort alignments.bam alignments.sorted
samtools sort -n alignments.bam alignments.
namesorted
```

- 请注意,SAMtools 可以在一个流(stream)上工作,所以有可能将命令与 Unix 管道结合,以避免大的中间文件。例如,以下命令将 Bowtie2 的 SAM 输出转换成 BAM 并按染色体坐标对其排序,产生一个文件 alignments.sorted.bam:

```
bowtie2 -q --phred64 -p 4 -x GRCh37.74 -U reads1.
fq | samtools view -bS - | samtools sort -
alignments.sorted
```

- 给坐标排序的 BAM 文件编制索引。索引可以快速地检索比对,并且它是基因组浏览器及一些下游工具所需的。下面的命令生成一个索引文件 alignments.sorted.bam.bai:

```
samtools index alignments.sorted.bam
```

- 通过指定某一染色体或染色体区域(这里我们提取到 18 号染色体的比对),制作比对的一个子集。此命令要求索引文件已存在。

```
samtools view -b -o alignments.18.bam alignments.
bam 18
```

- 列出多少个读段作图到每个染色体。此命令要求索引文件已存在。

```
samtools idxstats alignments.sorted.bam
```

- 基于作图质量过滤比对。以下命令保留作图质量高于 30 的比对:

```
samtools view -b -q 30 -o alignments_MQmin30.bam
alignments.bam
```

- 基于 SAM 标志字段(flag field)中的值过滤比对。-F 选项过滤出具有给定的标志值(这里为 4,表示未作图的读段)的读段,-f 选项保留具有给定的标志值(这里为 2,表示一个读段在一个正确的配对中被作图)的读段。标志值的详细信息,请参阅 SAM 说明[12]。

```
samtools view -b -F 4 -o alignments.mapped_only.
bam alignments.bam
samtools view -b -f 2 -o properly_paired_reads.bam
alignments.bam
```

- 获得基于标志字段的作图统计量。

```
samtools flagstat alignment.bam
```

该报告包含基本的信息,如作图的读段和正确配对的读段的数目,以及多少配对的读段作图到不同的染色体:

```
52841623 + 0 in total(QC-passed reads + QC-failed reads)
```

```
0 + 0 duplicates
52841623 + 0 mapped(100.00%:-nan%)
52841623 + 0 paired in sequencing
28919461 + 0 read1
23922162 + 0 read2
42664064 + 0 properly paired(80.74%:-nan%)
44904884 + 0 with itself and mate mapped
7936739 + 0 singletons(15.02%:-nan%)
999152 + 0 with mate mapped to a different chr
357082 + 0 with mate mapped to a different chr(mapQ >=5)
```

也可以利用 RseQC 包获得比对统计量[16]，这在第 6 章在基于注释的质量指标的上下文中详细介绍。RseQC 包括若干检查比对指标的 Python 脚本，如多少读段被比对，它们有多大比例被独特地比对，内部距离分布是什么，多大比例的配对被作图到完全相同的位置。后者可以指示源于相同片段的读段，可能是由于 PCR 过度扩增。可以使用 bam_stat.py 工具获得基本的比对统计量：

```
python bam_stat.py -i accepted_hits.bam
```

它生成下面的表格，在其中如果读段的作图质量超过 30，其被视为唯一的（你可以通过添加参数-q 来更改阈值）。

```
#==================================================================
#All numbers are READ count
#==================================================================

Totalrecords:                               52841623

QCfailed:                                   0
Optical/PCR duplicate:                      0
Non primary hits                            3098468
Unmapped reads:                             0
mapq < mapq_cut (non-unique):               1774335

mapq >= mapq_cut(unique):                   47968820
Read-1:                                     26128297
Read-2:                                     21840523
Reads map to'+':                            24085239
Reads map to'-':                            23883581
Non-splice reads:                           35970095
Splice reads:                               11998725
Reads mapped in proper pairs:               39702036
Proper-paired reads map to different chrom:0
```

> **Chipster 中的 SAM/BAM 操作和比对统计量**
>
> • Chipster 在 Utilities 类别中有很多基于 SAMtools 的工具。它们将 SAM 转换成 BAM 或者将 BAM 转换成 SAM、排序、索引、子集，以及合并 BAM 文件，计数每个染色体的比对和总的比对，根据比对创建一个一致的序列。一些工具需要 BAM 索引文件。选择 BAM 文件和索引文件，在参数面板中检查文件已正确分配。
>
> • RseQC 可以在质量控制（Quality control）类别中找到。除了第 6 章中讨论的基于注释的质量标准以外，它报告 BAM 统计量、内部距离分布，以及有关链型（strandedness）的信息。

4.4   在基因组的上下文中可视化读段

在基因组的上下文中可视化比对的读段可以有多种用途，并被强烈推荐。你可以可视化新的转录本结构，判断对新的结合点（junction）的支持，检查不同的外显子的覆盖和是否有重复的读段"塔"（tower）、发现插入/缺失和 SNP 等。重要的是，你可以将你的数据与参考注释进行比较。

若干个基因组浏览器都能够可视化高通量测序数据，包括 Integrative Genomics Viewer（综合基因组学查看器，IGV）[17]、JBrowse [18]、Tablet [19]、UCSC [20]和 Chipster 基因组浏览器。这些浏览器提供了大量的功能，对它们的所有功能进行描述超出了本书的范围。相反，我们建议阅读关于新一代测序技术可视化的 *Briefings in Bioinformatics*（生物信息学简报）的专刊[21]，它提供关于若干个基因组浏览器的翔实的文章。第 2 章包含 IGV 和 Chipster 基因组浏览器的屏幕截图，带有 RNA-seq 数据。

由于本书的示例中使用了 Chipster 软件，这里我们给出它的基因组浏览器的简介。Chipster 在 Ensembl 注释的上下文中可视化数据，并支持若干文件格式，包括 BAM、BED、GTF、VCF、tsv。用户可以放大到核苷酸水平，突出与参考序列的差异，以及自动查看计算的覆盖率（总的或链专化的）。对于 BED 文件，还可能对得分进行可视化。重要的是，不同类型的数据可以在一起被可视化。例如，你可以并排地查看 RNA-seq 数据和通过芯片测定的畸变的拷贝数。由于 Chipster 基因组浏览器与一个综合分析环境结合，你不需要导出和导入数据到一个外部的应用程序。当然，如果你仅仅出于可视化的目的而想要使用 BAM 文件，你可以将其导入 Chipster。在这种情况下，你的文件在导入过程中被自动排序和索引。

利用 Chipster 在基因组的上下文中可视化读段

作为一个例子，我们可视化 TopHat2 结果文件 accepted_hits.bam 和 deletions.bed。

- 你可以使用 BED 文件作为导航助手，所以首先将它分离到一个单独的窗口：双击该文件以便在一个电子表格视图中打开它，然后单击 "Detach"。
- 选择 BAM 和 BED 文件，在 Visualization 面板中选择可视化方法 "Genome browser"，最大化面板，以便使查看区域更大。
- 从 Genome 下拉菜单中选择 hg19，单击 "Go"。你可以使用鼠标滚轮放大和缩小，并更改覆盖尺度，如果需要的话。
- 使用分离的 BED 文件来有效地检查缺失的列表：点击一个缺失的开始坐标（第 1 列），浏览器将移动到该位置。你还可以按得分（支持缺失的读段的数目），通过点击第 4 列的标题对 BED 文件进行排序。

4.5　小　　结

将数以百万计的 RNA-seq 读段作图到参考基因组是计算量很大的工作，比对程序通常使用不同的参考索引方案来加快这一进程。许多生物体包含内含子，所以需要剪接的比对程序，以便将读段不连续地作图到基因组。比对程序还必须支持不匹配和插入缺失，以应对基因组变异和测序错误，并在对其打分时将碱基质量纳入考虑。还可以将读段作图到一个转录组，而不是将它们作图到一个基因组。这是没有参考基因组的生物的唯一方法。

比对程序的选择取决于生物体和实验目的。例如，如果不要求进行剪接的比对，并且准确性是重要的，则 BWA 可能是一个不错的选择。如果速度更重要，则建议用 Bowtie2。如果生物体具有内含子及近乎完整的参考注释，TopHat2 可以产生好的剪接比对。此外，STAR 更好地应对不匹配，运行得更快，产生更多的比对，可以不偏不倚地检测剪接点。

比对文件可以用各种实用程序进行操作，例如，SAMtools 和 Picard 等允许高效地检索作图至某一区域或唯一地作图的读段。像 RseQC 这样的工具提供关于比对的读段的重要质量信息。若干基因组浏览器可用于在基因组的上下文中可视化比对。强烈建议这样做，因为在检测数据中有趣的模式方面，没有什么能够欺骗人类的眼睛。

参 考 文 献

1. Fonseca N.A., Rung J., Brazma A., and Marioni J.C. Tools for mapping high-throughput sequencing data. *Bioinformatics* **28**(24):3169–3177, 2012.

2. *Updated listing of mappers.* Available from: http://wwwdev.ebi.ac.uk/fg/hts_mappers/.

3. Engström P.G., Steijger T., Sipos B. et al. Systematic evaluation of spliced alignment programs for RNA-seq data. *Nat Methods* **10**(12):1185–1191, 2013.

4. Langmead B. and Salzberg S.L. Fast gapped-read alignment with Bowtie2. *Nat Methods* **9**(4):357–359, 2012.

5. Li H. and Durbin R. Fast and accurate long-read alignment with Burrows–Wheeler transform. *Bioinformatics* **26**(5):589–595, 2010.

6. Kim D., Pertea G., Trapnell C. et al. TopHat2: Accurate alignment of transcriptomes in the presence of insertions, deletions and gene fusions. *Genome Biol* **14**(4):R36, 2013.

7. Dobin A., Davis C.A., Schlesinger F., et al. STAR: Ultrafast universal RNA-seq aligner. *Bioinformatics* **29**(1):15–21, 2013.

8. Wu T.D. and Nacu S. Fast and SNP-tolerant detection of complex variants and splicing in short reads. *Bioinformatics* **26**(7):873–881, 2010.

9. Roberts A. and Pachter L. Streaming fragment assignment for real-time analysis of sequencing experiments. *Nat Methods* **10**(1):71–73, 2013.

10. *Bowtie2.* Available from: http://bowtie-bio.sourceforge.net/bowtie2/index.shtml.

11. *iGenomes.* Available from: http://support.illumina.com/sequencing/sequencing_software/igenome.ilmn.

12. Li H., Handsaker B., Wysoker A. et al. The sequence alignment/map format and SAMtools. *Bioinformatics* **25**(16):2078–2079, 2009.

13. *GFF/GTF file format description.* Available from: http://genome.ucsc.edu/FAQ/FAQformat.html#format3.

14. *BED file format description.* Available from: http://genome.ucsc.edu/FAQ/FAQformat.html#format1.

15. *Picard.* Available from: http://picard.sourceforge.net/.

16. Wang L., Wang S., and Li W. RSeQC: Quality control of RNA-seq experiments. *Bioinformatics* **28**(16):2184–2185, 2012.

17. Thorvaldsdottir H., Robinson J.T., and Mesirov J.P. Integrative Genomics Viewer (IGV): High-performance genomics data visualization and exploration. *Brief Bioinform* **14**(2):178–192, 2013.

18. Westesson O., Skinner M., and Holmes I. Visualizing next-generation sequencing data with JBrowse. *Brief Bioinform* **14**(2):172–177, 2013.

19. Milne I., Stephen G., Bayer M. et al. Using Tablet for visual exploration of second-generation sequencing data. *Brief Bioinform* **14**(2):193–202, 2013.

20. Kuhn R.M., Haussler D., and Kent W.J. The UCSC genome browser and associated tools. *Brief Bioinform* **14**(2):144–161, 2013.

21. Special Issue: Next generation sequencing visualization. *Brief Bioinform* **14**(12), 2013.

第 5 章　转录组组装

5.1　引　　言

RNA-seq 组装的目标是基于序列读段重建全长转录本。由于第二代测序技术的局限性，只有相对较短的片段可以作为一个单一的单位被测序。虽然第三代测序技术有望产生更好的方法，如 Pacific Biosciences（太平洋生物科学）的 PacBio，允许对几千个碱基（kilobase）长度的单分子进行测序，但它们目前尚未在转录组测序中被常规地使用。因此，在实践中，为了得到全长转录本序列，人们必须从小的重叠片段来构建它们。原则上，可以用两种方法来做这件事。一种方法是，如果有可用的参考基因组，其可以用于指导组装。RNA-seq 读段首先被作图在基因组上，组装任务包括解决哪些作图的读段对应于哪些转录本。另一种方法是进行 *de novo* 组装，这不使用任何外部的信息。在没有参考基因组的情况下，组装基于利用 RNA-seq 读段之间的序列相似性。这两种方法都可以作为一个计算问题，包括在一个图中寻找一组路径。由于问题的组合性质，即使在相对较小的组装任务中，可能的解决方案也是一个天文数字。枚举所有可能的解以找到全局最优解简直是不可能的，因此在组装过程中使用了各种启发式方法和逼近。

转录组组装有别于基因组组装。在基因组组装中，读段的覆盖率通常更均匀（不包括取决于文库制备和测序技术的偏差）。在基因组组装中与均匀的序列深度的偏离表明存在重复序列。相比之下，对于 RNA-seq 数据，基因表达的丰度在基因之间可能有几个数量级的变化，另外同一基因的不同异构体（isoform）也可能在不同的水平上表达。虽然这实际上可用于检测和构建不同异构体的转录本组装，但基因之间高度不同的丰度也带来挑战。它需要更大的测序深度来代表丰度较少的基因和罕见的事件。为了平衡基因之间的丰度差异，有湿实验室（wet laboratory）程序用于文库的归一化（normalization）。对这种方法的描述超出了本书的范围，但最好请记住，组装质量由数据和计算方法的组合构成。由于测序技术仅仅将 RNA-seq 文库的内容转换成数字形式，文库制备是获得高质量数据的关键因素。垃圾进垃圾出（garbage in-garbage out）适用于测序也适用于组装。在做任何组装之前都应进行数据的质量控制。

本章中，我们选择了两个用于 *de novo* 组装的软件包来进行基于作图的组装。它们都是非商业性的和公开可用的。像使用任何计算方法一样，最好能够了解组装的输出取决于数据和方法的组合。通常情况下，每个方法涉及可以调整的参数，因此，即使使用相同的数据，组装的输出可能差别也很大，这取决于方法和参数。

　　本章从组装问题和用于解决这些问题的方法的描述开始。然后介绍 4 个选定的软件包，并利用相同的数据集来演示它们的用法。数据集来自 ENCODE 项目，它包括一个个体的双端读段。为了限制数据大小，在例子中只使用已被作图在人类 18 号染色体上的读段。双端序列读段是从文件"wgEncode CaltechRnaSeq-H1hescR2x75Il200AlignsRep1V2.bam"中提取的（http://hgdown-load.cse.ucsc.edu/goldenPath/hg19/encodeDCC/wgEncodeCaltechRna-Seq/）。产生的数据集很小，只包含 344 000 个读段对，所以运行组装程序不会占用很长时间。

5.2　方　　法

　　RNA-seq 组装的根源可以追溯到 20 世纪 90 年代初的表达序列标签（EST）测序技术[1]。EST 的处理涉及聚类和组装[2]。聚类分析意味着通过计算成对的重叠将相似的 EST 读段归组在一起。可以定义聚类成员（cluster membership），例如，如果在一个长于 40 bp 的重叠中有 95% 与另一个序列是相同的。在对读段进行聚类后，分别在每个类内进行组装。尽管细节已经改变，以下两个步骤仍然构成转录本组装过程的主要步骤：①查找属于同一基因座的读段；②构建图来表示每个基因座内的转录本。EST 和当今的 RNA-seq 数据的一大区别是 EST 通常只代表片段和部分转录本，而今天的高通量数据的性质使我们能够表示全长转录本。虽然当前使用的第二代测序平台的单个读段并不涵盖整个转录本长度，但大规模的数据使我们有可能按它们的全长重建转录本。

5.2.1　转录组组装不同于基因组组装

　　在 EST 的早期，用于基因组的相同的组装工具也用于转录组。虽然技术上仍然是可行的，但实践上不再是可行的了。基因组组装和转录组组装之间有根本的差异。除了在测序深度的均匀性方面的差异之外，主要的区别是，在基因组组装中，理想的输出是代表每个基因组区域的一个线性序列，而在转录本组装中可能有若干异构体来自相同的基因座，也就是说，一个基因的相同的外显子与其他的外显子在不同的上下文中存在，取决于不同的转录本。因此，在转录本组装中，基因被最自然地作为一个图来描述，其中节点代表外显子，弧代表剪接事件。节点连接上的分支对应于可变剪接。一个转录本是单个的分子，它仍应表现为一个线性序列，构成图中沿节点的一个路径。一个外显子节点在一个异构体中只出现一次，但相同的外显子可以存在于多个不同的异构体中。外显子图中所有可能的路径的集合包括所有可能的异构体。可能的路径的数目可能是巨大的，但只有其中的少数几个出现在真正的转录组中。转录本组装所面临的挑战之一是从所有潜在候选者中找出哪些异构体是真实的。同样，问题来自于短的序列读段。如果我们能在一个读段中对整个转录本的全长进行测序，问题就迎刃而解了。当我们试图从短片段构建长序列时就出现了组合问题。

5.2.2　转录本重建的复杂性

为了说明转录本重建的复杂性，让我们举一个例子。如果我们假设一个基因中有三个外显子，可能的异构体的数目可以计算为单个外显子数目、成对外显子数目和三元外显子（exon triple）数目的总和，其数目分别是 3、3 和 1，总和为 7。更一般地，在 N 个外显子的情况下，可能的异构体的数目是

$$\sum_{k=1}^{N}\binom{N}{k} = 2^N - 1$$

也就是说，每个外显子有两种可能性，要么出现在异构体中，要么不出现。数字 2^N 还包括异构体为空的情况，也就是没有外显子，因此从总和中减去 1（对应于上述公式中的 $k = 0$）。这只是可能的异构体的数目。在转录组中，可能存在任何一组异构体。虽然可变剪接给出了很多组合的可能性，但并不是所有的组合都存在于真正的转录组中。问题是要找出哪一个才是真实的。可能的异构体集合的数目沿着与上面相同的路线计算，一个异构体存在或不存在于转录组中，给出数目：

$$2^{2^N-1} - 1$$

随着外显子数目 N 的增加，可能的异构体集合的数目非常快地增长。对于 $N = 1$，2，3，4 或 5，可能的异构体集合的数目分别为 1、7、127、32 767 和 2 147 483 647。这表明当外显子数目大于 4 时，枚举所有可能的解来检验哪一个与数据匹配得最好不再是现实的了。

5.2.3　组装过程

有两种转录本重建的方法，基于作图的组装和 de novo 组装。两者都涉及基于 RNA-seq 读段为每个基因座构建一个图，以该图作为解决异构体的起始点。这两种方法还包括如何将数据拆分，以便单个图只代表单个基因座的问题。

作图已经在本书第 4 章中介绍了。任何允许拆分读段的方法都可以用于将 RNA-seq 读段比对到基因组上。如果有基因模型可用，其可以给出哪些外显子属于哪些基因的信息。如果没有基因模型可用，作图的读段必须首先被片段化，以

便代表基因座。然后为每个基因座构建一个外显子图，也称为剪接图（splicing graph），在每个图内找到一组路径，每个路径代表一个异构体。

通过限制外显子图中的连接可以减少可能的异构体的数目。每个连接代表一个外显子结界。在一个充分连接的图中，所有异构体都是可能的，因为所有节点之间都有一个弧。任务是选择一个图拓扑（graph topology），它最好地对应于数据。没有从 RNA-seq 读段得到支持的那些剪接事件被删除，只有图中需要的那些连接被保留。用于保留一个弧的证据包括拆分读段和双端信息。在拆分读段的情况下，如果一个读段的开头被作图到一个外显子，该读段的结尾被作图到另一个外显子，这提供了对"这两个外显子在一个转录本序列中相邻"的支持。在双端的情况下，这适用于读段对的两个末端，一个末端被作图到一个外显子，另一个末端被作图到另一个外显子。拆分读段的存在是一个外显子结界而不是一个双端读段的有力证据。在作图的读段对的情况下，插入大小的信息必须被利用，以便可以肯定两个外显子真的形成一个连接，而不是两个外显子都只是在相同的转录本中，但它们之间有存在别的东西的可能性。插入大小的分布取决于 RNA-seq 文库。通常情况下，如果文库内的变异很大，对任何特定读段对的插入大小的估计将不准确，对每个读段对使用平均插入大小。

在 *de novo* 组装中，基本上有两种方法：①计算读段之间的成对重叠，这给出组装图的拓扑结构；②或构建一个 de Bruijn 图，它代表所有序列数据，作为 *k*-mer 及其连接的一个集合。作为一个数学的实体（entity），de Bruijn 图在测序时代来临之前就引入了[3]，在基因组组装的上下文中，它首次由 Pevzner 等应用[4]。*de novo* 组装的目标是从组装图中提取尽可能长的连续片段（contig，叠连群），它代表基因组或转录组的原始部分。在 20 世纪 90 年代人类基因组计划期间，测序读段是相对较长的（它们来自 Sanger 测序），与今天的数据相比，它们的数量较少。基因组组装工具是基于读段重叠（read-overlap）的方法，该策略被称为重叠-布局-一致（overlap-layout-consensus，OLC），这描述了组装的三个阶段。虽然计算读段之间的所有成对重叠是费时的，但方法上这是问题的最简单部分。主要的困难来自于组合学：如何确定图的布局，从中可获得多个读段比对的一致序列（consensus sequence）。有可能构造一种算法，它可找出组装问题的最优解，但其执行时间对有实用价值的任何数据集来说都太长，因此必须使用各种启发式算法和逼近[5]。当序列数据的量增加，同时读段变得更短时，使用 de Bruijn 图的方法变得更受欢迎。在转录组组装中，今天的大多数方法都基于 de Bruijn 图。然而，有一些例外，如 MIRAEST 组装程序[6]，它基于一种 OLC 范式（paradigm）。

5.2.4 de Bruijn 图

de Bruijn 图的每个节点是与一个（$k-1$）-mer 关联的。如果有一个 k-mer，其前缀是节点 A 的（$k-1$）-mer，后缀是节点 B 的（$k-1$）-mer，则两个节点 A 和 B 被连接。按这种方式，k-mer 创建 de Bruijn 图中的边缘[7]。序列表现为图中的路径，即使单个序列读段也蔓延到多个连接的节点，第一个节点包含从一个序列的第一个位置开始的（$k-1$）-mer，第二个节点包含从一个序列的第二个位置开始的（$k-1$）-mer，依此类推。每个 k-mer 在图中只被代表一次，表示为连接两个节点的边缘。如果两个序列读段有一个共同的 k-mer，那么它们共享一个边缘。这给出了读段之间的重叠的信息，不需要显式计算成对的比较。de Bruijn 图的构建是简单的，并且与计算所有读段对之间的重叠相比要快得多。它包括简单地从读段中提取所有 k-mer，以及连接代表（$k-1$）-mer 的节点。所面临的挑战则变为如何在图中找到代表真正转录本的路径。测序错误导致末梢（tip）和气泡（bubble），末梢在图中是死角（dead end），气泡使图的结构复杂化。气泡从图中的分支形成，它与图的另一部分重新合并到一起。一些气泡是由于测序错误，但另一些是由于可变剪接。例如，当一个外显子在一个基因模型的中间时，它存在于一个异构体中，但在另一个异构体中被跳过。这会导致图中的两个路径，它们共享开头和结尾，但在中间有一个分支。当在图中查找路径时，单端读段和双端读段信息的 k-mer 次序被利用。边缘也可以按 k-mer 的丰度加权，从而减少错误的路径。k-mer 的长度对图的复杂性有影响。显然，它必须比读段长度更短，但如果太小，图中的连接就太密集，因为节点不是具体的。然而，如果 k-mer 很大，必须有足够的数据来使图连接。作为选择一个合适的 k 值这个问题的解决方案，可以用不同的 k 值做若干个组装，然后选择单个最好的组装，或者把用不同的 k 值得到的若干个组装的叠连群合并[8-10]。

5.2.5 使用丰度信息

如果候选异构体集合的规模很大，可以使用 RNA-seq 丰度信息来解析异构体。理由是在属于相同转录本的所有外显子中丰度应该是相同的。一个转录本是一个分子，所以如果在文库制备和测序（及作图）中没有偏差，那么测序读段应均匀覆盖并代表整个转录本。如果偏离这种情况，例如，一些外显子有更大的测序深度，那么这表明这些外显子也存在于其他异构体中。

对于一组固定的异构体，有可能估计它们的相对丰度。优化任务是要得到能够最好地描述数据的丰度。这可以通过首先设置丰度的初始值来做到，例如，通过在所有异构体之间均匀地划分丰度，然后利用期望最大（EM）算法迭代地对解进行微调。EM 算法是 20 世纪 70 年代引入的[11]，在转录组数据的上下文中，它在参考文献[12]中被介绍。优化由两步迭代组成：期望（E）和最大化（M）。在 E 步骤中，所有读段根据异构体丰度按比例分配给每个异构体，在 M 步，重新计算异构体的相对丰度。重复这两个步骤直至估计的丰度值不再改变，也就是说，算法已经收敛。解是用于给定的异构体集合的，所以如果有新异构体被添加到现有的异构体集合，所有值都可能会改变。一般情况下，EM 算法发现局部最优解，在有多个局部最优解的情况下，解取决于初始值。然而，在具有非负参数的线性模型的情况下，有唯一的最大值，所以局部最优也是全局最优解[13]。基本的 EM 算法在很多方面可被修改。例如，在 iReckon 软件中[14]，使用了调整的 EM 算法，以便减少假的转录本重建的数目。

5.3 数据预处理

通常情况下，碱基判读质量朝着读段结尾的方向降低。这是第一代和第二代测序技术（Sanger、Illumina、SOLiD、Roche 454）的特征，但不一定适用于新的测序技术（如 PacBio）。如果沿整个读段长度计算了比对质量，那么具有更多错误的读段的低质量部分减少了比对得分。因此，通过修剪读段的低质量部分，可以增加可作图的读段的数目。而且，在 *de novo* 组装中，如果基于成对的读段重叠，修剪读段的低质量部分是有利的。然而，在以 de Bruijn 图为基础的方法中，读段的错误的尾巴导致末梢和图中的死角，但因为图是基于 *k*-mer 的，读段的低质量的末端不会影响读段的开始的 *k*-mer。读段的修剪简化了图并减少了死角的数目，但包括读段的错误和低质量的部分不完全妨碍组装。然而，过量的低质量的数据可能会影响组装，在任何情况下大量的数据将使计算减慢。错误的读段增加 de Bruijn 图中的节点数，从而增加内存使用。然而，首先用数据按其原样进行组装可能是一个好主意。这给出了一个方法来比较结果，并了解修剪的效果。最重要的是，它是检查在修剪过程中是否出现了错误的好方法。

无论是什么组装方法，都应从读段中删除由构建文库引起的假象（artifact）。这些假象包括接头序列，它可能保留在序列读段的一部分中。此外，如果 polyA 被包含在测序中，它应该被修剪掉。

用户应该知道测序文库是如何构建的，读段是如何朝向的（oriented）。在 Illumina 双端读段中，读段是彼此面对面的。另一个信息是文库的链特异性。有可能构建序列文库，以便读段所来自的链是已知的。链专化的文库的优点是可以解析互补链中重叠的基因。

5.3.1　读段误差校正

读段过滤和修剪是通过删除整个读段或其中的部分摆脱测序错误的手段。这些过程会减少序列数据的量。一个完全不同的想法是试图更正读段中的错误。如果这是成功的，就有更多有用的数据。

读段校正的主要应用之一是 *de novo* 组装。使用基于 de Bruijn 图的组装程序，每个 k-mer［实际上是（k−1）-mer］在图中被分配一个节点。测序错误导致很多不正确的 k-mer，并产生无用的节点，两者都会使计算变慢，并增加内存的使用。然而，在二倍体和多倍体生物中并不是数据中的所有变异都是随机地归因于测序错误；可能有归因于等位基因之间的差异的非随机变异。在某些情况下，进行过度矫正（overcorrection）可能是有好处的，也消除了这些类型的变异。如果 SNP 和插入/缺失被从序列读段中移除，数据变得更同质，de Bruijn 图被简化，可以产生更长的叠连群。以后可以通过针对叠连群作图原始的未修正的读段来检测序列变异。

读段校正是以利用数据中的冗余为基础的。要正确地工作，必须有足够的测序深度。如果读段被完美地比对到基因组或转录组，没有比对误差，那么很容易检测测序错误并通过多数表决（majority voting）来矫正它们。当没有参考可用，以及有相似的序列源自归因于重复的基因组的不同部分或其他类似的区域时，就会面临挑战。

5.3.2　SEECER

特意为 RNA-seq 数据设计的第一个错误修正软件是 SEECER[15]。它的工作原理是一个接一个地矫正读段。对于要矫正的每个读段，至少与它共享一个 k-mer 的其他读段被选择。应用聚类把来自不同转录本的读段分离开来。读段的一个子集被用于构建一个隐马尔可夫模型（HMM），这是用来代表序列组的概率模型。然后使用维特比算法（Viterbi algorithm）针对 HMM 的状态对读段进行比对，读段的矫正基于 HMM 的一致性（consensus）。似然值超过给定阈值的所有那些序列都被矫正，这是表明它们与模型匹配良好的迹象。一旦读段被矫正，它被从可用序列的池中删除，对其余的数据重复这一过程。

错误矫正需要内存，标准的台式计算机可能无法胜任。应该有差不多数亿字节的 RAM 可用，取决于数据的大小和读段长度。可以从 http://sb.cs.cmu.edu/seecer/ 下载 SEECER。错误矫正所需的步骤是在 Bash shell 脚本 run_seecer.sh 中实现的，它的输入文件取 FASTA 或 FASTQ 格式。可以使用内部的执行或外部软件 Jellyfish 计算 k-mer。推荐后一种选择，尤其是对大型数据集。默认 k-mer 长度为 17。

运行 SEECER 需要 GNU 科学库（GNU Scientific Library，GSL）。为了将其安装在默认位置，需要 sudo 权限。

1）从 http://ftpmirror.gnu.org/gsl/得到 gsl 1.16.tar.gz（在我们的案例中，最靠近的 ftp 镜像站点是 http://www.nic.funet.fi/pub/gnu/ftp.gnu.org/pub/gnu/gsl/）。

```
$ tar xvfz gsl-1.16.tar.gz
$ ./configure
$ make
$ sudo make install
```

2）从 http://sb.cs.cmu.edu/seecer/install. html 得到 SEECER-0.1.2.tar.gz。

```
$ ./configure
$ make
```

3）运行 SEECER。可以使用-h 参数列出选项。

```
$ bash bin/run _ seecer.sh -h
```

创建临时目录"tmp"用于计算和运行读段矫正。文件"reads1.fq"和"reads2.fq"包含双端读段。

```
$ mkdir tmp
$ bash bin/run_seecer.sh -t tmp reads1.fq reads2.fq
```

已矫正的读段是 FASTA 格式的，具有后缀"_corrected.fa"，位于与原始读段相同的目录中。

5.4　基于作图的组装

在这里，我们描述两个软件包 Cufflinks 和 Scripture，它们被用来重建全长转录本序列，基于 RNA-seq 读段作图。两者都可以用于从头（*ab initio*）重建转录本，也就是说，不需要外部的基因模型。这两个程序之间的主要区别在于解析异构体的方法：Scripture 报告所有可能的异构体，而 Cufflinks 报告能够解释数据的异构体的可能的最小集合。输出是以 BED 或 GTF 格式给出的，其中包含一个参考序列中的转录本坐标。由于参考序列是已知的，将转录本序列坐标转换成 FASTA 文件是简单的，可使用任何脚本语言，如 Python 或 Perl。

作图可以用 TopHat 来完成，这里使用的版本是 2.0。输入的数据包含 18 号染色体的一个 FASTA 文件"chr18.fa"，以及双端读段文件"chr18_1.fq"和"chr18_2.fq"。Burrows-Wheeler 转换的索引文件被命名为"chr18"，作图输出将放在目录"top2"中。由于读段是 2×75 bp，片段插入大小是 200 bp，读段之间的内部距离是 50 bp，它被作为一个参数给出，利用 TopHat 的参数"-r"。在这里，作图是利用 4 个线程完成的。为了使用 TopHat，SAMtools 和 Bowtie（这里是 Bowtie2）都必须是可用的，因此它们的位置必须被包括在 PATH 变量中。

```
$ bowtie2-build chr18.fa chr18
$ tophat2 -r 50 -p 4 -o top2 chr18 chr18_1.fq chr18_2.fq
```

5.4.1　Cufflinks

Cufflinks 是用 C++编写的[13]，可以从 http://cuffflinks.cbcb.umd.edu 下载最新版本。该 web 页包含用户手册和进一步的信息。Cufflinks 首先制作一张图片，简要地解释数据。也就是说，它寻找能够代表 RNA-seq 读段的转录本的最小集合。然后估计这一组转录本的丰度。

在编写本书的时候，最新的版本是 2.1.1，它支持由 TopHat2 生成的 BAM 文件。为了利用双端信息，BAM 文件中的读段名称不应包含读段对后缀。虽然 TopHat在 BAM 文件中正确地指示双端的信息，也就是说，如果两端已被作图，就会出现标记"="，但如果双端后缀没有被预期的分隔符分隔，并不会将其删除双端后缀。例如，后缀"/1"和"/2"将从读段名称中被自动删除，而后缀"_1"和"_2"不会。为了使 Cufflinks 利用双端信息，读段对的两个读段在 BAM 文件中应具有相同的标识符（该文件中的第一列）。这可以很容易地被检查，使用 SAMtools 查看命令，以 BAM 文件作为输入。

为了使用 Cufflinks，SAMtools 的位置必须在 PATH 变量中。

有几个参数可以被定义。为了加速计算，在以下命令中使用了 4 个线程；否则使用默认的参数。用于运行 Cufflinks 的命令为

```
$ cufflinks -p 4 -o outdir top2/accepted _ hits.bam
```
基因模型存储在输出目录的 GTF 文件中。有 4 个输出文件：
```
-rw------- 1 somervuo 50K Jul 15 10:43 genes.fpkm_tracking
-rw-------1 somervuo 67K Jul 15 10:43 isoforms.fpkm_
tracking
-rw------- 1 somervuo 0 Jul 15 10:42 skipped.gtf
-rw------- 1 somervuo 898K Jul 15 10:43 transcripts.gtf
```
转录本与外显子信息在文件"transcripts.gtf"中。在这种情况下，有来自 634个基因的 750 个转录本。这些分别在文件 "isoforms.fpkm_tracking" 和"genes.fpkm_tracking"中列出。

如果有具有不同插入大小的几个文库，最好是对每个文库都单独运行Cufflinks，然后合并结果，而不是首先连接所有的 BAM 文件，然后运行 Cufflinks。Cuffmerge 程序可以用于合并若干个 Cufflinks 运行。

可以使用参数"--overlap-radius"来控制合并中分离的片段的量。默认值为 50 bp。较大的值将导致距离更远的基因模型的合并。

在上面的例子中，没有使用基因模型的现有知识。如果有这种信息，其可以

被利用，通过给出一个 GTF 文件作为对 Cufflinks 的指导，使用参数 "-g"。

为了将 Cufflinks 输出与现有的基因模型进行比较，有一个 Cuffcompare 程序。如果参考基因模型是在 "ref.gtf" 文件中，命令是

```
$ cuffcompare -r ref.gtf transcripts.gtf
```

输出文件包含汇总和在这两个文件中的基因模型之间基因方式（gene-wise）信息的相似性。

5.4.2　Scripture

Scripture 是一个基于 Java 的软件[16]。它可以从 http://www.broadinstitute.org/software/scripture/下载。Scripture 基于拆分读段（split read）信息将数据片段化。带有拆分读段连接的基因组区域形成小岛，它可以使用双端读段信息进行进一步连接。在这些区域内的异构体被报告。

Scripture 先构建一个连接图（connectivity graph）。它包含一个参考基因组的所有碱基作为其节点。如果相应的两个碱基在一个基因组中或在一个转录本中是相邻的，那么两个节点被连接。拆分读段给出外显子-内含子边界的信息，每个连接必须由至少两个 RNA-seq 读段支持。允许的供体/受体剪接位点是规范的 GT/AG 和非规范的 GC/AG 和 AT/AC。对连接图中的路径的统计显著性进行评估，这个显著性衡量的是与背景读段的作图分布相比较，它们有多丰富。这是通过以固定大小的窗口对图进行扫描并将 p 值分配给每个窗口来实现的。显著的窗口被合并来创建一个转录本图，使用双端读段连接以前分离的片段来对其进行改进。

Scripture 的输入数据是一个已排序的 BAM 文件和一个参考染色体 FASTA 文件。有 Scripture 的一个新版本 2.0，编写本书时其还不是公开可用的，但通过其作者获得了其初步的版本。语法是

```
$ java -jar ScriptureVersion2.0.jar -task reconstruct
-alignment top2/accepted_hits.bam -genome chr18.fa
-out out -strand unstranded -chr 18
```

Scripture 的早期版本的输出包括两个文件，一个包含 BED 格式的基因模型，另一个文件包含 DOT 格式的转录本图。在 2.0 版中，有 4 个输出文件。此外，新版本在 BAM 文件所在的同一目录中创建一个坐标文件。4 个输出文件为

```
-rw------- 1 somervuo 80K Jul 8 15:13 out.connected.bed
-rw------- 1 somervuo 250K Jul 8 14:09 out.pairedCounts.txt
-rw------- 1 somervuo 229K Jul 8 14:09 out.pairedGenes.bed
-rw------- 1 somervuo 104K Jul 8 14:09 out.scripture.paths.
bed
```

文件 "out.scripture.paths.bed" 报告只利用单个读段信息的初始转录本，"out.connected.bed" 报告已经使用了双端信息的转录本。在后一个文件中，有来

自 504 个基因的 549 个转录本。

5.5 *de novo* 组装

在这里，我们描述两个软件包，用于 *de novo* 重建全长转录本序列，也就是说，没有参考基因组的帮助。它们两个都利用 de Bruijn 图。其中一个由两个程序组成，即 Velvet 和 Oases。Velvet 是一个基因组组装程序，它产生一个组装图，被第二个程序 Oases 用于查找代表异构体的路径。另一个组装程序是 Trinity，由三个模块组成。RNA-seq 读段首先被组装和聚类，每个类代表基因组中的一个基因座。为每个类构建一个 de Bruijn 图，线性的转录本序列被提取，因此可能有若干种异构体来自相同的基因座。两个软件工具在组装之前都将序列数据复制到一个文件，所以如果使用大型数据集，则在开始组装前应当检查磁盘空间。

5.5.1 Velvet + Oases

Velvet 是用 C 编写的。它是作为基因组组装程序引入的[17]。后来，为转录本组装编写了另一个程序 Oases，它使用 Velvet 的输出[9]。Velvet 可以从 http://www.ebi.ac.uk/~zerbino/velvet/ 下载。Oases 可以从 http://www.ebi.ac.uk/~zerbino/oases/ 下载。这两个软件包都包括精心编写的手册。

Velvet 由两个程序组成：velveth 和 velvetg。其中第一个计算数据的 *k*-mer，第二个在 de Bruijn 图中寻找和提取叠连群。Oases 将图片段化并从每个基因座提取异构体。与 Velvet 的叠连群相比，由 Oases 获得的转录本序列通常长得多。为了在 Velvet 中使用双端读段，它们必须被交叉存取（interleaved），也就是说，一个读段对的两个读段相邻地位于同一个文件中。如果读段对最初存储在两个单独的文件中，在 Velvet 包中有一个 Perl 脚本来进行交叉存取。此命令将创建一个新的文件 "chr18_12.fq"，其中读段被交叉存取：

```
$ shuffleSequences_fastq.pl chr18_1.fq chr18_2.fq chr18_12.fq
```

第一个任务是创建一个散列表（hash table）：在这里我们定义 *k*-mer 长度为 25，输出目录将为 "vdir"。也定义了数据格式，在这种情况下，双端读段为 FASTQ 格式。在第二步中进行图遍历（traversal）和叠连群提取。在这里我们定义插入大小为 200 bp。在 Velvet 中，插入大小是片段长度，也就是说，它包括读段的长度。带有参数 "yes" 的语句 "-read_trkg" 是重要的，因为 Oases 利用读段跟踪信息（tracking information）。

```
$ velveth vdir 25 -fastq -shortPaired chr18_12.fq
$ velvetg vdir -ins_length 200 -read_trkg yes
```

Oases 被应用于生成的 de Bruijn 图。Oases 的输入是目录的名称,它包含 Velvet 输出。在双端读段的情况下,还必须定义插入大小。在这里,最小转录本长度被定义为 200 bp。

```
$ oases vdir -ins_length 200 -min_trans_lgth 200
```

输出目录 vdir 包含如下所示的文件。转录本序列存储在一个 FASTA 文件 "transcripts.fa" 中。每个 FASTA 条目的名称描述基因座和异构体。由 Oases 产生的另一个文件是 "contig-ordering.txt"。

```
-rw------- 1 somervuo 25M Jul 16 11:56 Graph2
-rw------- 1 somervuo 11M Jul 16 11:59 LastGraph
-rw------- 1 somervuo 1.2K Jul 16 11:59 Log
-rw------- 1 somervuo 5.5M Jul 16 11:56 PreGraph
-rw------- 1 somervuo 34M Jul 16 11:55 Roadmaps
-rw------- 1 somervuo 84M Jul 16 11:55 Sequences
-rw------- 1 somervuo 1.3M Jul 16 11:59 contig-ordering.txt
-rw------- 1 somervuo 2.6M Jul 16 11:56 contigs.fa
-rw------- 1 somervuo 253K Jul 16 11:59 stats.txt
-rw------- 1 somervuo 1.6M Jul 16 11:59 transcripts.fa
```

FASTA 条目名称的一个示例是 "Locus_10_Transcript_1/3_Confidence_0.571_Length_3815"。它表明有来自基因座 10 的三个转录本,这是其中的第一个。Confidence 值是一个介于 0 和 1 之间的数字(越大越好),Length 是转录本长度,以碱基对表示。在此示例中,在文件 "transcripts.fa" 中有来自 862 个基因座的 1308 个转录本序列,最小长度为 200 bp。

在 Oases 版本 0.2 中,可以用不同的 *k*-mer 长度运行若干个组装并将组装合并。在 Oases 包中,有一个 Python 脚本用于此目的。在这里我们定义将使用从 19 到 29 的所有奇数 *k*-mer。Velvet 和 Oases 的额外参数是用参数 "-d" 和 "-p" 给出的。使用 Python 脚本,则无须使用参数 "-read_trkg"。

```
$ python oases_pipeline.py -m 19 -M 29 -o odir -d " -fastq -
shortPaired chr18_12.fq" -p " -ins_length 200 -min_trans_
lgth 200"
```

这将为每个 *k*-mer 产生单独的输出,以及一个文件夹 "odirMerged",它包含合并的组装结果。在这个例子中,odirMerged 中的文件 "transcripts.fa" 包含来自 827 个基因座的 4468 个转录本序列。在为每个 *k*-mer 创建输出目录之后,就有可能只合并某些组装而不用从起点开始。这是通过使用 Python 脚本中的参数 "-r" 来做到的。例如,如果只合并 *k*=25 及以上的组装,则可以通过下面的命令来实现:

```
$ python oases_pipeline.py -m 25 -M 29 -r -o odir
```

它产生来自 783 个基因座的 2159 个转录本。

默认情况下，在 Velvet 中最大的 *k*-mer 长度是 31；然而，也有可能使用更大的值。例如，如果需要高达 51 的 *k* 值，可以用下列命令编译 Velvet（同样的命令必须应用于编译 Oases）：

```
$ make 'MAXKMERLENGTH=51'
```

当用不同的 *k* 值运行多个组装时，使用参数 "-m" 和 "-M" 而不是分别启动每个组装是有好处的，因为 Velvet 将读段数据复制到文件 Sequences 中，但利用参数 "-m" 和 "-M"，它只进行一次复制，其他目录包含指向第一个输出目录中的文件的符号链接。

5.5.2　Trinity

可以从 http://trinityrnaseq.sourceforge.net/ 下载 Trinity 软件包[18]。该 web 页包含很多描述方法的有用信息，它还包括高级的主题。基于 Trinity 的工作流程，包括下游分析，也在参考文献[19]中描述了。

Trinity 由三个单独的程序组成：①Inchworm，它构造初始叠连群；②Chrysalis，它对由 Inchworm 构造的叠连群进行聚类，为每个基因座创建一个 de Bruijn 图；③Butterfly，它在每个 de Bruijn 图内提取异构体。在 Trinity 中用 "component" 这个词代替基因座。在 Butterfly 步骤中，如果看起来序列读段似乎来自多个基因座，Chrysalis 产生的组件有可能被分割为更小的片段。如果发生这种情况，在输出转录本序列的名称中予以报告。

可以使用一个 Perl 脚本 Trinity.pl 来运行所有这三个程序。下面我们定义我们的序列是 FASTQ 格式的，用于计算的处理器是 4 个。在 Trinity 的当前版本中 *k*-mer 长度被固定为 25。用于计算 *k*-mer 的软件 Jellyfish 要求定义最大内存，在这种情况下，它被设置为 10 GB。在默认情况下要报告的最短转录本是 200 bp。在运行 Trinity 之前，堆栈大小应该定义为无限的。这可以使用 shell 命令 unlimit 或 ulimit-s unlimited 来做到，取决于 Linux 的发行版。不同版本的 Trinity 之间有一些差异，例如，在早期版本中，用户需要定义要使用哪种 *k*-mer 方法，在输出文件的数量方面也有差异。在编写本书的时候，最新版本是 r2013-02-25，其中默认使用的是 Jellyfish 方法。要使用默认参数和 4 个 CPU 运行 Trinity，命令是

```
$ Trinity.pl --seqType fq --JM 10G --left chr18_1.fq
--right chr18_2.fq --CPU 4
```

如果没有定义输出目录的名称，它将是 "trinity_out_dir"。在 Butterfly 过程完成后，输出目录包含一个 FASTA 文件 "Trinity.fasta"，其中包含所有异构体。Butterfly 步骤中的一个或多个图有可能不会产生任何转录本序列。然而，所有信息都存储在输出目录的 "chrysalis" 子目录下。每个组件有一个单独的 FASTA 文

件，包含其转录本序列。此外还存储了组件的图结构。如果 Butterfly 未能生成该组件的任何转录本序列，那么存在相应的 FASTA 文件，但它的大小为零。使用示例数据，输出目录如下所示：

```
-rw------- 1 somervuo 2.2M Dec 18 15:13 Trinity.fasta
-rw------- 1 somervuo 583 Dec 18 15:13 Trinity.timing
-rw------- 1 somervuo 78M Dec 18 14:56 both.fa
-rw------- 1 somervuo 7 Dec 18 14:56 both.fa.read_count
-rw------- 1 somervuo 159M Dec 18 14:59 bowtie.nameSorted.
sam
-rw------- 1 somervuo 0 Dec 18 14:59 bowtie.nameSorted.sam.
   finished
-rw------- 1 somervuo 0 Dec 18 14:59 bowtie.out.finished
drwx------- 3 somervuo 4.0K Dec 18 15:04 chrysalis
-rw------- 1 somervuo 3.6M Dec 18 14:58 inchworm.K25.L25.DS.
fa
-rw------- 1 somervuo 0 Dec 18 14:58 inchworm.K25.L25.DS.
fa.
   finished
-rw------- 1 somervuo 8 Dec 18 14:58 inchworm.kmer_count
-rw------- 1 somervuo 148 K Dec 18 14:59 iworm_scaffolds.
txt
-rw------- 1 somervuo 0 Dec 18 14:59 iworm_scaffolds.txt.
   finished
-rw------- 1 somervuo 0 Dec 18 14:57 jellyfish.1.finished
-rw------- 1 somervuo 125M Dec 18 14:57 jellyfish.kmers.fa
-rw------- 1 somervuo 13M Dec 18 14:59 scaffolding_entries.
sam
-rw------- 1 somervuo 6.3M Dec 18 14:59 target.1.ebwt
-rw------- 1 somervuo 279K Dec 18 14:59 target.2.ebwt
-rw------- 1 somervuo 170K Dec 18 14:58 target.3.ebwt
-rw------- 1 somervuo 557K Dec 18 14:58 target.4.ebwt
lrwxrwxrwx 1 somervuo 73 Dec 18 14:58 target.fa ->/.../
   inchworm.K25.L25.DS.fa
-rw------- 1 somervuo 0 Dec 18 14:59 target.fa.finished
-rw------- 1 somervuo 6.3M Dec 18 14:59 target.rev.1.ebwt
-rw------- 1 somervuo 279K Dec 18 14:59 target.rev.2.ebwt
```

在此示例中，文件"Trinity.fasta"包含来自 1293 个组件的 1837 个转录本。与之相比，当在命令行中使用参数"-min_kmer_cov2"将最小的 *k*-mer 覆盖范围从 1（默认设置）增加到 2 时，生成的组装包含 848 个组件中的 1205 个转录本。

在输出目录中，文件"both.fa"包含所有的输入序列数据。没有质量信息的两个双端读段文件在那里被连接。目录"chrysalis"包含以下文件：

```
drwx------- 4 somervuo 4.0K Dec 18 15:02 Component_bins
-rw------- 1 somervuo 0 Dec 18 15:00 GraphFromIwormFasta.
finished
-rw------- 1 somervuo 2.1M Dec 18 15:00 GraphFromIworm
Fasta.out
-rw------- 1 somervuo 1.5M Dec 18 15:00 bundled_iworm_
contigs.fasta
-rw------- 1 somervuo 57M Dec 18 15:02 bundled_iworm_
contigs.fasta.
    deBruijn
-rw------- 1 somervuo 0 Dec 18 15:00 bundled_iworm_contigs.
fasta.
    finished
-rw------- 1 somervuo 507K Dec 18 15:03 butterfly_commands
-rw------- 1 somervuo 507 K Dec 18 15:13 butterfly_commands.
completed
-rw------- 1 somervuo 0 Dec 18 15:02 chrysalis.finished
-rw------- 1 somervuo 138K Dec 18 15:03 component_base_
listing.txt
-rw------- 1 somervuo 0 Dec 18 15:03 file_partitioning.ok
-rw------- 1 somervuo 643 K Dec 18 15:03 quantifyGraph_
commands
-rw------- 1 somervuo 643 K Dec 18 15:04 quantifyGraph_
commands.
    completed
-rw------- 1 somervuo 0 Dec 18 15:04 quantifyGraph_
commands.run.
    finished
-rw------- 1 somervuo 7 Dec 18 15:02 rcts.out
-rw------- 1 somervuo 0 Dec 18 15:02 readsToComponents.
finished
-rw------- 1 somervuo 79M Dec 18 15:02 readsToComponents.
out.sort
-rw------- 1 somervuo 0 Dec 18 15:02 readsToComponents.
out.sort.
    finished
```

目录 Component_bins 包含子目录 Cbin0、Cbin1 等，数目取决于由组装产生的组件的总数。产生多个转录本的组件的一个例子如下所示。带有".dot"后缀的文件是用于可视化图的。在 Trinity 的当前版本 r2013-02-25 中，默认情况下不产生它们，但可以在运行 Trinity 时通过在命令行中提供一个参数"`-bfly_opts '-V 5'`"来生成它们。

```
-rw------- 1 somervuo 5.9K Dec 18 16:49 c420.graph.allProb
   Paths.fasta
-rw------- 1 somervuo 134K Dec 18 16:23 c420.graph.out
-rw------- 1 somervuo 1.8M Dec 18 16:23 c420.graph.reads
-rw------- 1 somervuo 492 Dec 18 16:49 c420.graph_final
   CompsWOloops.L.dot
-rw------- 1 somervuo 492 Dec 18 16:49 c420.graph_
withLoops.
   J.dot
```

在文件"c420.graph.allProbPaths.fasta"中有三个转录本序列，它们的名称是

```
>c420.graph_c0_seq1 len= 328 path=[305894:0-327]
>c420.graph_c1_seq1 len= 2675 path=[287873:0-149 288298:
150-2674]
>c420.graph_c1_seq2 len= 2730 path=[287873:0-149 288178:
150-204
   288298:205-2729]
```

有两个子组件 c0 和 c1，这意味着在 Butterfly 过程中原始的组件 c420 被划分成两个。名称中还包括转录本序列的长度和 de Bruijn 图中的节点路径。在图 5.1 中，使用 GraphViz 程序显示了图文件"c420.graph_ withLoops.J.dot"。更长的转录本（seq2）包含一个 55 bp 的片段，它在组件 c1 中较短的转录本（seq1）中缺失。对应于 c0 的一个 328 bp 的转录本位于右上角。

为了针对已知的转录本对 c420 的最长转录本进行比较，使用 UCSC 基因组浏览器（http://genome.ucsc.edu/）针对人类基因组对其进行了作图。最好的 BLAT 命中（hit）来自 18 号染色体。在图 5.2 中，Trinity 转录本序列显示在顶部，标记为"YourSeq"。

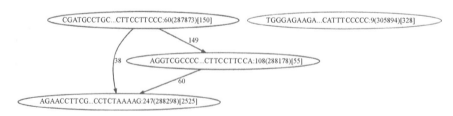

图 5.1　从 Trinity 组装得到的转录本图的示例。

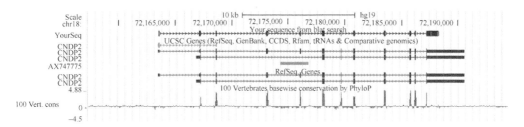

图 5.2　组装的转录本 "YourSeq" 作图在人类基因组上，显示在 UCSC 基因组浏览器中。

在 Chipster 中组装转录本

工具类别 "RNA-seq" 目前提供用于转录组组装的 Cufflinks 软件包。

• 选择在第 4 章利用 TopHat2 产生的 BAM 文件，以及工具 "Assemble reads into transcripts using Cufflinks"（使用 Cufflinks 将读段组装成转录本）。请注意，也可以给出一个 GTF 文件作为输入，如果想要使用现有的注释来指导组装的话。通过滚动到参数面板的末尾来检查文件被正确地分配，然后单击 "Run"。请注意，参数允许更正多作图（multimapping）读段的丰度估计值和序列特异性的偏差。

• 可以通过在第 4 章中所述的 Chipster 基因组浏览器中打开输出文件 "transcripts.gtf" 来可视化基因模型。为了有效地从一个转录本导航到另一个，在一个单独的窗口中打开 GTF 文件并点击起始坐标。

• 可以使用 Cuffmerge 工具合并来自几个样品的组装，可以使用 Cuffcompare 工具对组装进行比较。

5.6　小　　结

这一章描述了基于短的 RNA-seq 读段重建转录本序列的基本方法和 4 个软件包。为了实现重现性，报告了由样本数据的每个组装产生的基因座和转录本的数目。没有打算用它们来对方法进行比较。可以在参考文献[20]中找到对几种转录本重建工具的比较，包括 Cufflinks 和 Oases。在参考文献[21]中分析了 Trinity 和基于 Oases 的 *de novo* 组装；也请参阅参考文献[9]，其在比较中包括了 Cufflinks。

除了数据和预处理，组装的输出取决于每个软件特定的参数设置。通过改变与最小的叠连群长度和覆盖面相关的参数，可以很容易地改变转录本的数目。但朴素的数字和转录本的长度没有揭示组装的准确性和错误的任何信息。事实上，衡量组装的质量不是一个简单的事情。当没有参考或先前已知的基因模型可用时尤其困难。在实践中，需在特异性和灵敏度之间折中。严格性（stringency）可以减少错误，但如果没有足够的读段覆盖，叠连群变短，本来长的转录本会变得支离破碎。虽然作图和基于 *de novo* 的组装方法已被证明能够从短的序列读段重建全长转录本，但是要意识到，这取决于数据的质量和覆盖面。当技术成熟到可以在一个读段中对全长转录本进行测序时，转录本组装的许多挑战会消失。目前，这种读段来自第三代 PacBio 测序仪。不过，尽管它提供了长的读段，但其缺点是每次测序运行的测序深度有限，使得目前其他平台更具成本效率。出于此原因，第二代测序和本章所述的方法现在继续被采用，在同一时间新的工具也有可能被开发。

参 考 文 献

1. Adams M.D., Kelley J.M., Gocayne J.D., et al. Complementary DNA sequencing: Expressed sequence tags and human genome project. *Science* 252(5013):1651–1656, 1991.

2. Quackenbush J., Liang F., Holt I., Pertea G., and Upton J. The TIGR gene indices: Reconstruction and representation of expressed gene sequences. *Nucleic Acids Research* 28(1):141–145, 2000.

3. de Bruijn N.G. A combinatorial problem. *Koninklijke Nederlandse Akademie v. Wetenschappen* 49:758–764, 1946.

4. Pevzner P., Tang H., and Waterman M. An Eulerian path approach to DNA fragment assembly. *Proceedings of the National Academy of Sciences of United States of the America* 98(17):9748–9753, 2001.

5. Kececioglu J. and Myers E. Combinatorial algorithms for DNA sequence assembly. *Algorithmica* 13:7–51, 1995.

6. Chevreux B., Pfisterer T., Drescher B., et al. Using the miraEST assembler for reliable and automated mRNA transcript assembly and SNP detection in sequenced ESTs. *Genome Research* 14:1147–1159, 2004.

7. Compeau P., Pevzner P., and Tesler G. How to apply de Bruijn graphs to genome assembly. *Nature Biotechnology* 29(11):987–991, 2011.

8. Robertson G., Schein J., Chiu R., et al. *De novo* assembly and analysis of RNA sequence data. *Nature Methods* 7(11):909–912, 2010.

9. Schulz M.H., Zerbino D.R., Vingron M., and Birney E. Oases: Robust *de novo* RNA-seq assembly across the dynamic range of expression levels. *Bioinformatics* 28(8):1086–1092, 2012.

10. Surget-Groba Y. and Montoya-Burgos J. Optimization of *de novo* transcriptome assembly from next-generation sequencing data. *Genome Research* 20(10):1432–1440, 2010.

11. Dempster A.P., Laird N.M., and Rubin D.B. Maximum likelihood from incomplete data via the EM algorithm. *Journal of the Royal Statistical Society. Series B (Methodological)* 39(1):1–38, 1977.

12. Xing Y., Yu T., Wu Y.N., Roy M., Kim J., and Lee, C. An expectation-maximization algorithm for probabilistic reconstructions of full-length isoforms from splice graphs. *Nucleic Acids Research* 34(10):3150–3160, 2006.

13. Trapnell C., Williams B.A., Pertea G., et al. Transcript assembly and quantification by RNA-Seq reveals unannotated transcripts and isoform switching during cell differentiation. *Nature Biotechnology* 28(5):511–515, 2010.

14. Mezlini A., Smith E., Fiume M., et al. iReckon: Simultaneous isoform discovery and abundance estimation from RNA-seq data. *Genome Research* 23: 519–529, 2013.

15. Le H., Schulz M., McCauley B., Hinman V., and Bar-Joseph Z. Probabilistic error correction for RNA sequencing. *Nucleic Acids Research* 41(10):e109, 2013.

16. Guttman M., Garber M., Levin J.Z., et al. *Ab initio* reconstruction of cell type-specific transcriptomes in mouse reveals the conserved multi-exonic structure of lincRNAs. *Nature Biotechnology* 28(5):503–510, 2010.

17. Zerbino D.R. and Birney E. Velvet: Algorithms for *de novo* short read assembly using de Bruijn graphs. *Genome Research* 18(5):821–829, 2008.

18. Grabherr M.G., Haas B.J., Yassour M., et al. Full-length transcriptome assembly from RNA-seq data without a reference genome. *Nature Biotechnology* 29(7):644–652, 2011.

19. Haas B.J., Papanicolaou A., Yassour M., et al. *De novo* transcript sequence reconstruction from RNA-seq using the Trinity platform for reference generation and analysis. *Nature Protocols* 8(8):1494–1512, 2013.

20. Steijger T., Abril J.F., Engström P.G., et al. Assessment of transcript reconstruction methods for RNA-seq. *Nature Methods* 10(12):1177–1184, 2013.

21. Francis W.R., Christianson L.M., Kiko R., Powers M.L., Shaner N.C., and Haddock S.H. A comparison across non-model animals suggests an optimal sequencing depth for *de novo* transcriptome assembly. *BMC Genomics* 14:167, 2013.

第6章 定量和基于注释的质量控制

6.1 引　言

一旦读段已被作图到一个参考基因组，它们的位置便可以与基因组注释匹配。这使我们能够通过计数每个基因、转录本和外显子的读段来对基因表达进行定量，也提供了进行质量控制的新的可能性。只能通过作图的读段测量的质量方面包括测序深度的饱和、不同的基因组特征类型之间的读段分布，以及沿转录本的覆盖均匀性。本章的前面一半介绍这些基于注释的质量度量方法，并介绍用于检查它们的一些软件。

后面一半讨论基因表达的定量，这是大多数 RNA-seq 研究的有机组成部分。原则上，计算作图的读段的数目提供了一种直接的方法来估计转录本丰度，但在实践中有若干复杂性需要加以考虑。真核基因通常通过可变剪接和启动子用法产生若干个转录本异构体。然而，在转录水平上定量对于短的读段是有意义的，因为转录本异构体往往有共同的或重叠的外显子。此外，由于可作图性（mappability）问题和在文库制备中引入的偏差，沿转录本的覆盖是不均匀的。由于这些复杂性，表达往往在基因水平或外显子水平上被估计。然而，基因水平计数对于经受异构体切换的那些基因的差异表达分析不是最优的，因为计数的数目取决于转录本长度。第 8 章在差异表达分析的上下文中将更详细地描述这个问题。

6.2 基于注释的质量度量

正如第 3 章中讨论的，用于产生 RNA-seq 数据的实验室规程尚不完善，但幸运的是很多读段质量问题，如低置信度碱基和核苷酸组成中的偏差，已经可以在原始的读段水平上被检测到。然而，只有当读段已被作图到一个参考基因组，并且它们的位置与注释相匹配时，才可以度量一些重要的质量方面。其包括以下内容：

- 测序深度的饱和。表达谱、剪接分析（splicing analysis）和转录本构建的可靠性取决于测序深度。因为测序是昂贵的，检查数据如何接近饱和是重要的，也就是说，利用额外的测序将发现新的基因和剪接点（splice junction）。理想情况下正确的深度当然应事先确定，但是这需要来自相同的物种和组织的一个数据集，因为饱和取决于转录组的复杂性。

• 不同基因组特征之间的读段分布。这可以在几个水平上做到。例如，读段可以在外显子、内含子及基因间区域被计数，而外显子读段可进一步在编码的、5′UTR 和 3′UTR 的外显子之间分布。如果高比例的读段作图到内含子或基因间区域，可能值得寻找新型的异构体和基因，但这可能也是污染的基因组 DNA 的迹象。作图到基因的读段可以被进一步分配到生物型，如蛋白质编码基因、假基因、核糖体 RNA（rRNA）、miRNA 等。rRNA 内容尤为重要，因为消除 rRNA 的实验室规程可能是不可靠的，并且样品之间不一致。如果你的读段的很大一部分被作图到 rRNA，你可以将其删除，例如，通过利用 Bowtie2 将它们作图到 rRNA 序列（如第 4 章中所述）并保留未比对的读段。

• 沿转录本的覆盖均匀性。不同的实验室规程可能引入不同的位置偏差。例如，包括一个 polyA 捕获步骤的规程可能导致读段主要来自转录本的 3′端。这种 3′偏差可能在样品之间有不同，所以估计它的程度是很重要的。

6.2.1　基于注释的质量控制工具

对于比对过的 RNA-seq 数据有若干质量控制工具可用，包括 RseQC[1]、RNA-SeQC[2]、Qualimap[3]，以及 Picard 的 CollectRNASeqMetrics 工具[4]。它们报告很多重叠的质量度量，但也有其各自的长处。所有这些工具都提供命令行接口，RNA-SeQC 和 Qualimap 还有它们自己的 GUI，而 RseQC 是在软件 Chipster 中使用的。注释信息通常在 BED[5]或 GTF[6]文件中给出，它们需要有命名为 BAM 文件的相同的染色体。

RNA-SeQC 是在 Java 中执行的，它以 GTF 格式提取注释。它还需要一个参考 FASTA 文件，以及一个索引（.fai）和一个序列字典文件（.dict）。RNA-SeQC 提供一个特别详细的覆盖率度量（metrics）报告，并且它还可以比较不同的样品。覆盖率度量报告包括平均覆盖率、转录本末端区域的覆盖率、3′端和 5′端的偏差，以及间隙（gap）的数目、累积长度和百分率。所有值对低、中、高表达的基因分别计算。还对三个水平的 GC 含量报告覆盖率。除了覆盖均匀性图，RNA-SeQC 也从 3′端沿距离（以碱基对为单位）对覆盖率作图。输出包括 HTML 报告和制表符分隔的文本文件。

Qualimap 是一个 Java 程序，它在内部使用 R 和某些 Bioconductor 软件包。它以 GTF/BED 格式提取注释，它还需要一个单独的生物型（biotype）文件。Qualimap 为饱和度及生物型分布提供很好的图。饱和度图显示在不同测序深度上检测到的特征的数目，它也方便地报告通过增加测序深度有多少新的特征被检测到，按百万算。生物型分布图显示读段在蛋白质编码基因、假基因、rRNA、miRNA 等之间是如何分布的，以及这些特征在基因组中覆盖多大的百分比。

RseQC 由几个 Python 程序组成，它以 BED 格式提取基因组注释。请注意，R 必须在路径上，因为它被内部使用，用于绘制结果。RseQC 具有在其他程序中找不到的几个不错的功能：①在计算不同的基因组特征之间的读段分布时，它还报告转录本的上游和下游的若干个箱（bin）；②重要的是，除了基因之外，它计算剪接点（splice junction）的饱和状态；③它将剪接点注释为已知的、新的、部分新的。

BED 文件有 3 个必备列和 9 个根据设置指定的可选列[6]。RseQC 需要完整的 12 列的 BED，因为每个基因的外显子信息包含在最后三个列中（blockCount、blockSizes 和 blockStarts）。你可以使用 UCSC 表格浏览器（UCSC Table Browser）[7]获得不同生物的 BED 文件。在 Group 菜单中，选择"Genes and gene predictions"（基因和基因预测）。Track 菜单允许你选择一个基因集，例如，RefSeq 基因或 Ensembl 基因。将 region（区域）设置为"genome"（基因组），输出格式设置为 BED。注意来自 UCSC 的 BED 文件中的染色体名称包含前缀"chr"，而用 Ensembl 基因组产生的比对则没有。你可以使用 Unix 命令 sed 轻松地删除 chr 前缀：

```
sed 's/^chr//' hg19_Ensembl_chr.bed > hg19_Ensembl.bed
```
下面的 RseQC 示例命令使用来自第 4 章的 TopHat2 配对的比对文件 accepted_hits.bam。

工具 read_distribution.py 计算读段对不同的基因组特征类型的分布。
```
python read_distribution.py -r hg19_Ensembl.bed
-i accepted_hits.bam
```
结果表格报告读段（不包括非主要命中）和标签（一个读段单独的拼接片段）的总数。总的已分配的标签表明多少标签可以被毫不含糊地分配到下面列出的 10 个不同的类别。

```
Total Reads          49743155
Total Tags           63012643
Total Assigned Tags  57529077
```
===

Group	Total_bases	Tag_count	Tags/Kb
CDS_Exons	36821030	34763281	944.11
5'UTR_Exons	34901580	2856644	81.85
3'UTR_Exons	54908278	9772738	177.98
Introns	1450606807	8468986	5.84
TSS_up_1kb	31234456	94103	3.01
TSS_up_5kb	139129272	161914	1.16
TSS_up_10kb	249300845	217980	0.87
TES_down_1kb	32868738	789703	24.03
TES_down_5kb	142432117	1368378	9.61
TES_down_10kb	251276738	1449448	5.77

===

工具 geneBody_coverage.py 生产一个覆盖图（图 6.1），使你可以检查沿转录本的覆盖是否均匀，或是否存在 3′端或 5′端偏差。参数 -o 允许你给结果文件名称添加一个前缀。

```
python geneBody_coverage.py -r hg19_Ensembl.bed
-i accepted_hits.bam -o file
```

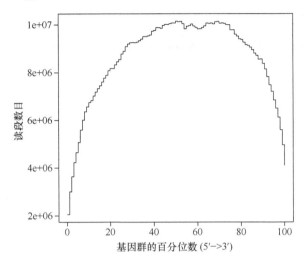

图 6.1　沿转录本的覆盖均匀性的 RseQC 图。所有转录本的长度被缩放到 100 个核苷酸。

在当前的测序深度上基因表达丰度估计的精确度是用工具 RPKM_saturation.py 计算的。它对读段的子集重新取样，对每个子集按 RPKM 单位（本章后面介绍）计算丰度，并检查它们是否稳定。这是对 4 个不同的表达水平类别分别进行的，如图 6.2 所示。

```
python RPKM_saturation.py -r hg19_Ensembl.bed
-i accepted_hits.bam -o file
```

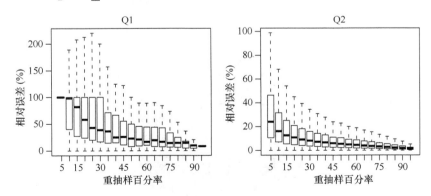

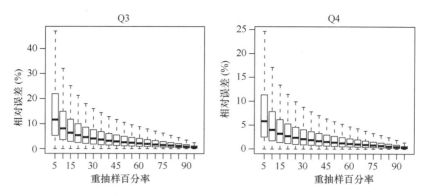

图 6.2　由 RseQC 产生的测序饱和图。读段的子集被重抽样，为每个子集计算 RPKM，并与来自总读段的 RPKM 相比较。这是对 4 个不同的表达水平类别分别进行的。

工具 junction_annotation.py 将剪接点划分为新的、部分新的（一个剪接位点是新的）、注释的（两个剪接位点都包含在参考基因模型中），并用饼图报告结果 [图 6.3 (a)]。

```
python junction_annotation.py -r hg19_Ensembl.bed
-i accepted_hits.bam -o file
```

可以用工具 junction_saturation.py 检查剪接点的测序饱和状态。它对读段的子集重新取样，在每个子集中检测剪接点，并将它们与参考注释进行比较。结果分别报告为新的和已知的剪接点，如图 6.3 (b) 所示。

```
python junction_saturation.py -r hg19_Ensembl.bed
-i accepted_hits.bam -o file
```

> **在 Chipster 中进行基于注释的质量控制**
> • 选择你的比对文件（BAM），一个包含注释的 BED 文件，以及工具 "Quality control/RNA-seq quality metrics with RseQC"（利用 RseQC 进行质量控制/RNA-seq 质量度量）。在参数面板中，请确保文件已被正确地指派。

(a) 剪接点

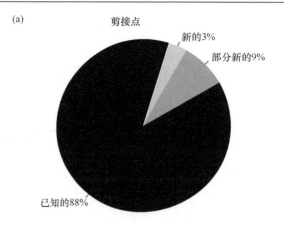

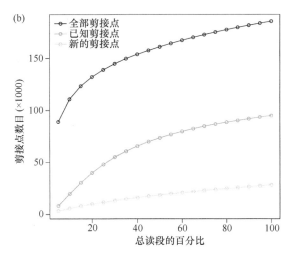

图 6.3　RseQC 软件将检测到的剪接点注释为新的、部分新的和已知的（a），并通过重抽样分析其饱和状态（b）。

6.3　基因表达的定量研究

当有注释的参考基因组可用时，可以基于位置信息按每个基因组特征对作图的读段进行计数。使用由从头（*ab initio*）组装程序 [如 Cufflinks[8]（在第 5 章中描述）] 产生的注释文件，可以定量新的基因和转录本。另外，特别是没有参考基因组可用时，读段可以被作图到转录组并计数。如果也没有参考转录组，你可以使用第 5 章中所述的 *de novo* 组装程序组装一个，然后将读段作图回这个转录组进行计数。

每个转录本生成的读段的数目取决于若干个因素。其中一些是显而易见的，如测序深度和转录本的长度（当在文库制备过程中被片段化时，较长的转录本产生更多的片段，因此产生更多的读段）。然而，一些影响读段数目的因素可能较难查明，如转录组组成、GC 偏差，以及由随机引物造成的序列特异性偏差。如果你想要比较不同基因或不同样本之间读段的计数，你需要考虑这些因素。许多归一化方法都可用，选择取决于你想要进行哪种类型的表达比较。定量软件通常按原始的计数或按 FPKM（fragments per kilobase per million mapped reads，每百万作图的读段每千碱基的片段）输出丰度。差异表达分析需要原始计数（详情见第 8 章），而 FPKM 可用于报告丰度。FPKM 的前身 RPKM（reads per kilobase per million mapped reads，每百万作图的读段每千碱基的读段）由 Mortazavi 等[9]引入，以便为文库大小和转录本长度对计数进行校正。它用计数除以转录本长度（以千碱基为单位）并除以读段的总数目。例如，如果一个 2 kb 的转录本有 1000 个读段，读段的总数目是 2500 万，那么 RPKM =（1000/2）/25 = 20。对于双端实验，FPKM 是等价的，其中片段被从两端测序，为每个片段提供两个读段。另一个称为 TPM（transcripts per million，每百万转录本）的方法考虑到样本中转录本长度的分布，因此应产生样本之间更加一致的丰度[10]。它除以"转录本长度归一化的"读段的总和，而不是除以读段总数。

6.3.1 计数每个基因的读段

估计表达的最简单方法是对每个基因的读段进行计数。有几个工具可用于该任务，如 HTSeq[11]、BEDTools[12] 及 Qualimap。此外有些 Bioconductor 包，如 Rsubread 和 GenomicRanges 也提供计数功能（在第 7 章有使用 GenomicRanges 的代码示例）。当组装转录本（如第 5 章所述）和分析差异表达（如第 8 章所述）时，除了转录本的估计以外，Cufflinks 包也提供基因表达水平估计。所有这些工具的输入基因组读段比对按 SAM/BAM 格式，基因组注释按 GFF/GTF 或 BED 格式。它们在如何处理多作图（multimapping）读段（由于同源性或序列重复被作图至若干个基因组位置的读段）方面有不同的方法：HTSeq 完全忽略这些多重读段（multiread），Qualimap 在不同的位置之间将计数均等地分摊，Cufflinks 有一个选项来按概率划分每个多重作图读段，基于其被作图到的基因的丰度。计数工具还提供不同的选项来处理与多个基因重叠的读段，或部分落在内含子区域的读段。图 6.4 说明了我们在例子中使用的由 HTSeq 提供的三种计数模式。所有工具都可使用命令行，而 Cufflinks、HTSeq 和 BEDTools 也可在 Chipster GUI 中使用。

6.3.1.1 HTSeq

Htseq-count 是用于 NGS 数据分析的 Python 脚本的 HTSeq 软件包的一部分，但它的使用不需要任何 Python 的知识。Htseq-count 需要 SAM/BAM 格式的比对读段和作为一个 GFF/GTF 文件的基因组注释。注意，为了使读段的作图位置与基因组特征匹配，比对文件和注释文件必须具有相同的染色体名称。Htseq-count 寻找与读段重叠的外显子，然后基于 GTF 文件中外显子的基因 ID 对外显子水平计数分组。这就要求一个特定基因的所有外显子具有相同的基因 ID。虽然 Ensembl GTF 文件遵循这一规则，但是 UCSC 表格浏览器中可用的 GTF 文件却是一个转录本 ID 重复作为一个基因 ID。这对于 Htseq-count 是有问题的，因为它不能猜出哪些转录本属于相同的基因，因此它将单独计数读段。Ensembl GTF 可以通过选择生物体和选项"GTF"，在 http://www.ensembl.org/info/data/ftp/index.html 上得到。在下面的例子中，我们使用来自第 4 章的 TopHat2 配对比对文件，所以我们要下载人类 GTF：

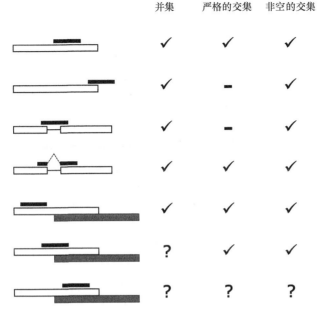

图 6.4　HTSeq 提供三种模式对每个基因组特征的读段进行计数。黑条表示一个读段，白框表示读段作图到的一个基因，灰色框表示与白框部分重叠的另一个基因。勾号表示读段是为白色基因计数的，问号表示因为含糊不清而没有计数。严格的交集（Intersection_strict）模式不对读段计数，如果其与内含子或基因间区域重叠［这里用短线表示"没有特征（no_feature）"］。默认设置是并集（union）模式。

```
wget ftp://ftp.ensembl.org/pub/release74/gtf
/homo_sapiens/Homo_sapiens.GRCh37.74.gtf.gz
```
解压缩文件：
```
gunzip Homo_sapiens.GRCh37.74.gtf.gz
```
　　默认情况下 Htseq-count 期望双端数据被按读段名称进行排序，以便双端读段在文件中彼此相连。比对也可以按基因组的位置进行排序（使用选项 -order=pos），但这要求更大的内存。下面的命令按读段名称对 BAM 排序，并产生一个文件 hits_namesorted.bam：
```
samtools sort -n accepted_hits.bam hits_namesorted
```
Htseq-count 命令看起来像这样（确保文件 htseq-qa 位于路径上）：
```
htseq-count -f bam --stranded = no hits_namesorted.bam
Homo_sapiens.GRCh37.74.gtf > counts.txt
```
　　在这里-f bam 表明输入的格式是 BAM。默认的行为是对与 GTF 文件中的外显子位置相匹配的读段进行计数（--type=exon），并将属于同一基因的外显子的计数合并（--idattr=gene_id）。Htseq-count 假定数据是利用链专化的规程产生的，并且只有当读段被作图到与基因相同的链上时才对它们进行计数。因为示例数据不是链专化的,我们必须添加--stranded=no,以便当读段被作图到对面的链上时也可以对其计数。默认的计数模式是并集(union),但你可以利用--mode选项来改变,还可以设置要被计数的读段的最低作图质量(如-a 30),默认值是10。

输出 counts.txt 是每个基因的计数的一个表格。在文件的末尾有 5 行,列出因为下列原因而没有对任何基因计数的读段的数目:

a. 基于 BAM 文件中的 NH 标签,它们比对到参考基因组中的多个位置(alignment_not_unique);

b. 它们完全没有比对(not_aligned);

c. 其比对质量低于用户指定的阈值(too_low_aQual);

d. 其比对与多个基因重叠(ambiguous);

e. 其比对与任何基因都不重叠(no_feature)。

```
...
ENSG00000273490 0
ENSG00000273491 0
ENSG00000273492 0
ENSG00000273493 0
_no_feature 6125428
_ambiguous 1808462
_too_low_aQual 0
_not_aligned 0
_alignment_not_unique 2947054
```

你可以使用 Unix 命令 join 把来自不同样品的计数文件合并到一个表格:

```
join counts1.txt counts2.txt > count_table.txt
```

最后,你可能希望在对差异表达进行统计检验之前删除最后 5 行。以下的 Unix 命令 head 保留最后 5 行以外的所有行(-n -5):

```
head -n -5 count_table.txt > genecounts.txt
```

在 Chipster 中计数每个基因的读段

• 选择你的比对文件(BAM)和工具 "RNA-seq/Count aligned reads per genes with HTSeq"。在参数中,选择生物体并指出你的数据是否是用链专化的规程产生的。你也可以选择在计数文件中包含基因的染色体坐标(这有助于后面在基因组浏览器中可视化差异表达分析结果)。单击 "Run"。

• 请注意,如果你的样品的生物体在 Chipster 中不可用,你可以使用工具 "RNA-seq/Count aligned reads per genes with HTSeq using own GTF"。将 GTF 文件导入到 Chipster,选择将它与 BAM 文件一起作为输入。在参数窗口中,请确保文件已被正确地指派。

- 选择所有样本的计数文件并使用工具"Utilities/Define NGS experiment"将它们合并到一个计数表。在参数中，指出包含计数的列，以及你的数据是否包含染色体的坐标。

6.3.2　计数每个转录本的读段

由于以下事实，在转录水平计数读段变得复杂：转录本异构体通常有重叠的部分。为了将模糊作图的读段指派到不同的异构体，使用了一种期望-最大化（EM）方法。这种方法在两个步骤之间交替：一个期望步骤，其中读段被按概率分派到转录本，这是根据这些转录本的丰度（最初假定这是相等的）；一个最大化步骤，其中丰度被基于分配概率更新。用这种方法估计多异构体基因中的转录本丰度的程序包括 Cufflinks 和 eXpress[13]。Cufflinks 使用一种批处理的 EM 算法，而 eXpress 使用在线的 EM 算法，因此更快速，内存使用效率更高。

Cufflinks 使用基因组比对作为输入，而 eXpress 使用与转录组的比对，因此也适合于还没有参考基因组的物种。如果参考转录组也不可用，你可以利用一个 *de novo* 组装程序（如 Trinity 或 Oases）创建它，如第 5 章中所述。当转录本注释改变时，由 eXpress 产生的丰度估计值可以使用 ReXpress 工具有效地更新[14]。对于新测序的生物，其转录本注释经常变化，避免耗时的重新分析整个数据集是尤为重要的。

Cufflinks 和 eXpress 可以解决读段跨基因家族的多重作图问题，从数据学习片段长度的分布，并矫正靠近片段末端的序列特异性偏差，这种偏差是由文库制备中使用的引物所导致的。此外，eXpress 还包括一个模型，用于测序错误，包括插入缺失，它可以估计等位基因特异的表达。除了命令行，Cufflinks 和 eXpress 也可以在 Chipster GUI 中使用。

6.3.2.1　Cufflinks

Cufflinks 按 BAM 格式提取基因组比对，注释在 GTF 文件中。GTF 文件是可选的，因为 Cufflinks 可以合并异构体丰度估计和组装。建议使用片段偏差矫正。当它启用时，Cufflinks 从数据学习序列为什么被选择，并用一个新的似然函数重新估计丰度，这个似然函数考虑了序列特异性偏差（Cufflinks 使用原始的丰度信息，以便区别对待由于高表达而不是由于偏差而变得常见的序列）。

示例 Cufflinks 命令将 TopHat2 产生的双端基因组比对作为输入。它估计已知的转录本的表达，不组装新的转录本（-G）。它对片段偏差进行矫正（-b GRCh37.74.fa），对作图到多个位置的读段加权（-u）。使用 8 个处理器来加快进程（-p 8）。请注意，SAMtools 需要在路径上，因为 Cufflinks 在内部使用它。

```
cufflinks -G Homo_sapiens.GRCh37.74.gtf -b GRCh37.74.
fa -u -p 8 accepted_hits.bam -o outputFolder
```

输出包括转录本和基因水平的 FPKM 跟踪文件，它包含 FPKM 值及其置信区间。当使用 Cuffdiff 对一套样品的差异表达进行检验时也产生 FPKM 跟踪文件，如第 8 章中所述。

6.3.2.2 eXpress

eXpress 用多 FASTA（multi-FASTA）格式作为输入的转录本序列，并使用这套转录本得到的读段比对。比对可以在一个 BAM 文件中，或者它们可以直接从比对程序（如 Bowtie2）导入到 eXpress（不需要拼接的比对程序，因为读段被作图到转录组而不是基因组）。重要的是允许尽可能多的多重作图。你还可以允许很多不匹配，因为 eXpress 构建了一个误差模型来按概率分配读段。包含双端数据的 BAM/SAM 文件需要按读段名称进行排序，如前面的 HTSeq 一节中所述。

在以下示例中，我们从 RefSeq 数据库[15]下载转录序列，为这个数据集创建一个 Bowtie2 索引，用 Bowtie2 比对读段，使用 eXpress 计算转录本丰度。

从 RefSeq 下载转录本：

```
wget ftp://ftp.ncbi.nlm.nih.gov/refseq/H_sapiens/
mRNA_Prot/human.rna.fna.gz
```

解压缩该文件：

```
gunzip human.rna.fna.gz
```

给它重命名，以便你记得使用的 RefSeq 版本：

```
mv human.rna.fna refseq63.fasta
```

为转录本创建 Bowtie2 索引，如第 4 章中所述。off-rate 参数控制参考索引中多少行被标记。默认值为 5，这意味着每个第 32 行（$= 2^5$）被标记。我们将它更改为 1，这样每个第二行被标记，以便使比对过程中参考位置的查找速度更快。这是必需的，因为在比对过程中我们想要允许很多多重作图，这会使 Bowtie2 很慢。

```
bowtie2-build -offrate=1 -f refseq63.fasta refseq63
```

以下命令将读段比对到转录本，使用 eXpress 作者推荐的 Bowtie2 参数设置（http://bio.math.berkeley.edu/ReXpress/rexpress_manual.html）。我们使用-k 选项来使 Bowtie2 每个读段报告 1000 个比对，而不是只报告一个。理想情况下，我们想要所有的比对（-a），但这会更慢，因为 Bowtie2 不是为这种用途设计的。来自 Bowtie2 的 SAM 输出被通过管道输送到 SAMtools，转换为 BAM，以便节省空间（由 Bowtie2 生成的 SAM 文件被自动按名称排序，所以在这里我们省略了排序的步骤）。

```
bowtie2 -q -k 1000 -p 8 --phred64 --no-discordant
--no-mixed --rdg 6, 5 --rfg 6,5 --score-min L,-.6,-.4
-x refseq63 -1 reads1.fq.gz -2 reads2.fq.gz | samtools
view -Sb - > transcriptome_aligned.bam
```

搜索被限制在一致的成对比对（--no-discordant -no-mixed），通过在其默认值中增加读段和参考间隙（gap）的罚分（--rdg 6,5 --rfg 6,5）及最低的接受比对得分（--score-min L,-.6,-.4），使搜索更加严格。整体比对率为 69.17%，如输出结果的屏幕汇总所示：

```
 34232081 reads;of these:
  34232081(100.00%)were paired;of these:
    10553741(30.83%)aligned concordantly 0 times
    4166418(12.17%)aligned concordantly exactly 1 time
    19511922(57.00%)aligned concordantly >1 times
69.17% overall alignment rate
```

利用 eXpress 计算转录本丰度，使用偏差校正和误差校正：

```
express refseq63.fasta transcriptome_aligned.bam -o
outputFolder
```

或者，你可以直接通过管道将 Bowtie2 输出输送到 eXpress，以避免大的中间 BAM 文件：

```
bowtie2 -k 1000 -p 8 --phred64 --no-discordant --no-mixed
--rdg 6,5 --rfg 6,5 --score-min L,-.6,-.4 -x refseq63 -1
reads_1.fq.gz -2 reads_2.fq.gz | express refseq63.fasta
-o outputFolder
```

结果文件 results.xprs 包含丰度估计。转录本按一个包（bundle_id）进行排序，包（bundle）定义为共享多重作图读段的一组转录本。该文件具有若干个列，最重要的列是估计的计数（est_counts）、有效计数（eff_counts）、FPKM 和 TPM。有效计数对片段和长度的偏差进行调整，eXpress 的作者推荐，使用基于计数的差异表达分析工具（如 edgeR）时进行四舍五入。以下的 awk 命令提取转录本标识符（transcript identifier）和有效计数列：

```
awk '{print$2"\t"$8}'results.xprs > eff_counts.txt
```

结果文件的开头看起来像这样：

```
target_id                        eff_counts
gi|530366287|ref|XM_005273173.1| 0.000000
gi|223555918|ref|NM_152415.2|    463.539280
gi|530387564|ref|XM_005273400.1| 0.481096
gi|530387566|ref|XM_005273401.1| 25.786556
gi|223555920|ref|NM_001145152.1| 9.204109
gi|225543473|ref|NM_004686.4|    28.171057
```

你可以使用以下 awk 命令只保留 RefSeq 标识符并修剪小数，其中选项-F 指定字段分隔符（在这里为|）。第一行按原样复制（NR==1{print; next}）。对于接下来的行，只有第四和第五个字段将被保留，第五个字段中的数字被四舍五入。

```
awk -F'|''NR==1 {print;next}
{print$4"\t"int ($5 + 0.5)}'eff_counts.txt > eff_counts_
rounded.txt
```

结果文件的开头看起来像这样：

```
target_id          eff_counts
XM_005273173.1        0
NM_152415.2          464
XM_005273400.1        0
XM_005273401.1        26
NM_001145152.1        9
NM_004686.4          28
```

你可以使用下面的命令检查有多少转录本具有四舍五入了的有效计数。它使用 awk 来收集第二列中的值不等于零的行，结果用管道输送到 Unix 命令 wc-1，它计数有多少行。

```
awk '$2!=0{print}'eff_counts_rounded.txt | wc -1
```

据此，52 259 个转录本（在 91 950 个测量过的转录本中）具有有效的计数。你需要按标识符列对数据进行排序，以便后来将来自不同样品的计数文件合并到一个计数表中。以下命令提取标题行，并将排序后的数据追加到其中：

```
head -n 1 eff_counts_rounded.txt > eff_counts_rounded_
sorted.txt
tail -n +2 eff_counts_rounded.txt | sort -k 1,1 >>
eff_counts_rounded_sorted.txt
```

在 Chipster 中对每个转录本计数读段

你可以使用工具"RNA-seq/Assemble reads to transcripts with Cufflinks"，如第 5 章中所述。你还可以使用 eXpress：

• 选择 FASTQ 文件，包含转录本序列的 multi-FASTA 文件，以及工具"RNA-seq / Count reads per transcripts using eXpress"。在参数窗口中，请确保文件已正确指派。

• 选择所有样本的计数文件，并使用工具"Utilities/Define NGS experiment"将它们合并到一个计数表。在参数中，选择包含计数的列，并指出你的数据不包含染色体的坐标。

6.3.3　计数每个外显子的读段

使用 Bioconductor 包 DEXSeq 可以在外显子水平上研究差异表达[16]，如第 9 章中所述，为此我们需要对每个外显子的读段进行计数。转录本异构体倾向于具有一些共同的外显子，所以一个外显子可能在 GTF 文件中出现多次。外显子也可能彼此重叠，如果它们的开始/结束坐标不同。出于计数的目的，我们需要构建一组不重叠的外显子区域。DEXSeq 包含一个用于这项任务的 Python 脚本 dexseq_prepare_annotation.py。它把 GTF 文件"扁平化"成一个外显子计数箱（bin）的列表，它对应于一个外显子或一个外显子的一部分（在重叠的情况下）。如同上面在 HTSeq 的上下文中讨论的，重要的是使用一个 GTF 文件，其中，一个基因的所有外显子具有相同的基因 ID。推荐用 Ensembl GTF 文件，因为它们遵循上述规则。下面的示例使用来自第 4 章的 TopHat2 配对的比对文件。

下载人类的 Ensembl GTF 文件，如上面 HTSeq 一节所示，然后使用下面的命令将其"扁平化"：

```
python dexseq_prepare_annotation.py Homo_sapiens.
GRCh37.74.gtf GRCh37.74_DEX.gtf
```

包含在 DEXSeq 程序包中的 Python 脚本 dexseq_count.py 被用于计数每个不重叠的外显子部分的读段。它需要"扁平化"的 GTF 文件和 SAM 格式的比对的读段作为输入。也可以使用 BAM，但为使其能够工作，你必须安装 Python 包 Pysam[17]。下面的命令表明我们的数据是双端的（-p yes），并按读段名称排序（-r name）。该脚本也接受按染色体坐标排序的数据（-r pos）。我们需要表明我们的数据不是链专化的（-s no），因为此脚本假定数据是用链专化的规程产生的。也可以为要被计数的读段设置一个作图质量阈值（如-a 30），默认值是 10。

```
python dexseq_count.py -p yes -s no -r name GRCh37.74_
DEX.gtf hits_namesorted.sam exon_counts.txt
```

计数文件列出每个外显子计数箱的读段数目。Bin 标识符由基因标识符后跟一个外显子箱号组成。一些箱标识符有两个基因标识符，用一个加号隔开，如下所示。这意味着这两个基因在相同的链上，其外显子重叠。

```
ENSG00000001036:001     210
ENSG00000001036:002     12
ENSG00000001036:003     6
ENSG00000001036:004     135
ENSG00000001036:005     82
ENSG00000001036:006     205
ENSG00000001036:007     138
ENSG00000001036:008     2
ENSG00000001036:009     21
```

```
ENSG00000001036:010        76
ENSG00000001036:011        25
ENSG00000001084 + ENSG00000231683:001    57
ENSG00000001084 + ENSG00000231683:002    57
ENSG00000001084 + ENSG00000231683:003    50
ENSG00000001084 + ENSG00000231683:004    34
```

该文件的最后 4 行列出了出于以下原因没有被计数的读段的数目：

a. 它们完全没有被比对(`__notaligned`)

b. 比对质量低于用户指定的阈值(`__lowaqual`)

c. 比对与多个外显子计数箱重叠(`__ambiguous`)

d. 比对不与任何外显子计数箱重叠(`__empty`)

你可以删除这些行，如上面 HTSeq 一节中所述(`head -n -4`)。最后，你可以使用 Unix 命令 join 将来自不同样本的计数合并到一个计数表，如 HTSeq 一节所示，虽然它对于 DEXseq 不是必要的。

在 Chipster 中计数每个外显子的读段

• 选择你的比对文件（BAM）和工具 "RNA-seq/Count aligned reads per exons for DEXSeq"。在参数中，选择生物体，并表明你的数据是否是用一个双端或链专化的规程产生的。单击 "Run"。

• 选择所有样本的计数文件，使用工具 "Utilities/Define NGS experiment" 将它们合并到一个计数表。在参数中，选择包含计数的列，指出你的数据不包含染色体的坐标。

6.4 小　　结

将比对的读段的基因组位置与参考注释匹配，允许你调查重要的质量方面，如测序深度的饱和度，沿转录本的覆盖均匀性，以及不同的基因组特征类型之间的读段分布。若干个工具可用于基于注释的质量控制，它们都有其独特的优势。

当读段已被作图到一个参考时，我们也可以通过计数每个基因、转录本和外显子的读段，来对基因表达进行定量。定量和差异表达分析本质上是相互联系的，最佳做法仍在讨论中。可以用 HTSeq 这样的工具对每个基因的读段计数，但对于那些经历异构体切换的基因的差异表达分析来说，基因水平的计数不是最优的（因为较长的转录本给出更多的计数）。转录水平上对表达进行定量的主要挑战是如何将模糊作图的读段分配给不同的异构体。Cufflinks 和 eXpress 应用 EM 方法来执行此任务。Cufflinks 需要一个参考基因组，而 eXpress 使用转录组比对，因此可用于还没有参考基因组的生物体。在异构体水平上对表达进行定量也具有挑战性，因为转录本覆盖通常是不均匀的，这是由于可作图性问题和文库制备及测序中引入的偏差。出于报告丰度的目的，计数可以对文库大小和转录本长度归一化，使用像 FPKM 和 TPM 这样的单位。差异表达分析通常使用原始计数，并应用一种内部的归一化方法以便说明在转录组组成方面的差异。

参 考 文 献

1. Wang L., Wang S., and Li W. RSeQC: Quality control of RNA-seq experiments. *Bioinformatics* **28**(16):2184–2185, 2012.
2. DeLuca D.S., Levin J.Z., Sivachenko A. et al. RNA-SeQC: RNA-seq metrics for quality control and process optimization. *Bioinformatics* **28**(11):1530–1532, 2012.
3. Garcia-Alcalde F., Okonechnikov K., Carbonell J. et al. Qualimap: Evaluating next-generation sequencing alignment data. *Bioinformatics* **28**(20):2678–2679, 2012.
4. *Picard*. Available from: http://picard.sourceforge.net/.
5. *GFF/GTF file format description*. Available from: http://genome.ucsc.edu/FAQ/FAQformat.html#format3.
6. *BED file format description*. Available from: http://genome.ucsc.edu/FAQ/FAQformat.html#format1.
7. *UCSC Table Browser*. Available from: http://genome.ucsc.edu/cgi-bin/hgTables.
8. Trapnell C., Williams B.A., Pertea G. et al. Transcript assembly and quantification by RNA-seq reveals unannotated transcripts and isoform switching during cell differentiation. *Nat Biotechnol* **28**(5):511–515, 2010.
9. Mortazavi A., Williams B.A., McCue K., Schaeffer L., and Wold B. Mapping and quantifying mammalian transcriptomes by RNA-seq. *Nat Methods* **5**(7):621–628, 2008.
10. Wagner G.P., Kin K., and Lynch V.J. Measurement of mRNA abundance using RNA-seq data: RPKM measure is inconsistent among samples. *Theory Biosci* **131**(4):281–285, 2012.
11. Anders S., Pyl P.T., and Huber, W. HTSeq – A Python framework to work with high-throughput sequencing data. bioRxiv doi: 10.1101/002824, 2014.
12. Quinlan A.R. and Hall I.M. BEDTools: A flexible suite of utilities for comparing genomic features. *Bioinformatics* **26**(6):841–842, 2010.
13. Roberts A. and Pachter L. Streaming fragment assignment for real-time analysis of sequencing experiments. *Nat Methods* **10**(1):71–73, 2013.
14. Roberts A., Schaeffer L., and Pachter L. Updating RNA-seq analyses after re-annotation. *Bioinformatics* **29**(13):1631–1637, 2013.
15. Pruitt K.D., Tatusova T., Brown G.R., and Maglott D.R. NCBI Reference Sequences (RefSeq): Current status, new features and genome annotation policy. *Nucleic Acids Res* **40**(Database issue):D130–D135, 2012.
16. Anders S., Reyes A., and Huber W. Detecting differential usage of exons from RNA-seq data. *Genome Res* **22**(10):2008–2017, 2012.
17. *Pysam*. Available from: https://code.google.com/p/pysam/.

第 7 章　R 和 Bioconductor 中的 RNA-seq 分析框架

7.1　引　　言

R（R 核心团队[1]；http://www.r-project.org）是用于统计编程的开源软件，是一种分析环境，以及由用户和软件开发人员构成的一个社区。R 软件由一个核心和数以千计的为扩展核心功能设计的可选的扩展包组成。R 核心由 R 核心开发团队开发，但大多数扩展包由第三方开发者贡献，如来自世界各地各个大学的研究人员。Bioconductor[2]（http://www.bioconductor.org）是一个大型的软件开发项目，提供用于基因组和高通量数据分析的工具。Bioconductor 项目中开发的软件是作为 R 扩展包发布的。

R 是专门用于统计学、数据挖掘及生物信息学的编程语言。它不同于许多其他编程语言，因为它特别强调统计功能。还有其他一些语言，如 Python，也提供全面的计算和统计功能，但 R 在社区中有着特殊作用，因为它先于其他语言看到许多最前沿的发展。在统计领域，R 可以在某种程度上与如 SAS 和 Stata 等进行比较，两者都包含用来进行分析的编程或脚本语言。对于基本的统计或生物信息学工作，不需要 R 语言的所有编程的细微知识，人们仅仅通过了解最常用的函数就可以成功地进行分析（在某种程度上）。然而，更深入地钻研该语言将有助于更难的分析或有助于各种不同的数据处理步骤，这有时会变得相当复杂。

这一章概述 R 和 Bioconductor 用于高通量测序分析的功能。如果你需要熟悉 R 功能，可以考虑学习 http://cran.r-project.org/manuals.html 上的手册。同一手册还包含 R 安装。除了这些基本的指南以外，还有大量的入门书；其中优秀的书有由 Kabacoff 编著、Manning 出版的 *R in action*，由 Rizzo 编著、CRC 出版的 *Statistical computing with R*，以及由 Adler 编著、O'Reilly 出版的 *R in a nutshell*，其内容非常广泛。

7.1.1　安装 R 和扩展包

R 可以从 R 综合档案网络（comprehensive R archive network，CRAN；http://cran.at.r-project.org/）或其在世界各地的任何镜像安装。在 R 项目的主页上可以找到 CRAN 镜像的链接，在 "Download, Packages" 标题下，你需要从 CRAN 镜像服务器之一下载并安装 R base。在奥地利的 CRAN 主镜像上的 "base R for

Windows"下载页面的直接链接是 http://cran.at.r-project.org/bin/windows/base/。下载安装程序，运行它，然后按照安装程序的指示进行安装。如果你所在的机构不允许你在你自己的工作站上安装该软件，请咨询本地的 IT 支持，引导他们访问上面提到的网页。

一旦你安装了 base R，你通常可以直接从 R 上安装扩展包。了解你所需要的软件包是需要研究的部分。可以在 http://cran.at.r-project.org/web/packages/available_packages _ by_name.html 上找到 CRAN 包的一个可浏览的列表，该列表包含每个软件包功能的简短说明。此外，还有相当全面的基于任务分组的软件包，称为任务视图（task views），在 http://cran.at.r-project.org/web/views/上。在 http://www.bioconductor.org/packages/release/BiocViews.html 上有对 Bioconductor 包的描述。

一旦确定了你需要的软件包，就可以安装它们，如下所示：

1. 对于 CRAN 包，你可以转到 R 程序中的包（Packages）菜单并选择"安装包……"［Install Package(s)…］功能。你需要选择你想要从其中安装的 CRAN 镜像，以及你想要安装的程序包。在那之后 R 将自动下载软件包，并进行安装。

2. Bioconductor 软件包的安装与 CRAN 包相似，但建议首先从 Bioconductor 站点加载帮助函数 biocLite()。只需要在 R 命令行上键入 source ("http://www.bioconductor.org/biocLite.R")并按回车键来执行命令。一旦帮助函数已加载，你就可以通过给出命令 biocLite()安装 Bioconductor。个别的软件包可以通过将它们作为帮助函数的参数给出来安装。例如，用于基因组可视化的 Gviz 软件包可以利用命令 biocLite("Gviz")来安装。

有时不能直接安装扩展包，因为网络防火墙阻止了到 CRAN 镜像的链接。在 Windows 机器上这种情况经常可以通过给出命令 setInternet2()来纠正，它允许 R 利用 Internet Explorer（互联网资源管理器）的功能，如代理的设置。

7.1.2　使用 R

R 是一个命令行工具。Windows 和 Mac OS X 提供一个简单的 GUI 到 R，但是在 Linux（和 UNIX）机器上命令行是唯一的用户界面。有一些 R 的图形用户界面，如 RCommander，以及许多开发环境和代码编辑器，如 R Studio 和 TinnR。甚至还有 R 的图形化编程环境，如 Alteryx 所提供的。然而，只有从命令行使用 R 时对所有功能的访问才是最全面的。

R 编辑器中的每个新行以提示开头，这是一个简单的字符">"。命令和函数被写入到提示后面，然后从键盘按回车键执行。成功使用 R 的关键当然是要知道在提示下输入什么。本书中此后各章的目的是介绍如何可以在 R 中执行某些类型的分析。然而，这不是一本关于 R 的基础书，读者至少需要预先具有一些 R 的知识来成功地应用书中提出的想法。

当你看到本书中的代码行时，可以一次运行一行，观察当你执行该行时会发生什么。此外，对于你事先不知道的新函数，查阅帮助是一个好的习惯。可以通过 help()的?函数调用函数的帮助页。例如，函数 lm()的帮助页可以通过给出命令?lm 来调用。

7.2　Bioconductor 包概述

Bioconductor 项目所产生的扩展包可以大致分为软件包、注释包和试验包。软件包包含分析功能，注释包包含各种类型的注释，试验包包含经常作为扩展包的例子使用的数据集。让我们稍微详细地介绍一下这些类别的扩展包。

7.2.1　软件包

总地来说，Bioconductor 软件包包含用于导入、操纵（预处理和质量控制）、分析、绘图，以及报告来自高通量实验的结果的功能。

对于 RNA-seq 实验，最重要的包是：①Short Read 和 Rsamtools，用于读取和写入序列文件；②IRanges、GenomicRanges 和 Biostrings，用于数据操作；③edgeR、DESeq 和 DEXSeq，用于统计分析；④rtracklayer、BSgenome 和 biomaRt，用于注释结果。

7.2.2　注释包

Bioconductor 项目产生许多生物体的基本注释包。这些注释包可以分为基因组序列（BSgenome.包）、全基因组注释（org.包）、转录本（TxDB.包）、同源性（hom.包）、microRNA 靶（RmiR.和 targetscan.包）、功能注释（DO、GO、KEGG、reactome）包、变异体（SNPlocs.包）和变异体功能预测（SIFT.和 PolyPhen.包）。这些软件包通常提供来自美国的注释，如 Genbank 和 UCSC，而访问号（accession number）（如基因的访问号）取自 Entrez Gene。然而，这些包提供将 Entrez Gene ID 进行转换的功能。例如，将其转换为 Ensembl ID，这通常是通过生物体专化的 org 包。

除了现成的注释包，可以直接从在线来源查询注释。Bioconductor 包 biomaRt 允许用户访问整个 BioMart 基因组数据仓库。同样，rtracklayeR 包允许人们查询 UCSC 基因组浏览器的注释轨道（track）。此外，包 arrayexpress 和 GEOquery 将 R 与 ArrayExpress 和 GEO 数据库连接。

7.2.3　试验包

试验包包含打包好的、免费提供的数据集。在本书中，来自以相同方式命名的包的甲状旁腺（parathyroid）数据集被用于演示使用 DESeq 和 DEXSeq 包进行的统计分析。

7.3　Bioconductor 包的描述性特征

Bioconductor 包广泛采用面向对象的编程（OOP）范式。在 R 中，OOP 通过在 S3 和 S4 对象类上工作的方法被合理化。S3 只模拟 OOP 的某些方面，但 S4 是一个正式的 OOP 系统，所谓 S 语言的第四版本，其中 R 是开源执行的。每个类扩展一个或多个类，与 Java 类比较，S4 类没有方法。通常情况下，有一个泛型函数（generic function），它对于一组特定的函数选择一个专化的函数。专化的函数也称为方法。在 R 中实现的 OOP 系统由 Chambers 进行了描述[3,4]。

7.3.1　R 中的 OOP 特征

在 base R 中有函数的地方，常常在 OOP 就有一个方法。同样，当在 base R 中使用一个表（矩阵或数据框）或列表时，在 OOP 中就会使用一个 S3/S4 对象。对象的 S3 和 S4 类包含存储不同类型数据的槽（slot）。可以使用$操作符访问数据框的单个列，但对于对象的 S3/S4 类，使用@运算符访问个别的槽。最好是使用一个存取器（accessor）函数，而不是@运算符来从 S4 对象中提取一个槽，因为使用存取器函数是与类表示（representation）独立的。如果槽的名称发生了变化，@运算符将停止工作，但存取器函数（如果由包开发者正确地更新）将继续正常工作。

为了使这一点更加具体，让我们把单个基因表示为一个序列范围（range）对象。我们可以使用 GenomicRanges 包来做这个工作。使用 Granges()函数创建一个新的序列范围对象。下面的代码创建 *XRCC1* 基因的表示形式，该基因位于 19 号染色体的前导链上，在 44047464 和 44047499 之间：

```
library(GenomicRanges)
read<-GRanges(seqnames=c("19"),
              ranges=Iranges(start=c(44047464),
              end=c(44047499)),strand=c("+"),
              seqlenghts=c("19"=591289983))
names(read)<-c("XRCC1")
```

如果用函数 str() 检查对象读取的内容，输出应如下所示。你能从输出中找到你为基因 *XRCC1* 输入的信息吗？

```
Str(read)
Formal class:'GRanges ' [package "GenomicRanges"] with 6
slots
  .. @ seqnames:Formal class 'Rle'[package "IRanges"]
  with 4 slots
  ......@ values       :Factor w/1 level "19":1
  ......@ lengths        :int 1
  ......@ elementMetadata:NULL
  ......@ metadata      :list()
  ..@ ranges:Formal class 'IRanges' [package
  "IRanges"]with 6 slots
  ......@ start          :int 44047464
  ......@ width          :int 36
  ......@ NAMES        :chr "XRCC1"
  ......@ elementType  :chr "integer"
  ......@ elementMetadata:NULL
  ......@ metadata       :list ()
  ..@ strand: Formal class 'Rle' [package "IRanges"]
  with 4 slots
  ......@ values       :Factor w/3 levels " + ",
  "-", "*":1
  ......@ lengths        :int 1
  ......@ elementMetadata:NULL
  ......@ metadata       :list()
  ..@ elementMetadata:Formal class 'DataFrame'
  [package "IRanges"] with 6 slots
  ......@ rownames     :NULL
  ......@ nrows       :int 1
  ......@ listData     :List of 1
  .........$ seqlenghts: Named num 59128983
  ..........- attr(*,"names")= chr "19"
  ......@ elementType  :chr "ANY"
  ......@ elementMetadata:NULL
  ......@ metadata       :list()
  .. @ seqinfo:Formal class 'Seqinfo' [package
  "GenomicRanges"] with 4 slots
  ......@ seqnames    :chr "19"
```

```
......@ seqlengths    :int NA
......@ is_circular   :logi NA
......@ genome        :chr NA
.. @ metadata         :list()
```

所有对象的槽前面都加上@符号，并可以使用相同的运算符对其进行访问。例如，可以用以下命令提取 NAMES 槽：

```
read@ranges@NAMES
[1]"XRCC1"
```

然而，也有用于对象的最重要槽的存取器函数。例如，也可以使用函数 names() 访问序列名称：

```
names(read)
[1]"XRCC1"
```

有时 S3/S4 对象可以被直接强制转换为其他对象类型，但这不是总有可能的。例如，为了编写一个 GRanges 对象作为光盘上的一个表，它可以首先被转换成一个数据框：

```
read.df <-as.data.frame(read)
read.df
       seqnames   start  end width strand seqlenghts
XRCC1 19 44047464 44047499   36   +   59128983
```

然后，可以通过 write.table() 的通常路线完成将数据框写入光盘的工作。可以使用美元运算符访问数据框的单个列。例如，利用下面的命令可以将存储在 read.df 数据框中的单个读段的宽度输出到屏幕：

```
read.df$width
[1]36
```

同样，可以用函数访问存储在行上的序列名称：

```
rownames():
rownames(read.df)
[1]"XRCC1"
```

7.4　在 R 中表示基因和转录本

在 R 中基因和转录本通常表示为序列范围（如 Granges 对象），因为它们有一些很好的计算特性，它们占用空间小，而且可以用快速算法处理。主要的工作包是 IRanges 和 GenomicRanges，它们建立在 IRanges 包上。

Rsamtools 是一个包，它使我们可以在 R 中使用 samtools 的功能。例如，它可以用于将 BAM 文件读取到 R。BAM 文件被转换为 Granges 类的对象，它包含来自 BAM 文件的所有读段。为了将单个 BAM 文件读取到 R，可以使用函数

ReadGappedAlignments()，例如：

```
library（Rsamtools）

h1b <-readBamGappedAlignments（"hESC1_chr18.bam"）
```

对象 h1b 包含来自一个 BAM 文件的比对的序列。每个读段的关键信息是染色体、链及作图的读段在基因组中的碱基对位置。仅仅通过在提示后面键入对象的名称就可以在屏幕上输出来自 R 对象 h1b 的开头和结尾的一小段：

```
h1b
GappedAlignments with 836162 alignments and 0 metadata
Columns:
       seq names strand cigar qwidth start  end   width
       < Rle >         < Rle >   <character>   <integer>
       <integer><integer><integer>
  [1]    chr18    +     75M    75      28842      28916     75
  [2]    chr18    +     75M    75      35847      35921     75
  [3]    chr18    -     75M    75      46570      46644     75
  [4]    chr18    -     75M    75      46570      46644     75
  [5]    chr18    +     75M    75      47246      47320     75
  ...     ...    ...    ...    ...      ...        ...      ...
[836158] chr18    +     75M    75    78005301   78005375   75
[836159] chr18-   -     75M    75    78005301   78005375   75
[836160] chr18    +     75M    75    78005307   78005381   75
[836161] chr18-   -     75M    75    78005309   78005383   75
[836162] chr18-   -     75M    75    78005366   78005440   75
                 ngap <integer>
  [1]                    0
  [2]                    0
  [3]                    0
  [4]                    0
  [5]                    0
  ...                   ...
[836158]                0
[836159]                0
[836160]                0
[836161]                0
[836162]                0
---
seqlengths:
      chr1     chr2     chr3     chr4 ...   chr22   chrX    chrM
  249250621 243199373 198022430 191154276  ...  51304566
155270560 16571
```

　　如果需要的话，Range 对象（如 GenomicRanges 类的那些）可以被划分为子集，使用通常的方法，以方括号表示对象的子集。例如，利用下面的语句，可以将前 10 个基因显示在屏幕上：

```
h1b [1:10,]
```

同样，可以只提取前导链上的基因：

```
h1b[strand(h1b)= =" + ",]
```

　　一旦来自 BAM 文件的比对的序列被加载到一个基于范围的对象，我们可以很容易数清有多少个读段作图到每个基因。某些模式生物的转录本容易作为 R 包获得。例如，来自人类基因组的 hg19 组装的转录本，取自 UCSC 基因组服务器，在 Bioconductor 包 TxDb.Hsapiens.UCSC.hg19.knownGene 中可以得到。可以从包中将基因作为范围提取到一个新的对象 txdb 中：

```
library(TxDb.Hsapiens.UCSC.hg19.knownGene)
txdb<-transcriptsBy(TxDb.Hsapiens.UCSC.hg19.knownGene,
    "gene")
```

　　除了基因，我们还可以抽取外显子、编码序列，或具有相同功能的转录本。一旦提取了所需的基因组特征，我们可以计数与基因组特征（或它们的范围）重叠的读段（或它们的范围）的数目。函数 countOverlaps()处理计数的细节：

```
hits <- countOverlaps(h1b,txdb)
ol<-countOverlaps(txdb, h1b[hits==1])
```

　　countOverlaps()的第一次运行用运行数字标记个别的读段。具有标签 1 的读段只作图到单个基因，并且这些读段被作图到在函数 countOverlaps()的第二次运行过程中它们被作图到的基因。结果对象 ol 是一个命名的数值向量，其中名称是 Entrez Gene 的标识符，而数字是与命名的基因重叠的读段的计数。

　　使用刚才介绍的函数，我们可以构造一个函数来读取多个 BAM 文件，计数作图到每个基因的读段数目，给出一个计数表。当然，只有当作图是对可从 Bioconductor 项目获得的基因组的相同组装版本进行的时，才能正确地工作。函数的代码如下：

```
generateCountTable <- function(
    files,
    transcripts="TxDb.Hsapiens.UCSC.hg19.knownGene",
    overlapto="gene"){
        require(transcripts,character.only=TRUE)
        require(GenomicRanges)
        require(Rsamtools)
        txdb<-transcriptsBy(get(transcripts,
                                envir=.GlobalEnv),
```

```
                                        overlapto)
    l<- vector("list",length(files))
for(i in 1:length(files)){
    alns <- readGappedAlignments(files[i])
    strand(alns)<- "*"
    hits <- countOverlaps(alns,txdb)
    l[[i]] <- countOverlaps(txdb,alns[hits==1])
    names(l)<- gsub("\\.bam","",files)
}
ct<-as.data.frame(l)
ct
}
```

函数 generateCountTable()的作用如下。首先，更改工作目录，指向包含 BAM 文件的同一个目录，然后用下面的命令运行函数：

```
counttable<-generateCountTable(dir(pattern=".bam"))
```

结果应该是类似于以下的一个计数表：

```
head(counttable)
```

	Gm12892_ 1_chr18	Gm12892_ 2_chr18	Gm12892_ 3_chr18	hESC1_ chr18	hESC2_ chr18	hESC3_ chr18	hESC4_ chr18
1	0	0	0	0	0	0	0
10	0	0	0	0	0	0	0
100	0	0	0	0	0	0	0
1000	27	72	12	4446	3300	3605	3498
10000	0	0	0	0	0	0	0
100008586	0	0	0	0	0	0	0

由此产生的计数表则可以被用于进一步分析，如同在后面的章节中详细论述的。

7.5 在 R 中表示基因组

基因组是用 Biostring 类型的对象表示的。从 Bioconductor 项目可以获得人类基因组的组装版本 17~19。当前的基因组版本是包含在 BSgenome.Hsapiens. UCSC.hg19 包中的。基因组由若干个 Biostring 对象组成，每个染色体一个，并且它们可以作为单独的对象被提取，如果需要的话：

```
library(BSgenome.Hsapiens.UCSC.hg19)
chr18 <-(BSgenome.Hsapiens.UCSC.hg19[["chr18"]])
```

基因组数据的有趣的用途之一是读段的重作图。R 中的作图功能不能完全与外部作图程序的功能竞争，但这是可以做到的。下面的示例演示如何在 R 中执行作图。首先，我们需要将读段作为序列读入 R 中。这是通过指定函数 readBamGappedAlignments() 的参数来完成的：

```
p2 <-ScanBamParam(what=c("rname","strand","pos",
                         "qwidth","seq"))
h1b<-readBamGappedAlignments("hESC1_chr18.bam",
                         param=p2)
```

然后需要将序列转换成一个 DNAStringSet 对象。这是最容易做的，通过从 h1b 对象中提取元数据列，然后再从中提取 DNA 序列。默认情况下 DNA 序列是按合适的格式存储的。我们只将其中 1000 个读段用于这个示例：

```
seqs<-mcols(h1b)$seq
seqs2<-seqs[100:1100,]
```

然后，可以通过函数 matchPDict() 执行作图：

```
mpd <-matchPDict(seqs2,chr18)
```

作图是在默认情况下完成的，这样在成对的比对中不允许不匹配或插入缺失。一旦读段被作图，我们就可以计数有多少作图的读段被定位到已知的基因。计数的原理上面已经讲过了，但是将作图的读段变成合适的格式需要一些技巧：首先将包含作图的读段的对象转换成一个 CompressedIRangesList，然后其被转换成一个 GRanges 对象。这两个转换都使用 as() 函数来完成。最后从这个临时的 GRanges 对象生成可分析的 GRanges 对象。下面详细介绍整个转换的流程：

```
mpd2<-as(mpd,"CompressedIRangesList")
mpd3<-as(RangedData(mpd2),"GRanges")
gr<-Granges(seqnames=Rle(rep("chr18",length(mpd3))),
            ranges=mpd3@ranges,
            strand=strand(mpd3),
            seqinfo = Seqinfo("chr18",78077248)
            )
```

一旦对象为合适的格式，我们可以计数到基因的点击数（hit）：

```
txdb_chr18<-keepSeqlevels(txdb, "chr18")
hits <- countOverlaps(gr,txdb_chr18)
ol<-countOverlaps(txdb,gr[hits==1])
```

在最终的结果中，读段被作图到两个基因，一个具有 178 个读段，另一个具有 262 个读段。总共 22 930 个基因没有任何基因作图到它们：

```
table(ol)
ol
    0    178    262
22930    1      1
```

7.6 在 R 中表示 SNP

Bioconductor 至少为人类基因组提供了一个 SNPlocs 包。在编写本书时 SNP 位置包是基于 dbSNP 数据库版本 137 的，被命名为 SNPlocs.Hsapiens.dbSNP. 20120608。SNP 位置可以被添加到基因组序列，如果需要的话，使用函数 injectSNPs()。注入后，SNP 信息可以在如探针的作图和其他类似的操作过程中被考虑。将 SNP 注入基因组可以被简单地执行：

```
Library(SNPlocs.Hsapiens.dbSNP.20120608)
Library(BSgenome.Hsapiens.UCSC.hg19)
genome <- injectSNPs(BSgenome.Hsapiens.UCSC.hg19,
                "SNPlocs.Hsapiens.dbSNP.20120608")
```

如上文所述添加了 SNP 后，对象基因组可以用作一个基因组序列，用于任何下游分析。

7.7 锻造新的注释包

Bioconductor 项目为很多模式生物提供了注释包。然而，如果你正在使用的生物还不能从 Bioconductor 项目获得，但在一些基因组浏览器（主要是 UCSC 或 Ensembl）中可以找到，则可以为其生成所需的注释包。如果你想更新你的生物体的注释，而 Bioconductor 尚未更新它，则更新注释与生成注释包需要相同的过程（Bioconductor 的更新周期为 6 个月）。

可以使用 AnnotationForge 包生成全基因组注释包。让我们为羊驼（alpaca）生成一个新的全基因组注释包，这是一种可爱的、毛茸茸的动物。对于这个工作，我们将需要该物种的分类名称（*Vicugna pacos*）及其在 NCBI 的基因组数据库中的分类号（taxon id）（30538）。实际的工作是使用函数 makeOrgPackageFromNCBI() 完成的：

```
library(AnnotationForge)
makeOrgPackageFromNCBI(version = "0.1",
    author = "JarnoTuimala < name@server > ",
    maintainer = "JarnoTuimala < name@server > ",
    outputDir = "C:/Users/JarnoTuimala/Desktop/
                alpaca",
    tax_id = "30538",
    genus = "Vicugna",
    species = "pacos")
```

这将创建一个注释包到利用参数 outputDiR 指定的路径（本例中，在 Jarno Tuimala 桌面上的 alpaca 文件夹中）。一旦锻造完成，由此产生的包可以通过利用

函数 install.packages () 安装到 R:

```
install.packages(pkgs="C:\\Users\\Jarno Tuimala\\
                Desktop\\alpaca\\org.Vpacos.eg.db",
                lib="C:\\Users\\ Jarno Tuimala\\
                Documents\\R\\win-library\\3.0",
                type="source",repos=NULL)
```

一旦生物体专化的包准备就绪，我们可以为羊驼生成一个单独的转录本包。为此你需要知道在 UCSC 基因组数据库中存储所需信息的表。在 R 中可以用函数 supportedUCSCtables () 列出可用的表，确切的表名可以在 UCSC 的站点上找到，在 Table Browser（表浏览器）功能下。对于羊驼，表是 xenoRefGene。同样，从同一表浏览器中，我们需要找出在 UCSC 数据库中羊驼的基因组名称，这似乎是 vicPac2。

找出正确的表名称和基因组名称之后，我们可以产生一个 transcriptDb 对象，使用来自 GenomicFeatures 包的函数 makeTranscriptDbFromUCSC():

```
txdb <- makeTranscriptDbFromUCSC(genome="vicPac2",
                    tablename="xenoRefGene")
```

使用 transcriptDb 对象，用下面的命令就可以组装出一个包:

```
makeTxDbPackage(txdb,
        version="0.1",
        maintainer="JarnoTuimala < name@server > ",
        author="JarnoTuimala < name@server > ",
        destDir="C:/Users/Jarno Tuimala/Desktop/alpaca",
        license="Artistic-2.0")
```

请注意用参数 destDiR 指定的目标文件夹必须已存在，所以你可能需要先创建它。

或者，如果你更愿意将 Ensembl 用于构建转录本注释包（无须首先构建对象 txdb 的额外步骤!），你可以使用命令:

```
makeTxDbPackageFromBiomart(
        version="0.1",
        maintainer="Jarno Tuimala < name@server > ",
        author="Jarno Tuimala < name@server > ",
        destDir="C:/Users/Jarno Tuimala/Desktop/alpaca2",
        license="Artistic-2.0",
        biomart="ensembl",
        dataset="vpacos_gene_ensembl",
        transcript_ids=NULL,
        circ_seqs=DEFAULT_CIRC_SEQS,
        miRBaseBuild=NA)
```

由此产生的包可以按照与生物体专化的包类似的方法安装，这在上面已讨论过了。

除了生物体专化的包和转录本包，可以使用来自 BSgenome 软件包的函数构建一个新的基因组包。SNP 包比要产生的其他包略微棘手，但 SNPlocs 包下的工具文件夹包含可以修改以生成人类及其他生物的 SNP 包的 Linux bash 脚本。在这里不详细讨论这些包，因为它们比其他注释包较少需要更新，并且与最常见的模式生物相比，它们还需要额外的修补才能工作。

7.8 小　　结

R 附带一套可以在 R 内部访问或在线访问的文档，取决于用户的自由裁量权。Bioconductor 相当广泛地使用 S4 OOP 系统，这是与很多 CRAN 档案大不一样的东西。除了函数的 OOP 实现，Bioconductor 还为很多模式生物提供了各种不同类型的注释。如果不能从 Bioconductor 项目得到一个生物体的注释包，你可能需要或想要从零开始创建这种包。

参 考 文 献

1. R Core Team. *R: A Language and Environment for Statistical Computing.* Vienna, Austria: R Foundation for Statistical Computing, 2013. http://www.R-project.org/.
2. Gentleman R.C., Carey V.J., Bates D.M., Bolstad B., Dettling M., Dudoit S., Ellis B. et al. Bioconductor: Open software development for computational biology and bioinformatics. *Genome Biology*, 5:R80, 2004.
3. Chambers J.M. *Programming with Data: A Guide to the S Language.* Berlin: Springer, 1998. ISBN 0-387-98503-4.
4. Chambers J.M. *Software for Data Analysis Programming with R.* Berlin: Springer, 2008. ISBN 0-387-75935-2.

第 8 章　差异表达分析

8.1　引　　言

差异表达（differential expression，DE）分析是指鉴定在不同样本组中以显著不同的数量表达的基因（或其他类型的基因组特征，如转录本或外显子），无论是生物学条件（药物治疗与对照）、患病与健康个体、不同组织、不同的发育阶段或一些其他的东西。虽然基因不会独立地表达，但是差异表达分析通常是一次只在一个基因上进行（虽然信息有时跨基因借用，正如下面我们将看到的），也就是说，以单变量的方式进行分析。其原因是，虽然可能已对成千上万的基因的表达进行了测量，但是生物样本的数量通常要小得多。说明这一点的另一种方式是例子的数目比特征的数目小得多，使得很难拟合一个统计模型，将所有基因作为一个整体。多元降维方法，如主成分分析（principal component analysis，PCA）[1]或非负矩阵分解（nonnegative matrix factorization，NMF）[2]可以用来构造表达谱（expression profile）的低维表示，保留完整数据集的一些特性，因此通常可用于可视化，有时作为分析的一个预处理步骤。

RNA-seq 数据的 DE 分析与微阵列 DE 分析的差异在于，观测的数据是在采样过程中生成的离散形式的计数，而微阵列测量的数据是荧光信号的连续测量值。这一点的一个方面是，因为 RNA-seq 是一个抽样过程，有一定数量的信息（来自测序仪的所有读段的总数）是测序文库中实际的转录本必须"共享"的。这意味着高表达转录本经常会构成测序文库的很大一部分，在一个浅层测序实验中，较少表达的基因可能在最终的数据中不被代表，即使它们存在。相比之下，微阵列不局限于这种"零和游戏（zero-sum game）"，虽然它们当然有其他的局限性。RNA-seq 的一个吸引人的特征是重新测序相同的文库有找回更多表达的转录本的可能性。

8.2　技术重复与生物学重复

让我们花点时间来了解重复（replication）及其如何在差异表达分析中起作用。"重复"一词可以有多种含义，但这里的意思是对我们感兴趣的量（quantity）获得多个测量。例如，如果我们想要比较果蝇中的组织特异性表达，并对从唾液腺中提取的一个 mRNA 样本和从脊髓提取的一个 mRNA 样本进行测序，则我们有一个无重复的实验。

重复被认为是 Fisher（1935）提出的正确的试验设计的三大基石之一，它们是随机化、重复和区组。在 RNA 测序的上下文中对这些概念的一个绝妙的解释可在 Auer 和 Doerge 的一篇论文中找到[3]，我们极力推荐在计划你的实验之前阅读这篇论文。

重复的目的是能够估计组之间的变异性，这对于假设检验是重要的。技术重复用来估计测量技术的变异性，如 RNA-seq。生物学重复用来找出生物组内的变异。大体说来，只有当组间差异与组内的变异性相比较大时，在两个组之间观察到的基因表达方面的变化才能称为显著，同时也要考虑到样本大小。

有不同种类的重复技术，例如，在一台测序仪的两个不同泳道（lane）中对相同的文库进行测序，或对提取的同一 RNA 样品用不同的方法制备文库。通常情况下，RNA 提取在技术重复中应该是一样的，但在生物学重复中会有差别。也有不明确的情况，其中难以把重复称为"生物学的"，即使它们取自可以被认为是不同的来源，如同一遗传上同质的细胞系的不同的培养物。在这些情况下，重要的是想想一个给定的差异表达比较实际上将会回答什么问题，而不要拘泥于术语。

你应该使用多少重复？这取决于具体的实验。不同样本的生物同质性、实验目的及想要达到的统计功效的水平将会影响所需重复的数量。你可以尝试 RNA-seq 的功效计算工具，如 Scotty（http://euler.bc.edu/marthlab/scotty/scotty.php）来确定重复数目。

许多测序核心设施要求或建议每个要比较的组至少使用三个或四个重复；两个几乎总是太少的。有三个的话，还有至少一个样本将在文库制备或测序中失败的风险，你最后在某一个组中还是只有两个重复。

有趣的是，用于临床病例-对照转录组学研究的人类血液和一些组织样本似乎表现出个体之间相当大的变异。特别是对于复杂的疾病，可能需要非常大量的重复（也许几百或几千）来观察到病例和对照之间的差异表达。对于来自不同组织的细胞系或样本，可能只需要少数几个重复。

8.3 RNA-seq 数据中的统计分布

通过定量 PCR 测量的不同细胞之间同一基因的表达水平已被证明服从对数正态分布（log-normal distribution）[4]（请注意，这不同于不同基因在同一细胞中的表达分布）。然而，大多数基因表达实验是在细胞的一个总体中进行的，并提出了几个不同的分布。

对于 RNA-seq 实验，或许有人会假定序列是从测序文库中随机抽样的，原始的读段计数预计为泊松分布。如果你用一分钟想一想，即使对于同一个文库，在理想化的场景中，在相同的条件下测序了两次，你可能预期获得略有不同的计数。这种产生于抽样过程的不可避免的噪声被称为散粒噪声（shot noise），RNA-seq 中的技术重复之间的变异性往往可以被很好地用这种类型的泊松噪声来描述。然而，当样本取自生物学上不同的来源（如不同的个体）时，它们之间的变异性常常用一个负二项分布（有时称为 γ-泊松分布）来建模。这种分布可以称为过于分散的（overdispersed）泊松分布——泊松分布的一个版本，但具有更高的方差。泊松分布的方差与其均值 μ 相同，而负二项分布的方差可以写为 $\sigma^2 = \mu + (1/r)\mu^2$，其中 r 是一个正整数（这意味着方差将总是大于平均值）。很多流行的包，如 DESeq[5]和 edgeR[6]等，使用负二项分布作为它们对 RNA-seq 计数建模的基础。

然而，RNA-seq 计数数据还具有一些特性，如零膨胀（zero inflation）（很大部分的值具有零计数），这使它更难用负二项分布拟合。一篇最近的论文[7]认为 RNA-seq 计数谱可以使用一个更一般的分布族——泊松-特威迪分布族（Poisson-Tweedie family）——来建模，作者还提供了一个 R 包（tweeDESeq）来实现这种方法。

limma[8]包长期以来被用于微阵列分析，其采取另一种方法，首先将原始的计数数据转换为连续的值（使用 voom 函数），具有相关联的置信权重，然后对这些值继续使用为微阵列开发的统计框架。DESeq 包的最新版本 DESeq2 也可以实现类似的转换[9]。

非参数方法，如 SAMSeq[10]和 NOISeq[11]对分布的形式不做假设，而是按表达对基因排序，然后使用基于这些排序列表的统计量和检验，以及这些列表的随机排列，来识别差异表达的基因（表 8.1）。

表 8.1　（一些）差异表达分析软件工具的列表

软件工具	软件的类型	分析方法	评论
DESeq [5]	R/Bioconductor 包	基于计数的（负二项的）	被认为是保守的（低的假阳性率）
DESeq2 [9]	R/Bioconductor 包	基于计数的（负二项的）	作者推荐，没有 DESeq 那么保守
edgeR [6]	R/Bioconductor 包	基于计数的（负二项的）	原理上与 DESeq 类似
tweeDESeq [7]	R/Bioconductor 包	基于计数的（特威迪分布族）	比 DESeq/edgeR 更普通，但是新的而且没有被广泛测试
limma [8]	R/Bioconductor 包	连续数据的线性模型	最初为微阵列分析开发，被非常彻底地测试过。需要将计数预处理为连续的值
SAMSeq [10]（samr）R 包		非参数检验	改编自 SAM 微阵列 DE 分析方法。重复多时表现更好

软件工具	软件的类型	分析方法	评论
NOISeq [11]	R/Bioconductor 包	非参数检验	
Cuffdiff [18]	Linux 命令行工具	异构体反褶积+基于计数的检验	可以给出差异表达的异构体及基因（还有 TSS 的差异使用，剪接位点）
BitSeq [21]	Linux 命令行工具和 R 包	贝叶斯框架中的异构体反褶积	可以给出差异表达的异构体。还计算（基因和异构体）表达估计值
ebSeq [22]	R/Bioconductor 包	贝叶斯框架中的异构体反褶积	可以给出差异表达的异构体。可以在 RSEM 表达估计之前在管道中使用

8.3.1 生物学重复、计数分布和软件的选择

你可以利用的生物学重复的数目可能影响差异表达分析软件的选择。对于相当数目的生物学重复（也许每个组至少 5~10 次生物学重复，取决于数据集的具体情况），使用一种非参数方法可能是有益的，它不对观测数据的统计分布形式做出假设。对于具有少数生物学重复的更常见的情况，非参数方法通常功效不足。在这些情况下，使用参数化方法是合理的，它基于经验数据假定某种形式的分布，如上述的 DESeq 和 edge R 包（它们使用负二项分布）或 tweeDESeq（它使用泊松-特威迪分布族）。最近的报告也表明 limma 在这种情况下表现良好。

8.4 归 一 化

通常情况下，RNA-seq 数据被以某种方式归一化，在差异表达分析前或作为差异表达分析的一部分（大多数软件包只要求原始的计数并在内部执行归一化）。这可能有几个原因：

- 使样本之间能够比较
- 使基因之间能够比较
- 使表达水平分布符合统计方法中使用的假设

标准的 RPKM 测量（或其双端的等价物，FPKM）是在 2008 年的一篇论文中引入的[12]，旨在比较相同基因在不同样本间的表达水平或不同基因在相同样本中的表达水平。RPKM（FPKM）代表每百万（作图的）读段每千碱基的读段（片段），就基因或转录本的长度和测序深度而言，它纠正了原始计数。在该测量被如何应用方面有一些细微的变异。例如，不同研究在分母中使用过不同的值：来自测序仪的读段的总数，作图到基因组或转录组的读段的数目，或作图到已知的外显子的读段的数目。同样，对于基因或转录本的长度，一些研究者选择使用转录本的整个长度，而其他研究者使用了"有效长度"[13]或"可作图

的长度"[14]。

虽然 R/FPKM 仍然是来自 RNA-seq 的表达的最常用的度量，但也提出了其他的度量来对在某些情况下可能存在的偏差进行矫正。TPM（transcripts per million，每百万的转录本）[15]非常类似于 R/FPKM，但其也考虑了 RNA 总体中转录本长度的分布。没有这个矫正（如同在 R/FPKM 中那样），当用不同的转录本长度分布比较两个 RNA 池时，作者认为将引入偏差。M 值的修剪的均值（trimmed means of M value，TMM）也试图以另一种方式来对 RNA 池的不同组成进行矫正。来自文献[16]的以下思想实验（thought experiment）解释了这个想法。

假设我们有一个测序实验，比较两个 RNA 总体 A 和 B。在这个假设的场景中，假设在 B 中表达的每个基因以相同数量的转录本在 A 中表达。但是，假定样本 A 还包含一组在数目和表达上相等，但在 B 中不表达的基因。因此，样本 A 表达的基因的总数是样本 B 的两倍，也就是说，其 RNA 产量是样本 B 的两倍。假设每个样本被测序到相同的深度。没有任何额外调整的话，在两个样本中表达的一个基因将有（平均来说）一半的读段数目来自样本 A，因为读段被分散在多一倍的基因上了。因此，正确的归一化将用系数 2 来调整样本 A。

TMM 与 TPM 和 R/FPKM 的一个重要区别是，TMM 是批处理归一化方法，也就是说，它不是用于单个样本的，而是用于一组样本。因此，每次样本的集合改变时应重新计算来自 TMM 归一化的校正系数，而 TPM 和 R/FPKM 归一化是针对样本的，不受其他样本影响。另一个区别是 TMM 不考虑转录本长度。然而，如果你正在做标准的差异表达分析，这并不要紧，因为你对不同的转录本不进行相互比较，而是比较不同条件下的相同转录本，所以转录本长度始终不变。

RNA-seq 归一化方法的一篇有用的综述由 Dillies 等提供[17]。

如何选择一个差异表达分析的软件包

这里是一个简单的决策树，可以用来根据需要选择软件包。

选择要检验差异表达的特征的类型，用于：

差异表达的外显子 => DEXSeq

差异表达的异构体 => BitSeq，Cuffdiff 或 ebSeq

差异表达的基因 =>选择实验设计的类型

  复杂的设计（多个变化的因素）=> DESeq，edgeR，limma

  组间的简单比较 =>有多少个生物学重复？

   每个组超过 5 个生物学重复=> SAMSeq

   每个组少于 5 个生物学重复=> DESeq，edgeR，limma

8.5 软件用法示例

我们将用例子来说明如何使用差异表达分析的两个常用程序，Cuffdiff 和 DESeq，每个程序代表差异表达分析中的一个典型的工作流程（图 8.1）。

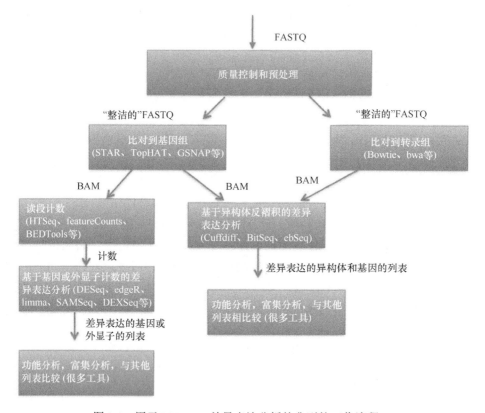

图 8.1 用于 RNA-seq 差异表达分析的典型的工作流程。

8.5.1 使用 Cuffdiff

Cuffdiff 程序是 Cufflinks 软件包的一部分。Cufflinks 是用于 RNA-seq 组装、量化和差异表达分析的，它可以同时在基因和转录本水平评估差异表达。软件包的作者认为 Cuffdiff 比常见的软件（如 DESeq 和 edgeR）更好，因为它把表达数据去褶积（deconvolution），使异构体与差异表达检验相结合[18]。相比之下，DESeq 和 edgeR 通常从一个软件包（如 HTSeq、BEDTools 或 featureCounts）取得基因计数，因此不考虑异构体，当多个异构体被表达时，这将导致在全基因水平上的差异表达计算中的偏差（图 8.2）。

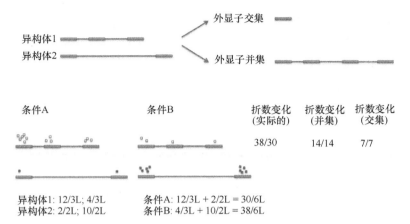

图 8.2　为了获得无偏的基因水平的表达估计需要考虑异构体。上面描绘了具有两个不同异构体的一个虚构基因（左上角）。为简单起见，所有外显子被假定为具有相同的长度 L。用于计算基因水平计数的两种常用方法是外显子交集模型（exon-intersection model），其中只有作图到所有基因异构体的一部分外显子的读段被考虑，以及外显子并集模型（exon-union model），其中作图到任何外显子的所有读段都被考虑（右上角）。在下方的面板中显示的假想案例中，来自两个不同条件 A 和 B 下的每个异构体的读段被标明，考虑了异构体的整个基因的实际折数变化（fold change）将被估计为 38/30，而外显子交集模型和并集模型都将其估计为 1（即完全没有变化）。

　　然而，RNA-seq DE 软件的几个比较研究（如文献[19]）表明，Cuffdiff 的这个优点在实践中不一定导致更好的结果。Cuffdiff 的另一个优点是它的输出可被送入 R 中一个非常有用的可视化和分析包，cummeRbund [20]。另一方面，Cuffdiff 不支持更复杂的实验设计，而是按 DESeq、edgeR 和 limma 中的方式。在这方面，我们还应提到 BitSeq[21]和 ebSeq[22]，它们与 Cuffdiff 具有相同的优点和局限性。

Cuffdiff 的优缺点

优点

• 计算异构体表达水平

• 对基因的差异表达、异构体、剪接位点、转录起始位点进行检验

• 良好的可视化支持

缺点

• 不支持析因设计（只能比较两个组）

　　让我们尝试用示例数据来运行 Cuffdiff。Cuffdiff 接受 SAM/BAM 比对文件作为输入，它还需要一个 GTF 格式的转录本注释文件来定义一组将要评估的基因组特征。

在下面的命令中，我们只使用 Cuffdiff(2)的很多选项中的一些。你可以通过运行此程序看到所有的这些，而不用输入参数。-o 选项指定输出目录，其中通常将包含许多文件，并且其结构便于作为一个整体输入到 cummeRbund，进行可视化和分析，如果你想这样做的话。-p4 指定我们想要使用 4 个处理器，-L 列出我们想要对"条件"使用的标签［更确切地说，在我们的例子中，这些标签是细胞类型：hESC（人类胚胎干细胞）和 GM12892］，--FDR 给出 DE 分析的错误发现率截止值（false discovery rate cutoff），-u 指定我们想要使用一种称为"multi-read correction"（多读段修正）的东西，这是通常被推荐的。最后，强制性的输入参数是 GTF 注释文件（请注意，其必须与 BAM/SAM 文件有相同的染色体或叠连群名称！）和同一组的逗号分隔的 BAM 文件的列表。属于每个组的 BAM 文件之间有一个空格来表明这一事实，以及每组中的每个文件名称之间的逗号来表明它们是重复。假设$CUFFPATH 是包含 cuffdiff 可执行文件所在位置的目录路径的环境变量，$GTFPATH 同样指向包含 GTF 文件的目录，命令可能看起来如下所示。

```
$CUFFPATH/cuffdiff -o chr18_hESC_vs_GM12892 -p 4 -L
hESC,GM12892 --FDR 0.01 -u $GTFPATH/Homo_sapiens.
GRCh37.59.chr-added.gtf hESC1_chr18.bam,hESC2_chr18.
Bam,hESC3_chr18.bam,hESC4_chr18.bam Gm12892_1_chr18.
Bam,Gm12892_2_chr18.bam,Gm12892_3_chr18.bam
```

我们可能会得到一些关于片段长度的警告，但在这里将忽略那些警告。命令完成后，我们在指定的输出文件夹中找到几个具有差异表达信息的文件。gene_exp.diff 文件包含基因水平的信息。前面三行看起来像这样：

```
test_id gene_id gene    locus    sample_1    sample_2    status value_1 value_2 log2(fold_change)    test_stat    p_value q_value significant
ENSG00000000003 ENSG00000000003 TSPAN6  chrX:99883666-99894988 hESC    GM12892 NOTEST  0    0    0    0    1    1    no
ENSG00000000005 ENSG00000000005 TNMD    chrX:99839798-99854882 hESC    GM12892 NOTEST  0    0    0    0    1    1    no
```

这些不是很有意思，因为前面的这几个基因（基因总是按 gene_id 列排序）并不在 18 号染色体上，并且因为在我们的 BAM 文件中没有那个染色体以外的数据，Cuffdiff 在这里甚至不检查差异表达，因此第七列（"status"）中的值为 NOTEST。

从最后一列中带有"yes"的行我们可以看到，18 号染色体上的 237 个基因被称为是差异表达的（即基因的表达在两组之间有显著差异）。将其找到的一种方法是使用 UNIX awk 命令：

```
awk'$14=="yes"' gene_exp.diff|wc-l
```

对应于此类基因的少数行可能看起来像这样（注意最后一列中的"yes"）。

```
ENSG00000017797 ENSG00000017797 RALBP1  chr18:9475006-9538112  hESC    GM12892 OK    0    5453.82 inf    nan    5e-05    6.07477e-05    yes
ENSG00000039139 ENSG00000039139 DNAH5   chr5:13690439-13944652 hESC    GM12892 OK    207.984 0    -inf   nan    5e-05    6.07477e-05    yes
ENSG00000040731 ENSG00000040731 CDH10   chr5:24487208-24645087 hESC    GM12892 OK    238.193 0    -inf   nan    5e-05    6.07477e-05    yes
```

前面 6 列分别显示基因 ID、通用名称、染色体坐标和样本组标签。状态（第七）列现在的值为 "OK"，这意味着，Cuffdiff 已经有足够的数据来对考虑之中的基因进行显著性检验。后随的列（第八和九列）分别包含每个组（hESC 或 GM12892）中的平均 FPKM。第十列表示组的平均 FPKM 之间的 log2 折变化；因为在这些特定的情况下有一组的平均值为零，log 折变化是无限的。第 11 列包含检验统计量的值，在这里为 "nan"，它涉及无限的 log 折数变化。第 12 列为估计的 p 值，第 13 列为估计的 q 值（对多重比较校正的 p 值）。通常，最有趣的列是包含 q 值和 log2 折变化的那些。

相应地，isoform_exp.diff 文件包含异构体水平的类似信息。有 238 个差异表达的异构体，这非常接近基因水平的值。

8.5.2　使用 Bioconductor 包：DESeq、edgeR、limma

在 R 的 Bioconductor 项目中有许多差异表达分析软件包可用于 RNA-seq。在这里，我们将主要专注于 DESeq2，但也讨论了 edgeR 和 limma 包，部分原因在于它们是普遍使用的，另外也因为它们目前对析因设计有最好的支持。其他有用的包有非参数的 NOISeq，贝叶斯方法的 BitSeq、baySeq，以及 ebSeq 和 tweeDESeq。

8.5.3　线性模型、设计矩阵和对比矩阵

DESeq（2）、edgeR 和 limma 包都基于（广义）线性模型的概念 [事实上，limma 代表的就是 "linear models for microarray data"（用于微阵列数据的线性模型）]。对这一主题提供一个合适的介绍超出了本书的范围，所以我们恳请读者查阅一本好的统计学教科书。其基本思想是将每个基因的表达作为一些不同的解释变量（或因素）的线性组合建模。例如，如果你有一个实验涉及不同的患者、治疗和时间点，每个基因的线性模型可以被认为是

$$y = a + b \cdot 治疗 + c \cdot 时间 + d \cdot 患者 + e$$

式中，y 是按某个单位对基因表达进行的测量，e 是误差项，a、b、c、d 是要从数据估计的参数。a 被称为截距，表示当所有的其他因素（治疗、时间和患者）处于其参考状态的时候，基因的平均表达水平（你可以选择这些因素的任意组合作为参考状态；它是任意的）。

广义线性模型（GLM）是标准线性模型的一个更灵活的版本，它允许响应变量的分布不同于标准的线性回归中使用的正态分布。edgeR 和 DESeq 使用的 GLM 假设读段的计数服从负二项分布。

DESeq、edgeR 和 limma 的另一个特点是，这些方法可以跨基因借用信息以提高统计功效。这些包使用不同的方案来实现适度的方差估计，其中每个基因的方差被作为从基因专化的数据估计基因自身的方差和所有基因的平均方差或基因的一个子集的平均方差的加权组合来建模。

更一般地，线性模型可以按矩阵形式写为

$$y = X \cdot \beta + \varepsilon$$

式中，y 同样是表达水平，ε 是一个误差项。β 是要由数据估计的参数向量，X 描述所涉及的实验因素，被称为设计矩阵（design matrix）。

设计矩阵及对比矩阵（contrast matrix）是利用 DESeq、edgeR 或 limma 进行分析之前你应该熟悉的两个概念，虽然你可能不需要直接使用它们，例如，在 DESeq2 中它们是隐式处理的。这些概念通常在实验设计中被使用，我们建议你查阅一本好的统计教材。limma 用户指南[23]也包含有用的示例，说明了如何设置实验和设计矩阵。

8.5.3.1 设计矩阵

当我们在下面谈论设计矩阵时，我们将参照描述你的实验设计的 R 对象（虽然它实际上是一个更一般的概念，如上文所述）。作为一个例子，如果你正在分析一个试验，其中从相同的患者身上已取得肿瘤和正常组织的样本，你可能有一个表 expTable，描述指定的实验，就像这样的：

```
expTable <- data.frame(Individual=c("Patient1","Pati
    ent1", "Patient2","Patient2"),Status=c("Tumor","Heal
    thy", "Tumor","Healthy"),row.
    names=paste0("sample",1:4))
expTable
          Individual    Status
sample1       Patient1      Tumor
sample2       Patient1      Healthy
sample3       Patient2      Tumor
sample4       Patient2      Healthy
```

这可以利用 model.matrix() 函数转化为一个设计矩阵：

```
design.matrix <- model.matrix (~Individual+Status,
    data = expTable)
```

设计矩阵可能看上去有点神秘，但在你经过一定的实践之后并不难解释。

```
>design.matrix
          (Intercept)    IndividualPatient2  StatusTumor
sample1       1                  0               1
sample2       1                  0               0
```

```
sample3                    1              1          1
sample4                    1              1          0
attr(,"assign")
[1]0 1 2
attr(,"contrasts")
attr(,"contrasts")$Individual
[1]"contr.treatment"
attr(,"contrasts")$Status
[1]"contr.treatment"
```

你会注意到有三列：(Intercept)、IndividualPatient2 和 StatusTumor。这三列包含二分类指示变量，这表明某个因素在某个样本中是否具有某个值，用 1 表示具有某个值（否则包含 0）。截距列对于所有的样本包含相同的值 1，只是表示对每个基因建立的线性模型都将具有截距项。截距对应于当所有实验因素处于它们的参考状态时的平均表达水平，在这种情况下参考状态将是（Individual = Patient1）和（Status = Normal）。设计矩阵的第二列，IndividualPatient2，用相应的行上的 1 表示样本取自患者 2（因此 Individual 因素的值为 Patient2），否则为 0。第三列，StatusTumor，用 1 表示 Status 因素的值为 Tumor 的样本。

8.5.3.2　对比矩阵

当你实际上想要检验差异表达时，你可能需要建立一个对比矩阵，描述你想要进行哪些比较（在 DESeq2 中这是不必要的）。这个矩阵往往只有一个非零元素（如果你做的是单一的比较）。例如，对于上面给出的设计矩阵，你可能会指定肿瘤和正常组织之间的比较，使用来自 limma 包的 makeContrasts 函数：

```
contrast.matrix <- makeContrasts(StatusTumor,
  levels=design.matrix)
```

如果你想要比较患者 1 和患者 2，你可以将对比指定为

```
contrast.matrix <- makeContrasts(IndividualPatient2,
  levels=design.matrix)
```

由于模型中有一个截距项，没有列用于（Individual = Patient 1），这被认为是 Individual 因素的参考值。因此，"IndividualPatient2"隐式地描述患者 2 和患者 1 之间的差异。

或者，通过在 model.matrix 函数中使用~0 符号，从模型中省略截距，设计矩阵将不会有（Intercept）列：

```
design.matrix <- model.matrix (~0+Individual+Status,
    data = expTable)
design.matrix
```

```
      IndividualPatient1        IndividualPatient2
      StatusTumor
sample1              1                0               1
sample2              1                0               0
sample3              0                1               1
sample4              0                1               0
attr(,"assign")
[1]1 1 2
attr(,"contrasts")
attr(,"contrasts")$Individual
[1]"contr.treatment"
attr(,"contrasts")$Status
[1]"contr.treatment"
```

在这里，与上面的例子中一样，没有"参考状态"，为了对患者 1 与患者 2 进行比较，你需要这样做：

```
contrast.matrix <- makeContrasts(IndividualPatient2-
  IndividualPatient1,levels = design.matrix)
```

关于设计和对比矩阵的更多信息，请参阅 limma 或 edgeR 教程或统计教材。

8.5.4　差异表达分析前的准备工作

人们通常通过加载一个计数表开始分析。让我们试试我们的示例数据集。首先，我们将解释如何从 BAM 文件或个别的计数文件开始生成一个计数表，如果你还没有一个计数表的话。

8.5.4.1　从 BAM 文件开始

如果你从比对文件开始，你需要通过一个程序来获得计数，如 HTSeq、BEDTools 或 featureCounts（它可在 R 中通过 Rsubread 包来使用）。对于 HTSeq 和 featureCounts，你需要首先将二进制的 BAM 文件转换成 SAM 文件（BEDTools 可以直接处理 BAM 文件）。这可以通过使用 samtools 工具组（命令行）。

```
samtools sort -no Gm12892_1_chr18.bam Gm12892_1_chr18_
  sorted |samtools view - > Gm12892_1_chr18.sam
```

我们使用 samtools 排序的-n 选项，因为我们想要确保 SAM 文件是按读段的标识符进行排序的，如同 HTSeq 对双端读段所要求的那样，虽然这个要求已经从最新的版本中被删除。

将类似的命令应用于其他样本。然后，我们可以应用 HTSeq，作为一个 Python 模块运行它：

```
python -m HTSeq.scripts.count -s no Gm12892_1_chr18.
  sam Homo_sapiens.GRCh37.70.chr18.chr.gtf > gm1.txt
```

（以及其他样本的相似的命令。）这将为每个样本生成计数文件。

8.5.4.2　从个别的计数文件开始

本书提供的文件包括来自 HTSeq 的计数文件，称为 gm1.txt,gm2.txt,…, h1.txt,…,h4.txt。有很多方法将这些文件合并到一个表，包括 UNIX 的 join 命令和各种自定义的脚本，如 DESeq2 中的 DESeqDataSetFromHTSeqCount 命令。在 R 中通过使用命令可以做到这一点，如

```
samples <- c(paste0("gm",1:3),paste0("h",1:4))
first.sample <- read.delim(paste0(samples[1],".
    txt"),header=F,row.names=1)
count.table <- data.frame(first.sample)
for(s in samples[2:length(samples)]){
    fname <- paste0(s,".txt")
    column <- read.delim(fname,header=F,row.names=1)
    count.table <- cbind(count.table,s = column)
}
colnames(count.table) <- samples
write.table(count.table,file = "count_table_chr18.
    txt",sep="\t",quote=F)
```

8.5.4.3　从现有的计数表开始

如果你已经准备了一张计数表，你可以直接加载它，利用与下面类似的命令：
```
d.raw <- read.delim("count_table_chr18.txt",sep = "\t")
```
这将加载一个制表符分隔的文件；如果你有一个空格分隔的文件，你需要用 sep=" "，依此类推。

8.5.4.4　独立的过滤

在进行基于计数的差异表达分析前，通常建议筛选出低表达的转录本[24]。设我们要求在两个以上的样本中计数的数目超过 3。当然这些截断点或多或少是任意的。在 DESeq2 中这一步现在是利用由软件计算的最优截断点自动完成的。
```
d <- d.raw[rowSums(d.raw>3)> 2,]
```
这（从 774 个基因中）留下 365 个基因作进一步的分析。

8.5.5　DESeq(2)的代码示例

现在让我们继续进行 DESeq 分析。我们也会为其他流行的包给出简短的代码例子。至于每个包的更全面的解释，请参阅相应包的 R 简介（vignette）文件。这

些简介常常包含包的使用和设计的有用信息。

加载 DESeq2 包，定义相关的组，为组信息准备一个数据框。

```
Library(DESeq2)
grp <- c(rep("GM",3),rep("hES",4))
cData <- data.frame(celltype = as.factor(grp))
rownames(cData)<- colnames(d)
```

然后使用 DESeqDataSetFromMatrix 函数来构造一个 DESeqDataSet 对象。构造此类对象的其他方法请参阅 DESeq2 参考手册。

```
d.deseq <- DESeqDataSetFromMatrix(countData = d,
  colData = cData,design = ~celltype)
```

下一个函数调用实际上完成了几个不同的分析步骤，这些在原始的 DESeq 包中是单独的命令，但为方便起见，在 DESeq2 已打包到一个命令中。

```
d.deseq <-DESeq(d.deseq)
```

现在我们应该已经得到结果，可以使用 results() 命令来查询。如果你想知道我们如何可以看出结果列被称为 "celltype_hES_vs_GM"，答案是你可以通过调用 resultsNames() 函数列出可用的结果。

```
res <- results(d.deseq, "celltype_hES_vs_GM")
```

让我们把重点放在调整后的 p 值小于 0.01 的基因。

```
sig <- res[which(res$padj < 0.01),]
```

保留只有这些基因的名称的一个列表：

```
sig.deseq <-rownames(sig)
```

8.5.6 可视化

我们可能想要以各种方式可视化地查看数据。用于检查潜在的离群值或样本差错的一个常用的方法是对样本绘制一个相关性热图或主成分（PCA）图。当然，这一点也可以在差异表达分析之前进行。然而，DESeq 提供一个方便的函数，用于将数据转换成更适合热图和主成分分析可视化的形式：

```
vsd <- getVarianceStabilizedData(d.deseq)
```

现在我们可以看看样本之间的相关性：

```
heatmap(cor(vsd),cexCol=0.75, cexRow=0.75)
```

参数 cexCol 和 cexRow 用于使样本标签足够小，以适合在图中显示（图 8.3）。

通过使用 R 中的 prcomp() 函数，我们可以看看 PCA 图（图 8.4）。我们需要转置表达矩阵来得到按样本而不是按基因的主成分得分：

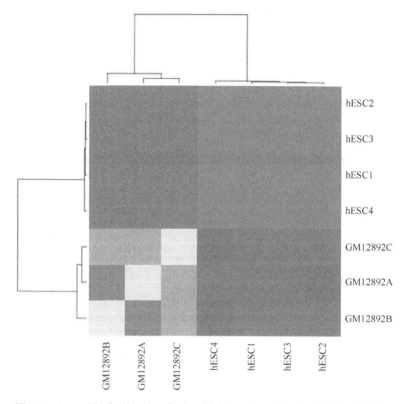

图 8.3 细胞系样本的相关性热图。样本可以明显地分成两个不同的组。

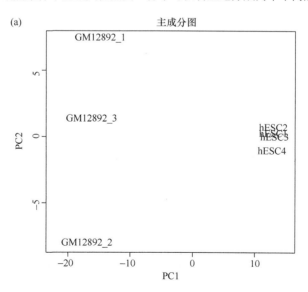

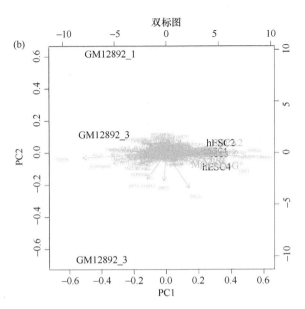

图8.4 （a）细胞系样本的主成分图。样本明显可以沿主成分 1（*x* 轴）分成两组。（b）双标图既显示样本在 PC1-PC2 空间中的相对位置，又显示不同基因对主成分的贡献。

```
pr <- prcomp(t(vsd))
plot(pr$x,col="white",main="PC plot",
xlim=c(-22,15))
text(pr$x[,1],pr$x[,2],labels=colnames(vsd),
cex=0.7)
```

我们也可以使用 biplot 函数来得到一个类似的 PCA 图，但其中还包括每个基因对主成分的信息贡献如何：

```
biplot(pr,cex=c(1,0.5),main="Biplot",
col=c("black","grey"))
```

在差异表达分析完成后，有几个不同类型的图可能是有用的。火山图（volcano plot）针对每个基因折数变化的对数显示 *p* 值的负对数，其形状往往像是一座爆发的火山。我们用红色突出显示调整的 *p* 值低于 0.01 的基因。

```
plot(res$log2FoldChange,-log(res$padj),pch=15)
points(sig$log2FoldChange,-log(sig$padj),
  col="grey",pch=15)
library("calibrate")# if not installed,run 'install.
  packages("calibrate")'
textxy(sig$log2FoldChange,-log(sig$padj),rownames(sig),
  cex=0.9)
```

在这个例子中，几乎所有的基因看起来都是差异表达的（实际上大约一半，但大部分非差异表达的基因被挤压在一起，围绕原点）。这也许并不令人惊讶，因为这些细胞系是如此不同（图 8.5）。

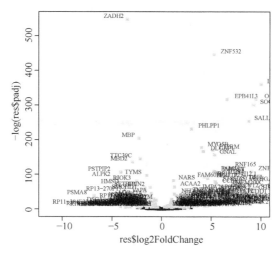

图 8.5　一个火山图，针对每个基因折数变化的对数（log fold change）显示 p 值的负对数。调整后的 p 值低于 0.01 的基因被显示为红色（原书无彩图，译者注）。

最后，可视化地检查一些个别的基因可能是有用的。箱线图或条形图常常是对此有用的。让我们循环至 10 个差异表达最大的基因并看看箱线图。首先，按调整后的 p 值对基因进行排序：

```
sig.ordered <- sig[order(sig$padj),]
for(gene in head(rownames(sig.ordered))){
boxplot(vsd[gene,which(grp=="GM")],vsd[gene,
which(grp=="hES")],main=paste(gene,signif(sig
[gene,"padj"],2)),names=c("GM","hES"))
readline()
}
```

或者对于条形图：

```
for(gene in head(rownames(sig.ordered))){
barplot(vsd[gene,],las=2,col=as.numeric(as.
factor(grp)),main=gene,cex.names=0.9)
readline()
}
```

图 8.6 为一个单一的基因给出了示例图。

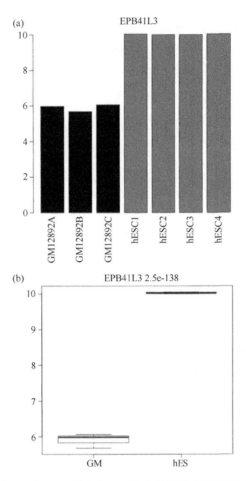

图 8.6 （a）条形图显示 GM 和 hES 样本中一个特定基因的表达水平（按归一化的计数单位）。（b）箱线图显示每个组（GM 或 hES）内同一基因的表达分布。粗线表示中位数。

8.5.7 供参考：其他 Bioconductor 包的代码例子

下面提供使用 limma、edgeR 和 sam rBioConductor 包执行差异表达分析的示例代码。在图 8.7 中，总结了不同方法之间对于我们的简单示例情况（GM 与 hES 细胞）的一致性。令人安心的是，159 个基因被所有 4 个程序鉴定为差异表达的。（请注意，具体数字可能取决于使用的软件版本）。DESeq、limma 和 edgeR 每个都只识别出一个由其他程序找不到的基因，而 SAMSeq 识别了 42 个这种基因。在没有额外信息的情况下，我们不能说这是归因于 SAMSeq 的较高的灵敏度还是归因于更高的错误发现率；我们只能说，在此特定场景中 SAMSeq 似乎将更宽松的准则用于检验差异表达。在这里取得的方法之间一致性的水平绝不是对于所有

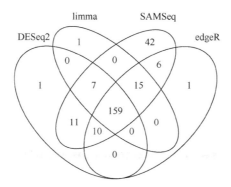

图 8.7　调用 DESeq2、limma、SAMSeq 和 edgeR 的差异表达的一致性，显示为一个四向维恩图（four-way Venn diagram）。159 个基因被所有 4 个软件包识别为差异表达的。

实验都是典型的，它可能源自所比较的细胞系中非常明显的生物学差异。对于更相似的样本组（如同在患者的病例-对照研究中那样），更常见的是在差异表达分析方法之间观察到相当大的不一致。

8.5.8　limma

```
library(limma)
grp <- c("GM","GM","GM","hES","hES","hES","hES")
des <- model.matrix(~0+grp)
colnames(des)<- c("GM","hES")
contrast.matrix <- makeContrasts(GM-hES,levels=des)
d.norm <- voom(d,design=des)
fit <- lmFit(d.norm,des)
fit2 <- contrasts.fit(fit,contrast.matrix)
fit2 <- eBayes(fit2)
topTable(fit2,adjust="BH")
all <- topTable(fit2,adjust.method="BH",number=10000)
sig <- all[all$adj.P.Val < 1e-2,]
sig.limma <- sig$ID # If this doesn't work,try sig.
limma <- rownames(sig)
# If you want to compare the consistency of the limma and
DESeq results:
intersect(sig.limma,sig.deseq)
```

8.5.9　SAMSeq（samr 包）

SAMSeq 不同于其他包的地方在于它可以对同样的比较给出不同的结果，因为它基于排列检验（permutation test），这种检验从数据集中抽取随机样本。为了重现结果，显式地指定一个随机种子可能是有用的，正如我们在代码示例中所做的那样。

```
library(samr)
# Note that samr is (as of Jan 2014)not in
BioConductor, so it needs to be installed using
install.packages. However,it depends on the impute
package which is a BioConductor package.
num.grp <- c(rep(1,3),rep(2,4))
samfit <- SAMseq(d,num.grp,resp.type="Twoclass
  unpaired", genenames=rownames(d),random.
  seed=101010,fdr.output=0.01,nperms=1000)
sig.sam <- c(samfit$siggenes.table$genes.up[,1],
  samfit$siggenes.table$genes.lo[,1])
```

8.5.10 edgeR

```
library(edgeR)
edgeR.dgelist = DGEList(counts = d,group = factor(grp))
edgeR.dgelist = calcNormFactors(edgeR.
  dgelist,method = "TMM")
edgeR.dgelist = estimateCommonDisp(edgeR.dgelist)
edgeR.dgelist = estimateTagwiseDisp(edgeR.
  dgelist,trend = "movingave")
edgeR.test = exactTest(edgeR.dgelist)
edgeR.pvalues = edgeR.test$table$PValue
edgeR.adjpvalues = p.adjust(edgeR.pvalues,method = "BH")
sig.table <- edgeR.test$table[which(edgeR.
adjpvalues < 0.01),]
sig.edgeR <- rownames(sig.table)
```

8.5.11 多因素实验的 DESeq2 代码示例

对于我们的多因素实验的例子，我们将重点放在差异表达检验，不在数据准备上花时间。让我们安装和加载 parathyroid（甲状旁腺）包，其中包含一个实验的基因和外显子水平上读段的计数，其中 4 个甲状旁腺肿瘤被培养，并在两个不同时间点上用两种不同的药物处理（或作为对照，未经处理）。24 个样本（4 个患者×3 种处理×2 个时间点）进行 RNA 测序。一个样本由于文库制备方面的问题被排除。

```
source("http://bioconductor.org/biocLite.R")
biocLite("parathyroid")
library(parathyroid)
# You may need to install the bitops and/or DEXSeq
packages for this to work.
```

帮助系统（键入??parathyroid）告诉我们，我们可以用下面的命令加载一个对象，包含基因水平的信息：

```
data("parathyroidGenes")
```

我们可以使用 pData() 获得关于样本的信息：

```
meta <- pData(parathyroidGenes)
head(meta)
```

	size	Factor	experiment	patient	treat-ment	time	submis-sion	study	sample	run
SRR 479052		NA	SRX140503	1	Control	24h	SRA 051611	SRP 012167	SRS 308865	SRR 479052
SRR 479053		NA	SRX140504	1	Control	48h	SRA 051611	SRP 012167	SRS 308866	SRR 479053
SRR 479054		NA	SRX140505	1	DPN	24h	SRA 051611	SRP 012167	SRS 308867	SRR 479054
SRR 479055		NA	SRX140506	1	DPN	48h	SRA 051611	SRP 012167	SRS 308868	SRR 479055
SRR 479056		NA	SRX140507	1	OHT	24h	SRA 051611	SRP 012167	SRS 308869	SRR 479056
SRR 479057		NA	SRX140508	1	OHT	48h	SRA 051611	SRP 012167	SRS 308870	SRR 479057

counts 命令返回一个计数表：

```
dim(counts(parathyroidGenes))
```

如果我们仔细看看带有样本信息的这个表，我们可能会注意到对于一些样本（如第 9 行和第 10 行）我们有两个条目。这些对应于对同一样本的不同轮测序。针对这种不便可以用几种方法来处理。一种方法是将属于同一个样本的所有计数简单地相加。但是，这掩盖了来自测序批次的潜在的偏差。相反，我们将让条目保持独立，但在线性模型中包括来自测序运行的一个项。通过这种方式，我们可以尝试对批次效应进行矫正，至少在某种程度上。

```
meta$run <- c(rep(1,9),2,1,1,2,rep(1,10),2,1,1,2)
```

让我们假设我们想要寻找用 DPN 处理的肿瘤和未处理的肿瘤之间显著的基因表达差异。我们应该怎样去做呢？注意我们有 4 件事物在变化：患者、时间点、处理和测序运行。

让我们准备描述实验的表和计数表：

```
countData <-counts(parathyroidGenes)
```

如前所述，过滤掉低表达基因，这一次要求计数的总数至少与样本数目相同

（因此平均来说，每个样本必须至少有一个计数）。

```
countData     <-countData     [rowSums(countData)>=     ncol
(countData)]
```

使用患者、运行、时间和治疗作为协变量创建 DESeqDataSet 对象：

```
dds <- DESeqDataSetFromMatrix(countData = countData,
                colData = meta,
                design = ~patient + run + time + treatment)
```

现在，你可以用 counts（dds）访问 dds 对象中的计数表，用 design（dds）访问 dds 对象中的设计公式。

在运行 DESeq 命令之前估计用于归一化的大小因素（在 DESeq 的所有版本中可能不需要这一步）：

```
dds <-estimateSizeFactors (dds)
```

如前所述那样运行 DESeq 命令。这将构建一个 GLM，拟合模型，并对各种比较进行检验。如果你在 results（）函数中不指定任何东西，默认的比较将是对于处理差异的（因为处理被列为设计公式中的最后一个因素）：

```
dds <-DESeq(dds)
```

若要找出结果中可用的比较，使用 resultsNames（）：

```
resultsNames(dds)
```

要获得结果并选取显著差异表达的基因用于 DPN 与对照的比较：

```
res <- results(dds,contrast=c("treatment","DPN",
"Control"))# In older versions of DESeq2,you may
instead need to write:
res <- results(dds,"treatment_DPN_vs_Control")
sig.deseq <- res[which(res$padj<0.01),]
sig.deseq.names <- rownames(sig.deseq)
```

如果你想全面比较 24 h 和 48 h 的时间点（包括所有的治疗和患者），你也可以用 results(dds,"time_48h_vs_24 h")等。

如果我们想要更具体或更复杂的比较怎么办？例如，一方面，我们可能想要比较 DPN 和对照之间的差异，另一方面，我们可能想要比较 OHT 和对照之间的差异，也就是说，差异之间的差异，它将告诉我们在 OHT 治疗中没有看到的关于 DPN 治疗效果的一些事情。为了做到这一点，我们可以使用 results（）函数（请注意，这只在 DESeq2 的 1.1.24 及以上版本中才是可用的）的 contrast 参数编码(DPN vs. control)−(OHT vs. control)。由于经由 resultsNames() 返回的向量的第七个条目为 "treatment_DPN_vs_Control"，第八个条目为 "treatment_OHT_vs_ Control"，我们可以输入：

```
res <- results (dds,contrast=c (0,0,0,0,0,0,1,-1))
```

8.5.12　供参考：edgeR 代码示例

```
library(edgeR)
d <- DGEList(counts=counts(parathyroidGenes))
d <- d[rowSums(d$counts)>=ncol(counts(parathyroidGenes)),]
d <- calcNormFactors(d,method="TMM")
# For checking if the normalization worked.This plots
the "count-per-million"distributions for each sample
boxplot(cpm(d,normalized.lib.sizes=T),outline=F,las=2)
meta <- pData(parathyroidGenes)
# Replace "run" by original run(1)or rerun(2)
meta$run <- c(rep(1,9),2,1,1,2,rep(1,10),2,1,1,1)
design <- model.matrix(~treatment+patient+run+time,data=
meta)
d <- estimateGLMCommonDisp(d,design)
d <- estimateGLMTrendedDisp(d,design)
d <- estimateGLMTagwiseDisp(d,design)
fit <- glmFit(d,design)
lrt <- glmLRT(fit,coef=2)
# The value of coef above depends on the comparison
you are interested in.You can check available
comparisons with colnames(coef(fit)).
temp <- topTags(lrt,n=100000)$table
sig.edger <- temp[temp$FDR < 0.01,]
sig.edger.names <- rownames(sig.edger)
# To compare(DPN vs control)vs(OHT vs control)instead:
lrt <- glmLRT(fit,contrast=c(0,1,-1,0,0,0,0,0))#
Corresponding to columns 2 and 3 in fit$design
```

8.5.13　limma 代码示例

```
library(limma)
countData <- counts(parathyroidGenes)
meta <- pData(parathyroidGenes)
# Replace "run" byoriginal run(1)or rerun(2)
meta$run <- c(rep(1,9),2,1,1,2,rep(1,10),2,1,1,1)
nf = calcNormFactors(countData,method="TMM")
voom.data <- voom(countData,design=model.matrix(~patie
  nt+run+time+treatment,data=meta),lib.
  size=colSums(countData)*nf)
```

```
voom.data$genes<- rownames(countData)
design = model.matrix(~patient+run+treatment+time,
  data=meta)
voom.fitlimma <- lmFit(voom.data,design)
voom.fitbayes <- ebayes(voom.fitlimma)
voom.pvalues <- voom.fitbayes$p.value[,"treatmentDPN"]
voom.adjpvalues <- p.adjust(voom.pvalues,method="BH")
sig.limma.names <- names(which(voom.adjpvalues<0.01))
# To compare (DPN vs control) vs (OHT vs control)
instead:
contrast.matrix <- makeContrasts(treatmentDPN-
  treatmentOHT,levels=design)
voom.fitlimma2 <- contrasts.fit(voom.fitlimma,
  contrast.matrix)
voom.fitbayes <- ebayes(voom.fitlimma2)
voom.pvalues <- voom.fitbayes$p.value
voom.adjpvalues <- p.adjust(voom.pvalues,method="BH")
sig.limma.names <- rownames(voom.pvalues)[(which(voom.
  adjpvalues<0.01))]
```

在 Chipster 中分析差异表达

可以在 Chipster 中利用 Cuffdiff、DESeq(2)和 edgeR 执行 DE 分析。Cuffdiff 将 BAM 文件作为输入，也可以用你自己的 GTF 文件。在这里我们集中于需要一个计数表作为输入的 DESeq 和 edgeR 工具：

• 分别使用 HTSeq 或 eXpress 计数每个基因或转录本的读段，并使用第 6 章中描述的工具 "Utilities/Define NGS experiment" 将所有样本的计数文件合并到一个计数表。除了计数表，还将生成一个 phenodata 文件，用于描述实验的设置。使用 phenodata 编辑器，标记属于同一组、在组列中具有相同号码的所有样本。对于更复杂的实验设计，可为每个因素添加一个新列。

• 选择计数表及 DESeq 或 edgeR 的工具之一。设置所需的显著性阈值，单击 "Run"。差异表达基因的列表作为一个表（可以通过在标题上单击对其进行排序）和一个 BED 文件给出。后者使你能够在 Chipster 基因组浏览器中导航，如第 4 章中所述。结果文件也包括一个色散图（dispersion plot）和一个 MDS 图，显示样本之间相对的相似之处。

• 如果使用工具 "Differential expression with edgeR for multivariate experiments"，请查阅手册页，以正确设置参数。请注意，结果表包含所有的基因，你可以基于你喜欢的任何列过滤它，使用工具 "Filtering/Filter table a column value"。

8.6　小　　结

RNA-seq 差异表达分析方法仍然在发展中，还远远不能确定一套"最佳做法"。关于归一化的最好方法，基因水平的分析对异构体层面分析的优点，以及使用什么测量单位来报告基因的表达水平，都还存在争论。

那么要选择哪个 DE 分析方法呢？如果你感兴趣的是差异表达的异构体，面向异构体的方法（如 BitSeq、Cuffdiff 和 ebSeq）当然是合适的选择，并且理论上在基因水平上还应工作得更好（因为基因水平的变化与异构体水平的变化有密切的联系）。然而，基准研究表明受欢迎的 R/BioConductor 包，如 DESeq、edgeR 和 limma，使用唯一地作图到基因的读段的简单计数作为输入数据，至少执行得一样好。这些特定的方法还有额外的优点，它们可以考虑多个变化的实验因素（"协变量"），使用广义线性模型框架。在每个组具有许多生物学重复的实验中，非参数方法也可能是值得考虑的，如 SAMSeq 和 NOISeq。这些方法避免了对读段的计数分布建模的棘手问题，但代价是，它们需要更多的重复，以获得统计功效。

就易用性来说，R/BioConductor 包都是相似的，需要基本熟悉 R 语言。PDF 参考手册和教程或 DESeq、limma 和 edgeR 的"简介"包含了丰富的信息，可以指导新手。应该说的是建立多因素分析需要一些实践，但最终努力是值得的。Cuffdiff 是一个 Linux/Mac OS X 可执行文件，因此需要熟悉利用命令行进行工作。分析的实际运行是一个简单的一步过程，虽然运行一个分析可能需要几小时或者几天，并且对内存（RAM）要求较高。基于 R 的方法通常更快，limma 或许是最快的，并且是较低内存密集型的，这样它们可以在普通笔记本电脑上运行。

参 考 文 献

1. Ringnér M. What is principal component analysis? *Nat Biotechnol* 26:303–304, 2008.
2. Müller F.-J., Schuldt B.M., Williams R., Mason D., Altun G., Papapetrou E., Danner S. et al. A bioinformatics assay for pluripotency in human cells. *Nat Methods* 8:315–317, 2011.
3. Auer P.L. and Doerge R.W. Statistical design and analysis of RNA sequencing data. *Genetics* 185:405–416, 2010.
4. Bengtsson M., Ståhlberg A., Rorsman P., and Kubista M. Gene expression profiling in single cells from the pancreatic islets of Langerhans reveals log-normal distribution of mRNA levels. *Genome Res* 15(10):1388–1392, 2005.

5. Anders S. and Huber W. Differential expression analysis for sequence count data. *Genome Biology* 11:R106, 2010.

6. Robinson M.D., McCarthy D.J., and Smyth G.K. edgeR: A Bioconductor package for differential expression analysis of digital gene expression data. *Bioinformatics* 26(1):139–140, 2010.

7. Esnaola M., Puig P., Gonzalez D., Castelo R., and Gonzalez J.R. A flexible count data model to fit the wide diversity of expression profiles arising from extensively replicated RNA-seq experiments. *BMC Bioinformatics* 14(1):254, 2013.

8. Law C.W., Chen Y., Shi W., Smyth G.K. Voom: Precision weights unlock linear model analysis tools for RNA-seq read counts. *Genet Mol* 15: R29, 2014.

9. Love MI, Huber W, and Anders S. Moderated estimation of fold change and dispersion for RNA-Seq data with DESeq2. bioRxiv, doi:10.1101/002832, 2014.

10. Li J. and Tibshirani R. Finding consistent patterns: A nonparametric approach for identifying differential expression in RNA-Seq data. *Stat Methods Med Res* 22(5):519–36, 2013. doi: 10.1177/0962280211428386.

11. Tarazona S., García-Alcalde F., Dopazo J., Ferrer A., and Conesa A. Differential expression in RNA-seq: A matter of depth. *Genome Res* 21(12):2213–2223, 2011. doi: 10.1101/gr.124321.111.

12. Mortazavi A., Williams B.A., McCue K., Schaeffer L., and Wold B. Mapping and quantifying mammalian transcriptomes by RNA-seq. *Nat Methods* 5(7):621–628, 2008. doi: 10.1038/nmeth.1226.

13. Trapnell C., Williams B.A., Pertea G., Mortazavi A., Kwan G., van Baren M.J., Salzberg S.L., Wold B.J., and Pachter L. Transcript assembly and quantification by RNA-seq reveals unannotated transcripts and isoform switching during cell differentiation. *Nat Biotechnol* 28(5):511–515, 2010. doi: 10.1038/nbt.1621.

14. Wang E.T., Sandberg R., Luo S., Khrebtukova I., Zhang L., Mayr C., Kingsmore S.F., Schroth G.P., and Burge C.B. Alternative isoform regulation in human tissue transcriptomes. *Nature* 456(7221):470–476, 2008.

15. Wagner G.P., Kin K., and Lynch V.J. Measurement of mRNA abundance using RNA-seq data: RPKM measure is inconsistent among samples. *Theory Biosci* 131(4):281–285, 2012.

16. Robinson M.D. and Oshlack A. A scaling normalization method for differential expression analysis of RNA-seq data. *Genome Biol* 11(3):R25, 2010. doi: 10.1186/gb-2010-11-3-r25.

17. Dillies M.A., Rau A., Aubert J., Hennequet-Antier C., Jeanmougin M., Servant N., Keime C. et al. on behalf of the FrenchStatOmique Consortium. A comprehensive evaluation of normalization methods for Illumina high-throughput RNA sequencing data analysis. *Brief Bioinform* 14(6):671–683, 2013.

18. Trapnell C., Hendrickson D.G., Sauvageau M., Goff L., Rinn J.L., and Pachter L. Differential analysis of gene regulation at transcript resolution with RNA-seq. *Nat Biotechnol* 31(1):46–53, 2013. doi: 10.1038/nbt.2450.

19. Soneson C. and Delorenzi M. A comparison of methods for differential expression analysis of RNA-seq data. *BMC Bioinformatics* 14:91, 2013.
20. Trapnell C., Roberts A., Goff L., Pertea G., Kim D., Kelley D.R., Pimentel H., Salzberg S.L., Rinn J.L., and Pachter L. Differential gene and transcript expression analysis of RNA-seq experiments with TopHat and Cufflinks. *Nat Protoc* 7(3):562–578, 2012. doi: 10.1038/nprot.2012.016.
21. Glaus P., Honkela A., and Rattray M. Identifying differentially expressed transcripts from RNA-seq data with biological variation. *Bioinformatics* 28(13):1721–1728, 2012.
22. Leng N., Dawson J.A., Thomson J.A., Ruotti V., Rissman A.I., Smits B.M.G., Haag J.D., Gould M.N., Stewart R.M., and Kendziorski C. EBSeq: An empirical Bayes hierarchical model for inference in RNA-seq experiments. *Bioinformatics* 29(8):1035–1043, 2013.
23. Limma user guide. http://www.bioconductor.org/packages/2.12/bioc/vignettes/limma/inst/doc/usersguide.pdf (Accessed 24 October 2013).
24. Bourgon R., Gentleman R., and Huber W. Independent filtering increases detection power for high-throughput experiments. *Proc Natl Acad Sci USA* 107(21):9546–9551, 2010. doi: 10.1073/pnas.0914005107.

第 9 章　差异外显子用法分析

9.1　引　言

在人类和许多其他真核生物中，一个基因可以以不同的形式表达。引起这些异构体的两种最常见的机制可能是可变启动子用法（alternative promoter usage）和可变剪接（alternative splicing）。可变转录起始位点（alternative transcription start site）导致 mRNA 起始的差异，而可变剪接造成一些外显子被跳过，完全不翻译。RNA-seq 为在全基因组水平上研究异构体的表达及其调控提供了令人兴奋的可能性。

大多数当前的 RNA-seq 方法产生短的读段，没有覆盖完整的转录本。相反，转录本需要从测序的片段组装。组装和随后的丰度估计可能具有挑战性，因为异构体通常具有共同的或重叠的外显子。此外，由于测序和文库制备中引入的偏差，沿转录本的覆盖是不均匀的。为了避免组装中的不确定性，研究它的可变异构体调控的一个方法是考察个别的外显子的用法方面的差异。前一章讨论了基因水平上的差异表达分析，但 RNA-seq 读段也可以被作图到外显子，以便可以对某些条件、组或处理之间外显子专化的计数的差异进行比较。这是本章的主题。

本章的重点在于来自 Bioconductor 项目的包 DEXSeq[1,2]。在 DEXSeq 包中实现的方法与 DESeq 包中实现的方法是相似的，DESeq 包是用于鉴定差异表达基因的。此外，DEXSeq 包的某些功能是从 edgeR 包借用的。因此，具体的方法不在这里再次详细讨论，建议读者查阅第 8 章。

因为我们的目标是要比较一些实验条件，确保为每个条件生成适当数目的重复是非常重要的。有一些方法允许比较两个不同的条件，每个组都只有单个重复。其中一种是使用 Fisher 的精确检验对基因或转录本中的读段计数进行简单的比较，一次一个基因或转录本。然而，这不允许我们把生物学的变异纳入考虑，即使我们对每个组有重复的样本。这个方法在软件 MISO[3]中实现，然而我们不会进一步讨论它。

如果每个组有重复样本可用，则可以更严格地寻找实验条件之间差异表达的外显子。可以假设读段的计数服从泊松分布，这是通常用于描述计数数据的一个统计分布。在实践中，特定基因或转录本的计数通常是过度发散的（overdispersed），负二项分布（它可以被认为是泊松分布的一个推广）是对数据的一个更好的拟合。因此，数据可以通过一个标准的广义线性（回归）模型来分析，它利用重复样本来估计全部外显子的方差或离散性。然而，在 RNA-seq 实验中样本总数通常是很小的，外显子专化的离散性的估计可能不准确。因此，在 DEXSeq 包中实现的方法使为每个外显子估计离散性成为可能，因为从其他有相似表达的外显子借用信息。

在 DEXSeq 中，对每个基因拟合一个单独的负二项模型。一个基因的对数表达（或作图到它的读段的计数的对数）被建模为以下的函数：①基因的基准（baseline）表达；②作图到该基因也作图到某个外显子的读段的期望比例；③在某个条件下折数（fold）变化的对数；④条件对作图到某一外显子的计数比例的影响。该模型既可以让我们确定差异表达的基因，又可以让我们确定差异表达的外显子。

利用 DEXSeq 进行分析的一个典型的工作流程包括计数每个外显子的读段和在 R 中读入计数表，通过估计大小因素进行归一化，外显子专化的离散性值的估计，检验差异外显子用法，可视化结果。下面使用例子中的 ENCODE 数据集详细介绍这些步骤。

9.2　准备 DEXSeq 的输入文件

DEXSeq 的输入文件是使用 DEXSeq 包自带的两个 Python 脚本生成的。此外，还需要 Python 包 HTSeq。最初，使用 Python 脚本 dexseq_prepare_annotation.py 生成一个扁平的（flattened）GTF 文件。然后使用 Python 脚本 dexseq_count.py 生成每个外显子的计数（实际上是每个外显子区域或外显子箱；见参考文献[2]）。生成计数表的详细说明，请参阅第 6 章。查看 DEXSeq 的简介也是有用的（这是一个帮助文件，给出包的用法的详细例子；可以从 Bioconductor 网站获取），因为可能会更改过程的细节。另外，这一过程也可以单独采用 Bioconductor 功能来进行，如第 7 章中所述［函数 generateCountTable()］，在包 parathyroidSE 的简介中也有描述。

Python 脚本 dexseq_count.py 要求扁平的 GTF 文件，以及 SAM 或 BAM 格式的比对文件。包含双端数据的文件需要按读段的名称或基因组的位置进行排序。如果你的文件是 BAM 格式的，你可以使用 SAMtools（http://samtools.sourceforge.net/）将它们转换成 SAM 格式。可以使用下面的命令转换来自 ENCODE 项目的 BAM 文件：

```
samtools view -h Gm12892_1_chr18.bam -o Gm12892_1_chr18.sam
```

其中，GM12892_1_chr18.bam 是输入文件的名称，GM12892_1_chr18.sam 是输出文件的名称。

上面生成的每个 SAM 文件处理如下。请注意，你还需要表明你的数据是否利用链专化的规程产生的（-s no）。

```
python dexseq_count.py -p yes -s no -r name
Homo_sapiens.GRCh37.70.chr18.chr.gtf Gm12892_1_chr18.sam
gm1.txt
```

这些命令创建了 7 个文本文件：gm1，…，gm3 和 h1，…，h4。每个文本文件包含两列，第一列（id）由 Ensembl 基因标识符组成，用一个冒号与外显子号分开，第二列（count）包含作图到那个外显子的读段的计数（表中并不真正包含标题行，其在这里仅用于举例说明的目的）：

Id	Count
ENSG00000235552：002	35 769
ENSG00000175886：001	15 732
ENSG00000235552：003	7 515
ENSG00000235297：001	7 275
ENSG00000215492：008	5 882

DEXSeq 包中的 R 函数是与 HTSeq Python 包的功能无缝集成的，产生的这些文本文件可以直接导入到 R，这是我们接下来将介绍的。

9.3　将数据读入 R

通过来自 DEXSeq 包的函数 read.HTSeqCounts（）来读取所有样本专化的计数表。该函数需要获取一个输入的文件名称的列表，类似于产生计数文件的过程中使用的扁平 GTF 文件的名称，以及一个数据框，描述实验设置和差异外显子使用的统计分析过程中需要的变量。如果数据导入过程中不使用 GTF 文件，则不能产生某些可视化，但仍可以执行统计检验。

让我们首先描述实验设置。在 ENCODE 数据集中有 3 个 GM 样本和 4 个 hESC 样本。我们将首先导入 GM 样本，然后导入 hESC 样本。向量 sample name 将包含原始的样本名称，向量 condition 将包含样本的分组，要么到 GM 样本，要么到 hESC 样本。这些向量被首先生成，然后它们被一起绑定到一个数据框，称为 phenodata，如下所示：

```
samplename<-c("Gm12892_1", "Gm12892_2", "Gm12892_3",
              "hESC_1", "hESC_2", "hESC_3", "hESC_4")
condition<-c("gm", "gm", "gm", "esc", "esc", "esc", "esc")
phenodata<-data.frame(samplename, condition)
rownames(phenodata)<-c("gm1","gm2","gm3","h1","h2","h3","h4")
```

一旦 Phenodata 到位，计数表可以被读入 R。在这里我们将数据读到一个称为 ec 的 ExonCountSet 对象：

```
library(DEXSeq)
ec<read.HTSeqCounts(countfiles=c("gm1.txt","gm2.txt","
gm3.txt",
                              "h1.txt","h2.txt","h3.txt",
                               "h4.txt"),
                    design=phenodata)
```

有时整个外显子计数数据集是在单个表中。在这种情况下，此表可以：①分解成单个文件并如上所述那样读入 R；②或作为一个表读入到 R，然后利用命令 newExonCountSet()转换成一个 ExonCountSet。这种方法是相当简单的，唯一的障碍是为表的每一行生成基因 ID 和外显子 ID。然而，这些可从表的行名称（rownames）产生，通过在列上将其拆分。整个过程举例如下：

```
dat<-read.table("ENCODE_ngs-data-table_exons.tsv",
header=T,sep="\t")
nc<-nchar(rownames(dat))
geneids<-substr(rownames(dat), 1, nc-4)
exonids<-substr(rownames(dat),nc-2, nc)
ec2<-newExonCountSet(dat, phenodata, geneids, exonids)
```

9.4　访问 ExonCountSet 对象

创建包含数据的 R 对象后，检查一下对象被正确创建并以正确的格式包含正确的数据，这是一个好的习惯。可以用函数 design()访问由样本注释组成的 phenodata：

```
design(ec)
```

	samplename	condition
gm1.txt	Gm12892_1	gm
gm2.txt	Gm12892_2	gm
gm3.txt	Gm12892_3	gm
h1.txt	hESC_1	esc
h2.txt	hESC_2	esc
h3.txt	hESC_3	esc
h4.txt	hESC_4	esc

可以使用函数 counts()访问读段的计数。让我们利用函数 head()将打印到屏幕的行数限制为 10：

```
head(counts(ec),10)
```

	gm1.txt	gm2.txt	gm3.txt	h1.txt			
	h2.txt	h3.txt	h4.txt				
ENSG00000000003:E001	0	0	0	0	0	0	0
ENSG00000000003:E002	0	0	0	0	0	0	0
ENSG00000000003:E003	0	0	0	0	0	0	0
ENSG00000000003:E004	0	0	0	0	0	0	0
ENSG00000000003:E005	0	0	0	0	0	0	0
ENSG00000000003:E006	0	0	0	0	0	0	0
ENSG00000000003:E007	0	0	0	0	0	0	0
ENSG00000000003:E008	0	0	0	0	0	0	0
ENSG00000000003:E009	0	0	0	0	0	0	0
ENSG00000000003:E010	0	0	0	0	0	0	0

利用函数 fData()访问特征数据或基因与外显子的注释：

```
head(fData(ec),10)
dispBefore
geneID      exonID      testable    Sharing    dispFitted
ENSG00000000003:E001 ENSG00000000003          E001          NA
NA      NA
ENSG00000000003:E002 ENSG00000000003          E002          NA
NA      NA
ENSG00000000003:E003 ENSG00000000003          E003          NA
NA      NA
ENSG00000000003:E004 ENSG00000000003          E004          NA
NA      NA
ENSG00000000003:E005 ENSG00000000003          E005          NA
NA      NA
ENSG00000000003:E006 ENSG00000000003          E006          NA
NA      NA
ENSG00000000003:E007 ENSG00000000003          E007          NA
NA      NA
ENSG00000000003:E008 ENSG00000000003          E008          NA
NA      NA
ENSG00000000003:E009 ENSG00000000003          E009          NA
NA      NA
ENSG00000000003:E010 ENSG00000000003          E010          NA
NA      NA

dispersion pvalue padjust chr start end strand transcripts
ENSG00000000003: E001 NA NA NA <NA>NA NA <NA><NA>
```

```
ENSG00000000003:E002 NA NA NA <NA>NA NA <NA><NA>
ENSG00000000003:E003 NA NA NA <NA>NA NA <NA><NA>
ENSG00000000003:E004 NA NA NA <NA>NA NA <NA><NA>
ENSG00000000003:E005 NA NA NA <NA>NA NA <NA><NA>
ENSG00000000003:E006 NA NA NA <NA>NA NA <NA><NA>
ENSG00000000003:E007 NA NA NA <NA>NA NA <NA><NA>
ENSG00000000003:E008 NA NA NA <NA>NA NA <NA><NA>
ENSG00000000003:E009 NA NA NA <NA>NA NA <NA><NA>
ENSG00000000003:E010 NA NA NA <NA>NA NA <NA><NA>
```

用函数 geneIDs() 访问基因 ID。看看每个基因有多少个外显子可能是有趣的。让我们数一下前面少数几个基因的外显子数目：

```
data.frame(head(table(geneIDs(ec))))
ENSG00000000003           15
ENSG00000000005           9
ENSG00000000419           19
ENSG00000000457           21
ENSG00000000460           48
ENSG00000000938           29
```

在这里使用函数 data.frame() 只是为了得到一个打印出来更好看的表。例如，基因 ENSG00000000003 有 15 个外显子。

同样，可以计数具有特定量外显子的基因的数目：

```
head(data.frame(table(table(geneIDs(ec)))))
Var1    Freq
1   1   20436
2   2   7868
3   3   3394
4   4   2068
5   5   1771
6   6   1240
```

在此数据集中似乎有 20 436 个基因只有单一的外显子。在该数据集中一个"基因"的外显子的最大数目是 394。

9.5　归一化和方差估计

样本之间测序深度通常不同，在分析过程中应考虑覆盖率方面的这种偏差。这是通过归一化来完成的。DEXSeq 包使用的归一化方法与 DESeq 包中的相同。它试图归一化样本之间的文库大小和转录组组成。这种特定的归一化为实验中的每个样本估计一个大小因素（size factor）。大小因素反映不同样本的相对测序深度。

使用函数 estimateSizeFactors()来估计大小因素:

```
ec <-estimateSizeFactors(ec)
```

要检查大小因素是什么，你可以使用一个访问器函数 sizeFactors():

```
sizeFactors(ec)
gm1.txt gm2.txt gm3.txt h1.txt h2.txt h3.txt h4.txt
1.6255635   0.7823607   0.7864354   1.1872495   1.0721540
1.0778185 0.8696311
```

估计了大小因素之后，在我们可以对差异外显子用法执行实际的统计检验之前，我们仍然需要估计外显子专化的离散性（方差）。离散性是从数据集中的生物学重复估计的，但也可以是数据集中存在的技术重复。通常无法为每个外显子分别估计离散性，因为数据集中的生物学重复的数目通常较少。因此，离散性的估计是通过从大约以与正在被估计离散性的外显子同样的速度表达的外显子借用信息来完成的。这种方法经常被称为以一种依赖强度（intensity-dependent）的方式进行的离散性估计。

每个基因的离散性估计值是用函数 estimateDispersions()计算的。离散性值的计算可能需要相当的时间，但可以监视进度，因为对于到目前为止已处理的每 100 个基因，会在屏幕上打印一个点。

```
ec <-estimateDispersions(ec)
Dispersion estimation.(Progress report:one dot per
100 genes)
. .
```

在这个特定的例子中，离散性估计还给出两个警告消息:

```
Warning messages:
1:In .local(object,...):
Exons with less than 10 counts will not be tested. For more
details please see the manual page of 'estimateDispersions',
parameter 'minCount'
2: In .local(object,...):
Genes with more than 70 testable exons will be omitted from
the analysis. For more details please see the manual page of
'estimateDispersions',parameter 'maxExon'.
```

这两个警告消息都不是致命的，已经成功地进行了估计。这里的信息是要提醒你，函数 estimateDispersions()有两个额外的参数，用来限制处理的外显子的数目。参数 minCount 的默认值为 10，在这一步只处理至少具有最小计数数目的外显子。此外，默认情况下参数 maxExons 限制了一个基因中外显子的最大数目不超过 70。如果一个基因中有多个外显子，则不对其估计离散性。

结果存储在对象 ec 的 featureData 槽的 DispBeforeSharing 列。例如，你可以利用 featureData(ec)@data$dispBeforeSharing 或 fData(ec) $dispBeforeSharing 来访问值。

刚才估计的离散性的值仍需要调整，以便它们从同样表现的外显子借用信息。这是利用以下命令来完成的，它对离散性数据拟合一个简单的函数：

```
ec <-fitDispersionFunction(ec)
```

这也将调整的离散性估计值保存到 featureData 槽的 dispersion 列。调整了离散性的估计后检查一下结果是很好的做法。使用一个图来检查是最好的，其中将归一化计数的均值放在水平轴上，将离散性放在垂直轴上。此外，平均离散性函数被作为一条线添加到图上（图 9.1）。该图可以用函数 plotDispEsts()产生，这个函数在 DEXSeq 包的简介代码中可以找到，在本书的补充代码中也可以找到：

```
plotDispEsts(ec)
```

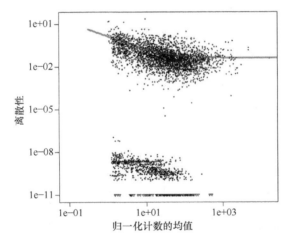

图 9.1 平均离散性图。图中的每个点代表一个外显子。检查一下绘制的线条
（平均离散性函数）遵循数据云的形状。

靠近图的底部的一组点是具有很小的离散性估计值的外显子。一些点形成图底部的一条线，其离散性实际上为零。

9.6 检验差异外显子用法

一旦估计了大小因素（归一化）和离散性值，我们就有了对差异外显子用法进行统计检验的所有组件。该检验是基于利用似然检验对两个广义线性模型进行的比较。在 ENCODE 数据集中，只有两个组要比较，在实践中检验是相当简单的。

对于每个外显子拟合两个不同的模型。零模型（null model）试图从样本、外显子和条件的主效应对外显子的表达建模，条件是样本所属的组。备择模型（alternative model）另外考虑到一个特定的外显子的主效应及其与条件的互作。这些模型可以正式地写为

零模型：计数 ~ 样本 + 外显子 + 条件

备择模型：计数 ~ 样本 + 外显子 + 条件 + 外显子

= 外显子 ID + 条件 * 外显子 = 外显子 ID

可以用命令 testGeneForDEU_BM() 检验单个基因的外显子。这个命令需要两个参数，exonCountSet 对象和一个基因的名称。例如：

```
testGeneForDEU_BM(ec,"ENSG00000017797")
```

	deviance	df	pvalue
E001	1.4925835	1	2.218161e-01
E002	0.0998600	1	7.519977e-01
E003	1.3569223	1	2.440716e-01
E004	2.6444047	1	1.039151e-01
E005	12.0979356	1	5.047768e-04
E008	26.6814441	1	2.399145e-07
E009	4.7567963	1	2.918282e-02
E010	8.6114130	1	3.340630e-03
E011	0.8170818	1	3.660348e-01
E012	0.4034728	1	5.253012e-01
E013	0.7998242	1	3.711459e-01
E014	3.0656931	1	7.996105e-02
E015	4.2166483	1	4.002916e-02
E016	4.9595151	1	2.594748e-02
E017	0.1039061	1	7.471916e-01
E018	2.2409165	1	1.344013e-01
E019	0.4172684	1	5.183032e-01

该命令给出一个表，其中所有基因的外显子在行上，而结果在列上列出。偏差（deviance）列度量零模型和备择模型之间的拟合优度的差异。偏差值服从 χ^2 分布，每个外显子的 p 值是通过比较偏差与 χ^2 分布来计算的，df 为自由度的数目。最后一列包含外显子的 p 值。从 p 值（$\leqslant 0.05$）来看，ENSG00000017797 基因的 4 个外显子（5、8、9 和 10）在人类胚胎干细胞（ecs）和对照细胞（gm）之间差异表达。

通常情况下，我们不对单个基因及其外显子感兴趣，但我们想要对数据集中可用的所有基因和外显子进行检验。函数 testForDEU() 通过对数据集中的所有基因反复调用 testGeneForDEU_BM() 函数来简化此操作。然而，只有在离散性估计期间被标记为可检验的基因才会进行检验。被标记为可检验的基因可以从特征数

据表的 testable 列找到:

```
head(fData(ec))
```

	geneID	exonID	testable	dispBeforeSharing	dispFitted	dispersion
ENSG00000000003:E001	ENSG00000000003	E001	FALSE	NA	Inf	1e+08
ENSG00000000003:E002	ENSG00000000003	E002	FALSE	NA	Inf	1e+08
ENSG00000000003:E003	ENSG00000000003	E003	FALSE	NA	Inf	1e+08
ENSG00000000003:E004	ENSG00000000003	E004	FALSE	NA	Inf	1e+08
ENSG00000000003:E005	ENSG00000000003	E005	FALSE	NA	Inf	1e+08
ENSG00000000003:E006	ENSG00000000003	E006	FALSE	NA	Inf	1e+08

	pvalue	padjust	chr	start	end	strand	transcripts
ENSG00000000003:E001	NA	NA	<NA>	NA	NA	<NA>	<NA>
ENSG00000000003:E002	NA	NA	<NA>	NA	NA	<NA>	<NA>
ENSG00000000003:E003	NA	NA	<NA>	NA	NA	<NA>	<NA>
ENSG00000000003:E004	NA	NA	<NA>	NA	NA	<NA>	<NA>
ENSG00000000003:E005	NA	NA	<NA>	NA	NA	<NA>	<NA>
ENSG00000000003:E006	NA	NA	<NA>	NA	NA	<NA>	<NA>

　　实际的检验简单进行如下，但可能需要一点时间才能完成。如果你只有单一的染色体要进行分析，你差不多有足够的时间泡杯咖啡。然而，如果你有一个完整的基因组要分析，就会有足够的时间享受你的午餐、甜点和咖啡了。

```
ec<-testForDEU(ec)
Testing for differential exon usage.(Progress report:
one dot per 100 genes)

..
```

除了统计检验结果，我们还可以估计折数的变化:

```
ec<-estimatelog2FoldChanges(ec)
```

在我们产生了统计检验结果并可选地计算了折数变化值之后，我们可以产生合并的结果的一个汇总表:

```
res<-DEUresultTable(ec)
```

只有统计显著的结果可以与不显著的结果分开。前面少数几个统计显著的结果可以检查如下:

```
ind<-which(res$padjust <=0.05)
head(res[ind,])
```

	geneID	exonID	dispersion	pvalue
ENSG00000017797:E005	ENSG00000017797	E005	0.14779157	5.047768e-04
ENSG00000017797:E008	ENSG00000017797	E008	0.04967980	2.399145e-07
ENSG00000049759:E007	ENSG00000049759	E007	0.61660215	6.701749e-07
ENSG00000049759:E009	ENSG00000049759	E009	0.07053636	2.911027e-04
ENSG00000049759:E021	ENSG00000049759	E021	0.05289764	2.890047e-03
ENSG00000049759:E038	ENSG00000049759	E038	0.04466578	9.168722e-04

```
                          padjust      meanBase   log2fold(esc/gm)
ENSG00000017797:E0051.192748e-02    13.30575         -0.8620503
ENSG00000017797:E0081.681800e-05   199.74625          0.4350362
ENSG00000049759:E0074.239748e-05    20.98780         -2.3576794
ENSG00000049759:E0098.002469e-03    50.20427         -0.4834733
ENSG00000049759:E0214.639519e-02   136.85350          0.3015733
ENSG00000049759:E0381.957545e-02   703.55049          0.2016261
```

一些基因有一个合并的基因名称，如 ENSG00000119547+ENSG00000266636。这些是共享一些外显子的基因，以至于不可能将外显子仅仅分配给一个单一的基因。这种基因组合的结果可能是难以解释的，因为结果可能源于基因的差异表达，而不是外显子的差异表达。对于这种结果的一个示例，请参见下面的输出：

```
tail(head(res[ind,],69),3)
```

```
                                                             geneID   exonID
ENSG00000119547+ENSG00000266636:E002 ENSG00000119547+ENSG00000266636    E002
ENSG00000119547+ENSG00000266636:E003 ENSG00000119547+ENSG00000266636    E003
ENSG00000119547+ENSG00000266636:E007 ENSG00000119547+ENSG00000266636    E007
                                      dispersion         pvalue       padjust
ENSG00000119547+ENSG00000266636:E002   0.9580874   6.039439e-06   3.175235e-04
ENSG00000119547+ENSG00000266636:E003   0.1404351   2.284703e-04   6.719902e-03
ENSG00000119547+ENSG00000266636:E007   0.0598415   2.437996e-08   2.050842e-06
                                       meanBase      log2fold(esc/gm)
ENSG00000119547+ENSG00000266636:E002   1.527859             -3.839978
ENSG00000119547+ENSG00000266636:E003  14.307039             -1.286007
ENSG00000119547+ENSG00000266636:E007  81.487062              1.266303
```

有时，绘制这些特定基因的拼接图（splicing chart），看看结果是否反映基因或外显子的差异表达，可能是有益的。

9.7 可 视 化

有三种简单的可视化，MA 图、火山图和热图，可以很好地汇总得到的结果。第 11 章中将更详细地介绍这些图。然而，有一个专门的 MA 图函数用于利用 DEXSeq 包获得的结果。MA 图是一个正态散点图，其中在 x 轴上绘制外显子的平均表达，在 y 轴上绘制折数变化。

用于 ExonCountSet 对象的 MA 图函数在本书的补充代码和 DEXSeq 包的简介代码中可用。该函数用红色标记调整后的 p 值小于 0.1 的外显子，用三角形标记落在 y 轴范围以外的点。MA 图可以利用下面的代码生成，由此产生的图像显示在图 9.2 中。

```
x<-data.frame(baseMean = res$meanBase,
            log2FoldChange = res$'log2fold(esc/gm)',
            padj = res$padjust)
plotMA(na.omit(x), ylim = c(-4,4), cex = 0.8)
```

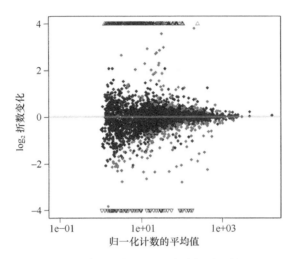

图 9.2　来自一个差异外显子用法分析结果的 MA 图。

　　可以用来对某个基因的外显子专化的结果进行可视化的一个函数是 plotDEXSeq()。可以在图中绘制拟合的表达、拟合的拼接，或归一化的计数。不幸的是，只有当数据集中所有基因的全部外显子注释（染色体、开始和结束位置、链和转录本名称）都存在于 exonCountSet 对象中时，该函数才能充分发挥作用。因为对于 ENCODE 数据集，并非所有的注释都可以找到，所以该函数必须修改，以便能够应对这个情况。修改后的函数存在于本书网站（http://chipster.csc.fi/material/RNAseq_data_analysis/）上各章的附加文件中。修改的函数为 plotDEXSeqSimple()，它的工作方式类似于 plotDEXSeq() 函数，但是它只对拟合的表达值绘图，如果要绘图的基因的全部外显子是充分注释的，它也对转录本结构绘图。

　　为了对单个基因绘图，函数 plotDEXSeqSimple() 期望获得 exonCountSet 的名称，要绘图的基因的名称（作为一个字符向量），以及一个逻辑指示符（说明是否要绘制图例）。下面的命令生成图 9.3 所示的结果：

```
plotDEXSeqSimple（ec,"ENSG00000226742",legend = TRUE）
```

　　包含差异表达外显子的基因的一个例子是 ENSG00000119541，用下面的代码为它绘图的结果显示在图 9.4 中。

```
plotDEXSeqSimple（ec,"ENSG00000119541",legend=TRUE）
```

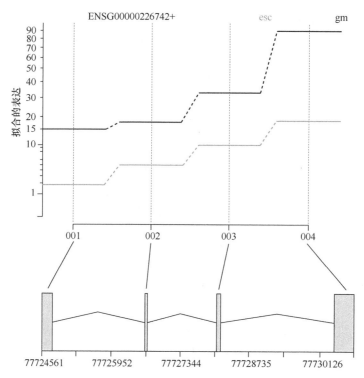

图9.3 用DEXSeq包获得的一个结果图。在上面的面板中，基因ENSG00000226742的外显子在两个条件（esc和gm）中的表达用两条线表示。每个外显子在gm细胞中比在esc细胞中明显地表达更多。因此，结果可能是由于整个基因的差异表达。这是足够真实的，结果表验证了这一点（res [res$geneID = ="ENSG00000226742",]），因为没有一个外显子是统计上显著差异表达的。下面的面板显示基因的外显子结构。外显子显示为灰色的条，内含子显示为外显子之间黑色的楔形线。

除了单一的图，还可以用一个简单的命令对所有显著的结果以HTML格式生成图：

```
DEXSeqHTML（ec, as.character（unique（res[ind, 1]）））
```

该命令在当前的工作目录中生成一个目录（文件夹）。此文件夹包含单个汇总网页和一个子文件夹，其中有各别的、基因专化的图。DEXSeqHTML（）函数的第一个参数是 exonCountSet，第二个参数是基因名称的一个向量，它指定应绘制哪些基因。

汇总页如图9.5所示。

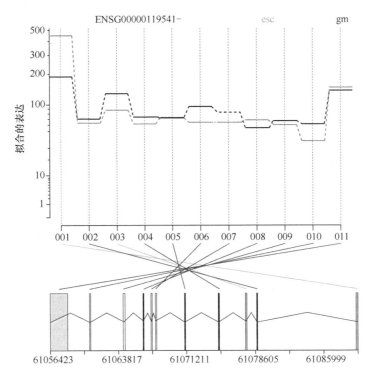

图 9.4　基因 ENSG00000119541 的结果。外显子 1 在 esc 和 gm 细胞系之间显然是差异表达的。
另一个外显子也是统计上显著差异表达的。你能猜出是哪一个吗？（它是 3 号外显子。）

DEXSeq differential exon usage test

Experimental design

sample	samplename	condition
chip.sample001.tsv	Gm12892_1	gm
chip.sample002.tsv	Gm12892_2	gm
chip.sample003.tsv	Gm12892_3	gm
chip.sample004.tsv	hESC_1	esc
chip.sample005.tsv	hESC_2	esc
chip.sample006.tsv	hESC_3	esc
chip.sample007.tsv	hESC_4	esc

formulaDispersion = count ~ sample + condition * exon

formula0 = count ~ sample + exon + condition

formula1 = count ~ sample + exon + condition * I(exon == exonID)

testForDEU result table

geneID	chr	start	end	total_exons	exon_changes
ENSG00000017797	chr18			20	3
ENSG00000049759	chr18			38	6
ENSG00000060069	chr18			15	1
ENSG00000067900	chr18			43	5
ENSG00000074695	chr18	56995055	57027194	13	3

图 9.5　由 DEXSeq 包生成的 HTML 报告的汇总页。显示了关于样本的信息，以及对数据拟合
的精确模型。底部的表包含各别基因的信息，表的每一行的第一列是那个特定基因的更详细结
果页面的链接。

> **在 Chipster 中分析差异外显子表达**
> * 使用工具 "RNA-seq/Count aligned reads per exons for DEXSeq" 计数读段，并使用工具 "Utilities/Define NGS experiment" 将所有样本的计数文件合并到一个计数表，如第 6 章中所述。除了计数表，还生成一个 phenodata 文件，可用于描述实验的设置。使用 phenodata 编辑器，在 group 列用一个相同的数字标记所有属于同一个组的样本。
> * 选择计数表和工具 "RNA-seq/Differential exon expression using DEXSeq"。在参数中，设置生物体和所需的 p 值的阈值，然后单击 "Run"。
> * 统计检验结果在两个文件中报告：一个用于所有的基因，另一个用于包含差异表达的外显子的基因。结果文件还包括一个 MA 图、一个离散性图和包含差异表达外显子的基因的一个可视化图。

9.8 小 结

一个基因可以通过可变启动子用法和可变剪接产生多个转录本异构体。RNA-seq 提供了在全基因组水平上研究异构体的表达和调控的令人兴奋的可能性。然而，转录本异构体的组装和丰度估计被共同外显子和非均匀的转录本覆盖复杂化。为了避免由转录本组装引入的不确定性，研究可变异构体调控的一个方法是考察外显子用法的差异。

DEXSeq 包允许用户利用为数据拟合的一个统计模型对差异外显子用法进行检验，这个模型是用负二项分布拟合的。DEXSeq 与 DESeq 包具有一些相同的功能，与 edgeR 包共享某些思想。DEXSeq 还包含一些功能，用于对分析的结果绘图。经过 DEXSeq 分析后，结果可以使用 Bioconductor 项目所提供的功能进一步注释或可视化。

参 考 文 献

1. Anders S. HTSeq documentation website, 2012. http://www-huber.embl.de/users/anders/HTSeq/doc/overview.html (Accessed 17 January 2014).
2. Anders S., Reyes A., and Huber W. Detecting differential usage of exons from RNA-seq data. *Genome Res* 22:2008, 2012. doi:10.1101/gr.133744.111
3. Katz Y., Wang E.T., Airoldi E.M., and Burge C.B. Analysis and design of RNA sequencing experiments for identifying isoform regulation. *Nat Methods* 7:1009–1015, 2010.

第10章 注释结果

10.1 引　言

总地来说，注释是附加到数据的任何批注、解释或一些标记（合起来称为元数据）。元数据往往附着到数据的某个特定的部分，但它们也可以描述数据如何、在哪里或什么时候被收集。然而，在生物信息学中，注释的意义是更具体的。基因组注释指的是识别和定位一个生物基因组的基因和其他功能元件及对它们附加一些其功能注解的过程。与一个基因相关联的典型的注释是基因组位置（染色体、染色体区带、碱基对）、外显子和内含子结构、转录本，以及某些功能性的概念，可能是以限定词汇的形式，如基因本体论（gene ontology，GO），或翻译的蛋白质在其中发挥作用的代谢途径［如 KEGG（Kyoto Encyclopedia of Genes and Genomes，京都基因和基因组百科全书）、反应组（Reactome，一个反应、途径和生物过程的数据库）］。

在 RNA-seq 实验中注释的使用通常是双重的。如果读段已经被作图到一个参考基因组，则在这个作图阶段注释被用来将读段指派到正确的基因和/或转录本。在数据分析之后，通常对有趣的或差异表达的转录本检索更详细的注释，以便可以推测观察到的结果的生物学意义。例如，使用基因和转录本的功能信息，如基因本体论类别，可以更精致地分析向上或向下调控的代谢途径。

本章包括差异表达的基因附加注释（重新注释）的检索和利用这些新的注释可能进行的一些分析。

10.2　检索附加注释

有大量的生物学数据库包含对基因、转录本及其产物的注释。现在注释经常被从主数据库［如 GenBank（http://www.ncbi.nlm.nih.gov/genbank/）］收集在一起，放到二级数据库，可能最有名的是基因组数据库，如 UCSC 基因组浏览器（http://genome.ucsc.edu/）和 Ensembl（http://www.ensembl.org/）。BioMart 的 Bio Portal（http://www.biomart.org/）提供一个方便的界面来从 Ensembl 和超过 40 个其他数据库检索信息。

有可能从这些来源及许多其他来源添加注释到差异表达的基因，可通过单独查询每个数据库，然后手工或使用现成的 Bioconductor 包组装一个综合的数据集，这些包只查询某些数据库，通常是那些具有关于转录本及其蛋白质产物的基本信息的数据库。

每个基因或转录本通常与一个登录号（accession number）相关联，这个登录号指向一些数据库中的具体特征。例如，每个基因在 Ensembl 数据库中有一个单独的和明确的登录号。在 Ensembl 数据库中基因专化的登录号以字符串 ENSG 开头，转录本专化的登录号以字符串 ENST 开头。除了登录号，还可以利用基因或转录本的序列查询数据库，这是 BLAST 搜索会完成的事情。有一个量身定做的服务，Blast2GO（http://www.blast2go.com/b2ghome），试图对已知或甚至以前未知的序列寻找相关的功能注释。有时，使用基因名称来查找注释是最好的，但不幸的是，这条路线很少是非常简单的。基因可能有几个常用的名称，即使在人类中基因名称某种程度上已经标准化，每个基因通常仍然有很多同义词。由于这种含糊不清的命名策略，利用基因名称进行跨物种比较通常是很不可靠的。总之，查找额外的信息时如果有登录号最好是用登录号。

使用登录号来查找基因和转录本信息的注释是相当简单的。有时，登录号需要从一个数据库公约（database convention）转换成另一个，这可能导致一些损耗和数据丢失，因为通常并不是所有登录号在其他数据库中都有一个直接的配对。例如，人类基因的估计的数目，在 Ensembl 和 UCSC 基因组浏览器中仍然是不同的。这源于略有不同的基因组注释过程。

接下来让我们为第 9 章中差异表达的基因检索一些额外的信息。将使用几个 Bioconductor 包来访问这些新的信息。

10.2.1 使用生物体专化的注释包检索基因的注释

将一些新的注释添加到基因的最简单方法之一是从 R 中生物体专化的注释包中得到它们。对于人类来说，这样的一个包是 org.Hs.eg.db，很多模式生物也有类似的包，所有这类包都包含一个前缀 org。生物体专化的包允许将某些登录号转换成其他数据库的登录号，也包含关于基因在基因组中的位置的基本信息，使用基因本体论类对其功能的注释等。让我们找出在第 9 章中确定的差异表达基因的 GO 类。

人类专化的包是基于 Entrez 基因登录号的，但它也包含 Ensembl ID。第 9 章中确定的差异表达基因包含 Ensembl ID。因此在将 GO 类附加到基因之前，我们需要将 Ensembl ID 转换成 Entrez 基因 ID，然后使用这些新的登录号从注释包中检索 GO 类。在该过程中预计可能会丢失一些信息。

对象 res 包含在第 9 章执行的差异表达分析的结果。它对每个基因包含若干行，因为实际上统计分析是对外显子，而不是对基因本身进行的。让我们首先将统计上显著的差异表达基因提取到对象 res2 中，然后从这一结果集中提取独特的 Ensembl 基因标识符到一个对象 deg 中：

```
res2<-res[!is.na (res$padjust) & res$padjust<=0.05, ]
deg<-as.character (unique (res2$geneID))
```

在这个数据集中共有 87 个差异表达的基因。实际数目可能会有所不同，但在 Windows 7 系统上利用相同版本的 R 及其扩展包应该产生相同数量的基因。这些可以转换成 Entrez 基因标识符，使用来自人类专化的包 org.Hs.eg.db 的环境 Hs.egENSEMBL2EG。它包含从 Ensembl 基因 ID 到 Entrez 基因 ID 的作图。

利用命令 ls()可以检查注释包中所有可用的字段：

```
library ("org.Hs.eg.db")
ls ("package: org.Hs.eg.db")
```

```
 [1] "org.Hs.eg"                "org.Hs.eg.db"
 [3] "org.Hs.eg_dbconn"         "org.Hs.eg_dbfile"
 [5] "org.Hs.eg_dbInfo"         "org.Hs.eg_dbschema"
 [7] "org.Hs.egACCNUM"          "org.Hs.egACCNUM2EG"
 [9] "org.Hs.egALIAS2EG"        "org.Hs.egCHR"
[11] "org.Hs.egCHRLENGTHS"      "org.Hs.egCHRLOC"
[13] "org.Hs.egCHRLOCEND"       "org.Hs.egENSEMBL"
[15] "org.Hs.egENSEMBL2EG"      "org.Hs.egENSEMBLPROT"
[17] "org.Hs.egENSEMBLPROT2EG"  "org.Hs.egENSEMBLTRANS"
[19] "org.Hs.egENSEMBLTRANS2EG" "org.Hs.egENZYME"
[21] "org.Hs.egENZYME2EG"       "org.Hs.egGENENAME"
[23] "org.Hs.egGO"              "org.Hs.egGO2ALLEGS"
[25] "org.Hs.egGO2EG"           "org.Hs.egMAP"
[27] "org.Hs.egMAP2EG"          "org.Hs.egMAPCOUNTS"
[29] "org.Hs.egOMIM"            "org.Hs.egOMIM2EG"
[31] "org.Hs.egORGANISM"        "org.Hs.egPATH"
[33] "org.Hs.egPATH2EG"         "org.Hs.egPFAM"
[35] "org.Hs.egPMID"            "org.Hs.egPMID2EG"
[37] "org.Hs.egPROSITE"         "org.Hs.egREFSEQ"
[39] "org.Hs.egREFSEQ2EG"       "org.Hs.egSYMBOL"
[41] "org.Hs.egSYMBOL2EG"       "org.Hs.egUCSCKG"
[43] "org.Hs.egUNIGENE"         "org.Hs.egUNIGENE2EG"
[45] "org.Hs.egUNIPROT"
```

在该包中有 45 个不同的字段可用，使用哪一个自然取决于我们感兴趣的信息。这些字段每一个有一个帮助页面，而我们选择了 org.Hs.egENSEMBL2EG 字段，因为它包含基因的最大数量的 GO 注释信息。

为了继续工作流程，首先将作图信息从包中提取到一个对象 xx 中，然后进一步转换成一个数据框 xxd：

```
xx <- as.list(org.Hs.egENSEMBL2EG)
xxd <- as.data.frame(unlist(xx))
```

对象 xxd 的内容应类似于：

```
head(xxd)
                  unlist(xx)
ENSG00000121410            1
ENSG00000175899            2
ENSG00000256069            3
ENSG00000171428            9
ENSG00000156006           10
ENSG00000196136           12
```

在对需要提取的部分生成索引之后，可以用简单的取子集（subsetting）提取包含差异表达基因的 Entrez 基因 ID 的行：

```
ind<-match(deg,rownames(xxd))
degeg<-xxd[ind,]
```

最初有 87 个差异表达的基因，但只对 74 个基因找到了 Entrez 基因 ID。接下来，我们可以为这 74 个基因搜索 GO 类。GO 类信息包含于包 org.Hs.eg.db 的环境 org.Hs.egGO 中。类似于我们对标识符所做的，我们首先将 GO 类提取到一个数据框，然后我们利用一个索引对其取子集，最终的结果将保存到一个列表 degeggo：

```
xx <- as.list(org.Hs.egGO)
ind<-match(degeg,names(xx))
degeggo<-xx[ind]
```

进一步使用 GO 类进行下游分析的问题是，某些基因可能作图到几个 GO 类，而把这些结果合并为一个简单的表或数据框（那将是易于操作的）并不总是直截了当的。

然而，有一个将结果纳入一个表格的简单方法。AnnotationDbi 包中有个函数 select()，可以用于从生物体专化的注释包中选择注释。它需要 4 个参数：注释包的名称，要搜索的登录号，要提取的字段，注释包的名称。可以用命令 keytypes() 找到包中可用的字段，例如：

```
library(AnnotationDbi)
keytypes(org.Hs.eg.db)
```

```
 [1] "ENTREZID"     "PFAM"         "IPI"          "PROSITE"      "ACCNUM"
 [6] "ALIAS"        "CHR"          "CHRLOC"       "CHRLOCEND"    "ENZYME"
[11] "MAP"          "PATH"         "PMID"         "REFSEQ"       "SYMBOL"
[16] "UNIGENE"      "ENSEMBL"      "ENSEMBLPROT"  "ENSEMBLTRANS" "GENENAME"
[21] "UNIPROT"      "GO"           "EVIDENCE"     "ONTOLOGY"     "GOALL"
[26] "EVIDENCEALL"  "ONTOLOGYALL"  "OMIM"         "UCSCKG"
```

　　每个字段可以作图到任何其他的字段，所以我们可以将差异表达的基因作图到 GO 类，要么使用 Entrez 基因 ID，要么使用 Ensembl 基因 ID。这可以通过以下命令之一来完成：

```
degeggo<-select(org.Hs.eg.db, as.character(degeg),
                "GO", keytype = "ENTREZID")
degeggo<-select(org.Hs.eg.db, as.character(deg),
                "GO", keytype = "ENSEMBL")
```

此命令的输出可能为每个基因检索若干个行，每行一个 GO 类别：

```
head(degeggo)
          ENSEMBL        GO    EVIDENCE     ONTOLOGY
1  ENSG00000017797 GO:0005096     IDA           MF
2  ENSG00000017797 GO:0005515     IPI           MF
3  ENSG00000017797 GO:0005829     TAS           CC
4  ENSG00000017797 GO:0006200     IDA           BP
5  ENSG00000017797 GO:0006810     IDA           BP
6  ENSG00000017797 GO:0006935     TAS           BP
```

　　每个 GO 类也与一个证据代码相关联，在 http://www.geneontology.org/GO.evidence.shtml 上有这种证据代码的文档。在上面显示的那些中，对 IDA 和 IPI 都进行了实验验证，TAS 是一个可追踪的作者描述。每个类也属于三个本体类之一，即生物学过程（biological process，BP）、分子功能（molecular function，MF），以及细胞成分（cellular component，CC），这在 ONTOLOGY 列中列出。现在数据处于我们进一步分析所需要的一种格式。

　　如果我们随后想要做一些比较分析，以发现是否有些 GO 类别在差异表达的基因中被富集，我们可能想要生成一个通用基因列表，包含来自 18 号染色体（ENCODE 实验只包括 18 号染色体的数据）的所有基因和它们的 GO 注释。res 对象（来自第 9 章）包含差异表达的基因，所以我们想要利用这些基因的染色体信息检索 GO 注释。然后我们过滤掉不位于 18 号染色体的基因或有染色体分配缺失的基因，并从表中删除染色体信息列：

```
univ<-as.character(unique(res$geneID))
univgo<-select(org.Hs.eg.db, univ, c("CHR", "GO"),
               keytype="ENSEMBL")
univgo<-univgo[univgo$CHR=="18" & !is.na(univgo$CHR),
               c(1, 3:5)]
```

10.2.2 使用 BioMart 检索基因的注释

　　来自 Bioconductor 项目的 biomaRt 包提供 BioMart 数据库的接口。在查询之

前需要选择一个数据库。可以使用以下命令生成所有 mart 的列表:

```
library(biomaRt)
listMarts()
```

在 mart 之中,你应该看到我们打算用于检索人类基因注释的 Ensembl。接下来要使用函数 useMart() 建立与数据库的连接,它采用 mart 的名称作为参数:

```
ensembl=useMart("ensembl")
```

选择了数据库之后,需要选择一个数据集。对于 Ensembl,这是基于生物体的。可以用函数 listDatasets() 列出可用的数据集:

```
listDatasets(ensemble)
```

对于人类来说,数据集被称为 hsapiens_gene_ensembl,在编写本书时它的版本是 GRCh37.p12。一旦选定了数据集,则可以更新 ensembl 对象以包括此信息:

```
ensembl = useDataset("hsapiens_gene_ensembl",
                     mart= ensembl)
```

一旦正确地建立连接,注释信息需要被选中,同样,如果有过滤器,也需要选择应用的过滤器。例如,我们打算为每个差异表达基因下载 Ensembl 登录号、染色体及 GO 类别,这些被统称为属性。此外,我们可以将搜索范围仅仅限制为 18 号染色体。可以用函数 listAttributes() 和 listFilters() 列出可用的属性和过滤器。因为两者都数以百计,我们会将它们保存在两个对象中,以方便浏览:

```
filters = listFilters(ensemble)
attributes = listAttributes(ensemble)
```

检查属性列表,我们需要使用的属性是 ensemble_gene_id、chromosome_name 和 go_id。我们还使用 chromosome_name 作为过滤器,因为我们只想得到 18 号染色体上基因的注释。利用函数 getBM() 提交数据库查询,它使用 4 个参数:attributes(属性)、filters(过滤器)、values(值)和 mart。属性和过滤器已经被涵盖了;values 参数应该取登录号的列表,当前这是在对象 deg 中,另外是用作过滤器的染色体的名称(保存在对象 chrom 中);mart 是 ensemble 在上面创建的对象。因此,完整的查询为

```
chrom<-c(18)
query<-getBM(attributes=c("ensembl_gene_id",
                          "chromosome_name",
                          "go_id"),
             filters="chromosome_ name",
             values=list(deg, chrom),
             mart=ensemble)
```

一旦查询就绪了,R 返回到提示符,我们可以检查由此产生的对象 query 的开头几行:

```
head(query)
ensembl_gene_id        chromosome_name    go_id
1ENSG00000101574              18         GO:0006139
2ENSG00000101574              18         GO:0003676
3ENSG00000101574              18         GO:0008168
4ENSG00000101574              18
5ENSG00000154065              18         GO:0005515
6ENSG00000080986              18         GO:0008608
```

每个基因可能有若干行，因为如上所述，在使用生物体专化的包的情况下，可能有几个 GO 类别被分配给一个基因，每一个都放在它们自己的行上。

在存储为对象 deg 的原始基因列表中有 87 个基因。如果你检查查询所返回的独特基因的数目，你将看到在原始基因列表中更多的基因被返回：

```
length(unique(query$ensembl_gene_id))
[1]289
```

这表明，如果我们只想要得到差异表达基因的结果，我们需要在查询中添加那些基因作为过滤器，例如：

```
query<-getBM(attributes=c("ensembl_gene_id",
                          "chromosome_name",
                          "go_id"),
             filters=c("ensembl_gene_ id",
                       "chromosome_name"),
             values=list(deg,chrom),
             mart=ensemble)
length(unique(query$ensembl_gene_id))
[1]72
```

我们可以运行同样的命令来得到分配给 18 号染色体的所有基因的注释：

```
query2<-getBM(attributes=c("ensembl_gene_id",
                           "chromosome_name",
                           "go_id"),
              filters=c("chromosome_ name"),
              values=list(chrom),
              mart=ensembl)
```

请注意，过滤器的顺序需要与值的顺序相同！在这里，在两个参数中首先是 Ensemble 基因 ID，其次是染色体名称。

10.3　使用注释进行基因集的本体论分析

在一些 GO 本体类、生物学代谢途径或其他功能团的表达谱实验中，通常会用到一些方法检验基因是否在某种程度上被富集（enriched）或过度代表（overrepresented）。这些方法已在若干个出版物中有所综述[1-3]。在这些方法中，常会用到几个术语：基因集分析（gene set analysis，GSA）、基因富集分析（gene enrichment analysis）、本体论分析（ontological analysis）。

在对过度代表的检验中常常使用一个 2×2 表。对于整个实验，基因首先被分配到过表达或非过表达的组，然后它们都被进一步分为部分，要么在要么不在某个功能团中。因此，可以构造一个简单的表，其中表的每个单元格中的基因数目用字母 a~d 表示：

	过表达	非过表达
在功能团中	a	b
不在功能团中	c	d

让我们看一个具体的例子，使用我们前面获得的、放在对象 query 和 query2 中的注释。共有 72 个差异表达的基因，在 18 号染色体上一共有 289 个基因。这并不能实际反映 18 号染色体上真实的基因数目，但它是 biomaRt 返回的数目。GO 类 0005515 意味着一个蛋白质关联的分子伴侣（protein-associated chaperone），下面的代码计数在这两个基因列表（query 和 query2）中有多少基因与该类别关联。首先我们将找到注释表的行，这些行中存放的基因其 GO 注释到类别 0005515，并将这些保存到单独的指示向量：

```
indq<-which(query$go_id=="GO:0005515")
indq2<-which(query2$go_id=="GO:0005515")
```

使用指示符，我们可以计数这两个基因列表中已注释到该类别的不同的基因。列 ensemble_gene_id 存放不含糊的基因标识符。只选择独特的基因标识符则会告诉我们想要的计数：

```
length(unique(query$ensembl_gene_id[indq]))# 44
length(unique(query2$ensembl_gene_id[indq2])# 132
```

在 18 号染色体上有 132 个基因与该 GO 类别关联，44 个基因是差异表达的。用于评价过度代表的 2×2 表则成为

	过表达	非过表达
在功能团中	44	132
不在功能团中	72−44 = 28	289−132 = 157

在 R 中我们可以使用函数 matrix()将此表表示为一个矩阵：

```
mat<-matrix(ncol=2,data=c(44,28,132,157))
mat
```

```
             [,1]          [,2]
   [1,]        44           132
   [2,]        28           157
```

按其最简单的形式，可以用 Fisher 的精确检验来检验过度代表，这在 R 中可以简单地利用函数 `fisher.test()` 对矩阵进行：

```
fisher.test(mat)
      Fisher's Exact Test for Count Data
   data: mat
   p-value = 0.02471
   alternative hypothesis: true odds ratio is not equal to 1
   95 percent confidence interval:
    1.069865 3.296576
   sample estimates:
   odds ratio
    1.86583
```

检验的 p 值小于经典使用的统计显著性阈值（0.05）。因此，GO 类别蛋白质相关的分子伴侣似乎在差异表达的基因之间是过度代表的。

下面的示例提供了如何对一个单一的功能类别进行分析的概况。在实践中，应分别对每个类别重复进行分析。上面讨论的 Fisher 检验只是基因集分析的许多不同的可能性之一，在本章其余部分将略微详细地讨论其他方法。

10.4 基因集分析详述

Goeman 和 Bühlmann[1]将不同的分析方法划分为竞争的和自包含的检验。在竞争的方法中，实验中的所有基因首先被分为在某个组（如一个 GO 类别）中的基因，以及不在此组中的所有其他基因。然后比较两组中差异表达基因的数目，如果结果是显著的，则表明该 GO 类别被激活。自包含的检验只使用某个组（如一个 GO 类别）中的基因信息，对该组中的基因没有差异表达的假设进行检验。

此外，Goeman 和 Bühlmann[1]从一个不同的角度来划分检验，即抽样单位。在采用 2×2 表的典型的检验中，基因被用作抽样单位，也就是说，被划分到表中单元格的是基因。这是与通常的统计做法不同的，通常的统计做法中样品或个体被作为抽样单位使用。Goeman 和 Bühlmann[1]在基因抽样和受试者抽样模型之间做出了这种区别。自包含的方法通常是基于受试者抽样的，竞争的方法通常植根于基因抽样。

Goeman 和 Bühlmann[1]及 Maciejewski[3]认为自包含的、基于受试者抽样的方法比其他方法更合理，并且容易解释。使用这种方法的算法有 SAFE [4]和 Globaltest[5]，两者都是作为 Bioconductor 包发布的。

在 Bioconductor 的 GOstats、topGO 及其他若干个包中可以找到竞争的方法，这里只举几例：Bioconductor 的 goseq 包实现一种方法，用于矫正 RNA-seq 数据内在的长度偏差。GSVA 包提供一个方法，跨整个实验评估途径的相对富集。limma 包包含一个方法，将 RNA-seq 数据转换为与 DNA 微阵列数据相似的尺度（voom），然后是几个基因集的富集方法，即 roast 和 camera。

RNA-seq 专化的分析方法还不是那么广泛可用，并且在当下，最好的办法可能是像处理 DNA 微阵列数据那样处理 RNA-seq，自然是在必要的归一化（如 limma/voom 或 edgeR）和转换（方差稳定化或对数转换）步骤之后。作为一个例子，我们接下来应用一个竞争的方法、自包含的方法和长度偏差校正方法来分析 RNA-seq 数据。对于下面的示例，我们使用甲状旁腺（parathyroid）数据集，结果是基于基因的而不是基于外显子的。

在介绍不同方法的例子之前，我们为甲状旁腺数据集制作一个差异表达基因的列表。下面的代码块使用 edgeR 包，按照已在第 8 章中详细介绍过的步骤运行一个分析。结果是一个表，其中有折数变化和 p 值（sig.edger），以及差异表达基因的 Ensembl ID 的一个向量（sig.edger.names）：

```
# Differential analysis using edgeR
library(edger)
library(parathyroid)
data(parathyroidGenes)
d<-DGEList(counts=counts(parathyroidGenes))
d<-d[rowSums(d$counts)>=
    ncol(counts(parathyroidGenes)),]
d<-calcNormFactors(d,method="TMM")
meta <- pData(parathyroidGenes)
design <- model.matrix(~treatment+time, data=meta)
d <- estimateGLMCommonDisp(d,design)
d <- estimateGLMTrendedDisp(d,design)
d <- estimateGLMTagwiseDisp(d,design)
fit <- glmFit(d,design)
# Differential expression through time
lrt <- glmLRT(fit,coef=4)
temp <- topTags(lrt,n=100000)$table
sig.edger <- temp[temp$FDR < 0.01,]
sig.edger.names <- rownames(sig.edger)
```

10.4.1　使用 GOstats 包的竞争的方法

Bioconductor 的 GOstats 包已经发布很长时间了，当有一个差异表达基因的列表可用时这个包通常可以可靠地工作。此外，需要一个单独的全面的基因列表，如一个生物体基因组中的基因列表。数据预处理分两步完成：首先，将生物体专化的注释包中的所有基因（这里为 org.Hs.eg.db）作为 Entrez 基因 ID 保存到对象 reference.genes 中。然后使用注释包 org.Hs.eg.db 将差异表达基因的 Ensembl ID（在对象 sig.edger.names 中）转换成 Entrez 基因 ID。执行这些操作的代码如下：

```
library(org.Hs.eg.db)
library(Gostats)
ensembl.to.entrez <- as.list(org.Hs.egENSEMBL2EG)
reference.genes <- unique(unlist(ensembl.to.entrez))
selected.genes<-na.omit(
                unique(
                    select(
                        org.Hs.eg.db,
                        sig.edger.names,
                        c("ENTREZID"),
                        keytype="ENSEMBL")$ENTREZID
                )
            )
```

GOstats 包允许人们对差异表达基因中的 GO 项的过度代表或代表不足（underrepresentation）进行检验，与全部基因进行比较。通常进行过度代表的分析。可以检验过度代表或代表不足，将 GO 本体论的分层特性考虑在内，因为经常发生的情况是，如果一个更高的水平是统计上显著过度代表的，它的产物往往也是过度代表的。这就是 GOstats 中所谓有条件的检验。此外，需要从生物学过程（BP）选择的一个本体、分子功能（MF）和细胞成分（CC），并需要设置一个合适的 p 值作为统计显著性的阈值。通过设置分析的参数、差异表达基因和全部基因的一个列表及注释包来对分析进行初始化。例如，下面的代码是对我们打算进行的分析的设置：

```
params <- new('GOHyperGParams', geneIds=selected.genes,
            universeGeneIds=reference.genes,
            annotation='org. Hs.eg.db', ontology='BP',
            pvalueCutoff=0.01, conditional=TRUE,
            testDirection="over")
```

分析实际上是利用命令 hyperGTest() 运行的，它所给出的结果可以使用命令 summary() 加工成更好的表格：

```
go <- hyperGTest(params)
go.table <- summary(go,pvalue=2)
```

现在对象 go.table 保存所有可能的 GO 类别的结果：

```
head(go.table)
```

```
        GOBPID          Pvalue      OddsRatio      ExpCount    Count    Size
1 GO:0048285  3.061584e-10    6.398889    3.8920412      21      373
2 GO:0051783  1.386607e-05    8.197938    1.0956148       8      105
3 GO:0006950  1.654383e-05    2.113116   32.3467230      55     3100
4 GO:0000070  1.792116e-05   12.560139    0.5530246       6       53
5 GO:0007067  2.069431e-05    4.829758    2.7525349      12      279
6 GO:0010564  2.560388e-05    6.435160    1.5518320       9      155

                                      Term
1                        organelle fission
2            regulation of nuclear division
3                       response to stress
4   mitotic sister chromatid segregation
5                                  mitosis
6       regulation of cell cycle process
```

可以对表格进行过滤，只保留统计上显著的结果：

```
go.table.sig<-go.table[go.table$Pvalue<=0.01,]
```

共有 87 个统计显著的 GO 类别。其中之一是细胞器裂变，这在上面的表中也可以看到。

10.4.2 使用 Globaltest 包的自包含的方法

Globaltest 包的使用相当简单，但它需要以真实的表达数据作为输入，并且它需要转换成适合的尺度用于分析。limma 包提供一种方法，使用函数 voom()来做这件事情，但是它需要归一化因子（normalization factor）和设计矩阵作为输入。可以从 edgeR 包中使用函数 calcNormFactors()计算归一化因子。设计矩阵是在这一章的早些时候生成的，当 edgeR 被用于检测显著差异表达的基因时。可以用下面的代码执行预处理步骤：

```
library(edger)
library)limma)
nf <- calcNormFactors(counts(parathyroidGenes))
y <- voom(counts(parathyroidGenes), design, plot=TRUE,
        lib.size=colSums(counts(parathyroidGenes))*nf)
```

然后可以使用函数 gtGO()来执行自包含的基因集分析。此函数期望得到一个矩阵，其中样本在行上，变量在列中，因此我们可以通过设置一个选项使函数以自动方式执行此操作：

```
library(globaltest)
gt.options(transpose=TRUE)
```

实际的分析想要得到响应向量（这里是时间），使用 voom()生成的表达值的矩阵，要针对其进行检验的本体（这里为 BP），以及注释包的名称，这个包允许将"探针名称"转换为 Entrez 基因 ID。因为我们使用生物体专化的注释包进行分析，需要一个额外的参数 probe2entrez。在这里，它是 Ensembl 基因 ID 的列表，连同与它们相应的 Entrez 基因 ID。对象 ensembl.to.entrez 是在竞争的分析过程中生成的。用下面的命令进行分析：

```
go2<-gtGO(meta$time, y$E, ontology="BP",
    annotation="org.Hs.eg.db",
    probe2entrez=as.list(ensembl.to.entrez))
```

结果是一个列表，其中有每个 GO 类别的 *p* 值：

```
head(go2)
```

	holm		alias	p-value	Statistic
GO:0071168	1.94e-05	protein localization to chromatin		1.58e-09	55.9
GO:0051303	2.10e-05	establishment of chromosome localization		1.71e-09	40.7
GO:0050000	2.62e-05	chromosome localization		2.14e-09	37.1
GO:0046104	2.04e-04	thymidine metabolic process		1.67e-08	50.3
GO:0046125	2.04e-04	pyrimidined eoxyribo nucleoside metabolic process		1.67e-08	50.3
GO:0060138	2.07e-04	fetal process involved in parturition		1.69e-08	72.6

	Expected	Std.dev	#Cov
GO:0071168	3.85	3.92	7
GO:0051303	3.85	2.92	22
GO:0050000	3.85	2.70	23
GO:0046104	3.85	3.82	4
GO:0046125	3.85	3.82	4
GO:0060138	3.85	5.33	1

可以过滤该表，只保留统计上显著的 GO 类别：

```
go2.table.sig<-go2@result[go2@result[,1]<=0.01,]
```

现在过滤的表保存了 997 个 GO 类别的结果，这大约比竞争的方法所返回的分类数多 10 倍。

10.4.3 长度偏差校正方法

goseq 包执行一个方法，在做基因集分析时对 RNA-seq 实验中的长度偏差进行纠正。goseq 分析的输入是 0 和 1 的一个命名的向量，其中 1 表示差异表达的基因。这种向量可以很容易地从本章前面获得的结果来构造，但请注意，在向量中不允许重复的基因名称条目：

```
gene.vector<-as.numeric(reference.genes %in%
                        selected.genes)
names(gene.vector)<-reference.genes
```

现在对象 gene.vector 包含所需的信息。分析按三步进行。首先，使用函数 nullp() 来对每个基因计算权重。除了命名的基因向量之外，它还需要两个参数，即基因组版本和基因标识符的类型。可以使用函数 supportedGenomes() 和 supportedGeneIDs()来检查可用的参数。在得到估计值之后，可以使用函数 goseq() 来执行实际的检验。已经使用参数 test.cats 将检验限于仅对 GO 本体生物学过程进行。最后，goseq 不自动对结果进行多重检验校正，所以我们需要为它添加一个单独的步骤。用函数 p.adjust() 来进行实际的调整，使用 Benjamini 和 Hochberg 的假发现率（BH）。整个分析应如下进行：

```
library(goseq)
pwf<-nullp(gene.vector,"hg19","knownGene")
GO.wall<-goseq(pwf,"hg19","knownGene",
               test.cats=c("GO:BP"))
GO.wall$padj<-p.adjust(
               GO.wall$over_represented_ pvalue,
               method="BH")
```

现在对象 GO.wall 是一个简单的数据框，包含所有 GO 类别的结果。有 78 个统计上显著的过度代表的类别，用下面的命令可以提取到一个单独的表：

```
go3.table.sig<-GO.wall[GO.wall$padj<=0.01,]
```

10.5 小 结

对于更新基因的注释，Bioconductor 不仅提供生物体专化的注释包，而且提供到国际 BioMart 数据库的直接链接。注释可以用于结果的功能分析。基因集分析是经常应用的一种技术，有助于使结果具有生物学意义。至少有三种主要的基因集分析方法：竞争的（如 GOstats），自包含的（如 globaltest），以及纠正长度偏差的（如 goseq）方法。此外，这些方法可以基于抽样单位（基因或样本）来分类。

参 考 文 献

1. Goeman J. and Bühlmann P. Analyzing gene expression data in terms of gene sets: Methodological issues. *Bioinformatics* 23:980–987, 2005.
2. Khatri P. and Draghici S. Ontological analysis of gene expression data: Current tools, limitations, and open problems. *Bioinformatics* 21:3587–3595, 2005.
3. Maciejewski H. Gene set analysis methods: Statistical models and methodological differences. *Briefings Bioinform* 1–15, 2013. http://m.bib.

oxfordjournals.org/content/early/2013/02/09/bib.bbt002.abstract.

4. Barry W.T., Nobel A.B., and Wright F.A. Significance analysis of functional categories in gene expression studies: A structured permutation approach. *Bioinformatics* 21(9):1943–1949, 2005.

5. Goeman J.J., van de Geer S.A., de Kort F., and van Houwelingen J.C. A global test for groups of genes: Testing association with a clinical outcome. *Bioinformatics* 20(1):93–99, 2004.

第 11 章 可 视 化

11.1 引　　言

可视化是一个通用的术语，涵盖了从简单的探索性图到精炼的出版质量的图的所有图形展示。探索性图常常是在分析过程中生成的，以便了解数据或检查不同分析步骤的输出。这种图的例子有直方图、散点图和箱线图，这些图为手头的数据集给出简单而快速的概览。出版质量的图是更精心制作的图。它们经常用来突出显示结果或补充研究的结论，并且其质量可以满足一本书或一篇杂志文章的出版要求。

大多数科学期刊对接受发表的图像文件都有要求。这些要求通常会在投稿指南中提到。通常情况下，期刊接受的图像至少是 TIFF 或 PDF 格式，但并非所有期刊都这样。此外，它们有可能对图像的颜色模式有要求，也可能对图像的分辨率有限制。

在本章中，我们将介绍几种类型的图形，可用于在演示文稿或出版物中传达研究的信息。探索性图在讨论不同分析的章节中进行介绍。由于出版质量的图的基本要求是合适的分辨率和图像的文件类型，我们还将讨论 R 中的不同解决方案，但用户满足这些要求需要走很长的路。

让我们首先回顾计算机图形学、文件类型、分辨率和颜色模型的基本概念。在对这些概念有基本的了解之后，我们将讨论使用 R 生成某些图形的原理。

11.1.1　图像文件类型

有两种广泛使用的图像文件格式，即位图和矢量图。位图有时也称为像素图或光栅图，由单独的点（像素）组成。因为任何给定的图像中的像素数目是固定的，位图在放大过程中会失真。相比之下，矢量图使用几何形状来表示图像。因为矢量图基本上是由数学表达式组成的，它们的大小可以改变而无质量损失。然而，要稍微提示一下：如果元素（如散点图中的点）的数目很大，矢量图的图像会很大，打开文件会很慢。因此，如果元素的数目很大，最好是使用光栅图像格式来保存图。

位图格式的例子有 Windows 位图（BMP）、标签图像文件格式（TIFF）、联合图像专家组（JPEG）和可移植网络图形（PNG）。最常用的矢量图形格式是 PostScript

和可移植文档格式（PDF）。确切地说，（封装的）PostScript 和 PDF 是图元文件格式，它们可以包含光栅图和矢量图。然而，如果你使用本章的说明从 R 生成 PostScript 或 PDF 文件，它们将只包含矢量图。

11.1.2　图像分辨率

图像分辨率衡量图像的细节，位图是以像素为单位来衡量的。对于矢量图，对分辨率没有直接的解释。例如，包含 800 列和 600 行像素的一个 TIFF 图像被说成分辨率为 800×600，它包含 480 000 个像素。在数码相机的世界，这将是（大约）0.5 兆像素的图像。

在数字印刷机中，分辨率通常是按每英寸点数（points per inch，PPI；或 dots per inch，DPI）来指定的。它可以解释为每英寸（in）（25.4 mm）的像素数目。此信息可以用于计算你将要产生的图像的大小。例如，如果你计划要打印 4 in（约 10 cm）宽的一个图像，而杂志说它需要图像的分辨率为 600 DPI，那么你的图像需要有至少 2400 个像素宽才能满足要求。

11.1.3　颜色模型

两种最常用的颜色模型是 RGB 和 CMYK。RGB 用于传输光线的媒体，如电视或电脑显示器。图像的每个像素由三种不同的颜色组成，红色（R）、绿色（G）和蓝色（B），当它们按指定数量混合在一起时，形成可见的颜色（"加色格式"）。因为电脑显示器在 RGB 模式下工作，使用计算机生成的图像经常被保存到 RGB 格式的文件。

CMYK 用于印刷行业。通过混合青色（C）、洋红色（M）和黄色（Y）的油墨可以形成大范围的人类可见的颜色。此外，出于经济和技术方面的原因，还经常使用黑色（K）。CMYK 是一种减色格式，因为油墨吸收不同长度的光，由没有被吸收的波长形成可见的颜色。

一些期刊要求你只能提交 CMYK 格式的图像，另一些则还接受 RGB 格式的图像。

11.2　R 中的图形

R 能够以多种文件格式保存图像。其中，BMP、JPEG、TIFF、PNG、PDF、PostScript 是现成的。PostScript 和 PDF 文件都能够以 RGB 和 CMYK 颜色格式生成，但所有其他格式只支持 RGB 颜色模型。图像的分辨率可以轻松地自定义，很容易满足大多数分辨率要求。

在 R 中有两种从根本上不同的图形系统，即基本图形和网格图形[1]。基本图形包含高级函数和低级函数。高级函数产生一个完整的图，低级函数允许用户从头开始生成图，或将一些东西添加到现有的图中。网格图形完全不包含高级函数，但是有几个包（最值得注意的是 lattice 和 ggplot2）使用网格图形来实现大量高级的绘图功能。基本图形和网格图形都是静态的，一旦生成则不能通过其他方式修改，除非重新绘制它们。

静态图形可以有无限的种类，而交互式图形就不是这样的。有少数几个扩展包（如 iplots、playwith 和 rgl）将这种功能添加到 R，但可用于交互式图形的图形类型也不是很多。通过使 R 与 ggobi 程序交互，或使用一些 JavaScript 库（如 rCharts）来生成图，可以使这种局限性在一定程度上得到解决。所有静态图形都可以保存为上述的位图或矢量图格式，但这并不一定适用于交互式图形。

以下各节将涵盖讨论基因表达的出版物中最常见的可视化方法，以及如何在 R 中生成这些图形。

11.2.1 热图

热图是使用色阶来显示特征（基因、外显子等）的表达值的一种可视化方法。特征通常按列（样本）和行（特征）排列，如同在原始数据矩阵中那样。每对特征-样本用一个小矩形代表，根据其表达值着色。经常在构造热图之前对样本和特征进行层次聚类，用聚类树将聚类显示在着色的数据矩阵的左侧和顶部。

热图通常用来表明两个或多个组在某些基因上具有不同的表达水平。如果图是在执行任何统计检验之前生成的，那么这是好的。然而，如果热图只包含统计上显著差异表达的特征（基因），则热图不能用于表明两个组真的不同。在这种情况下，它只能作为对结果进行可视化的一种方式。让我们在 R 中使用甲状旁腺数据集举例说明两种用法。

R 中生成热图的默认函数是 heatmap()。因为它不允许对图进行很多定制，所以这里改用函数 pheatmap()，来自包 pheatmap（pretty heatmap）。可以为整个 parathyroidGenes 数据集生成漂亮的热图，大致如下：

```
# Loads the data
library(parathyroid)
data(parathyroidGenes)
# Filtering
keep <-rowSums(counts(parathyroidGenes) >100)
            >=ncol(counts(parathyroidGenes))
dooku <-counts(parathyroidGenes)[keep,]
rsd <-rowSums(dooku)
```

```
dooku <-dooku[order(rsd),]
# Plotting
library(pheatmap)
pheatmap(log2(dooku),cluster_rows = FALSE,
        show_ rownames = FALSE,
        annotation = data.frame(
            (pData(parathyroidGenes)[,3:5])),
        border_color = "grey95",
        scale = "column")
```

我们首先从 parathyroid 包加载数据。接下来，对数据集进行过滤，以去除在一半的样本中具有低计数的基因。按跨样本的基因的总表达对计数表进行排序，以便使热图更易于阅读，并对计数进行对数转换（log2）。最后，生成图，得到的图看上去应类似于图 11.1。请注意，在绘图过程中列被对数转换（log2）并缩放到相同的平均值，如果没有更好的解决方案，这可以看作粗放的归一化。

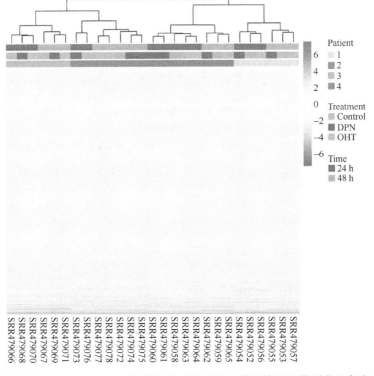

图 11.1　从过滤的 parathyroidGenes 数据集生成的热图。默认情况下使用从红色变成蓝色的色盲友好的配色方案（原书无彩图，译者注）。

或者，你可以使用第 8 章中所执行的来自 DESeq 分析的结果。下面的代码将使用方差稳定化的（"标准化的"）计数数据产生热图（未显示图像）：

```
library(parathyroid)
library(DESeq2)
data(parathyroidGenes)
d.deseq <- DESeqDataSetFromMatrix(
        countData = counts (parathyroidGenes),
        colData=pData(parathyroidGenes),
        design=~treatment)
d.deseq <-estimateSizeFactors(d.deseq)
d.deseq <-DESeq(d.deseq)
resultsNames(d.deseq)
res <- results(d.deseq,"treatment_OHT_vs_Control")
sig <- res[which(res$pvalue < 0.01),]
vsd <- getVarianceStabilizedData(d.deseq)
vsdp <- vsd[rownames(vsd) %in% rownames(sig),]
library(pheatmap)
pheatmap(vsdp, cluster_rows = TRUE,
        show_ rownames = TRUE,
        annotation = data.frame(
            (pData(parathyroidGenes)
            [,4,drop = FALSE])
        ),
        border_color = "grey95", scale = "none")
```

pheatmap() 函数提供一个有趣的、有时非常有用的功能。此绘图函数可以生成指定数目的假基因，然后用作图像的数据集。假基因是使用 K 均值聚类算法生成的，它将有同样行为的所有基因聚集在一起。在图中使用假基因也使对行进行聚类成为可能，而这对于有数以百万计的特征的整个数据集往往是不可能的。可以通过将参数 kmeans_k 设置为某个数字（这里为 100），然后启动行的聚类来生成这个图：

```
pheatmap(log2(dooku), cluster_rows = TRUE,
        show_ rownames = FALSE,
        annotation = data.frame(
            (pData(parathyroidGenes)
            [,3:5])
        ),
        border_color = "grey95",
        scale = "none", kmeans_k = 100)
```

由此产生的图如图 11.2 所示。

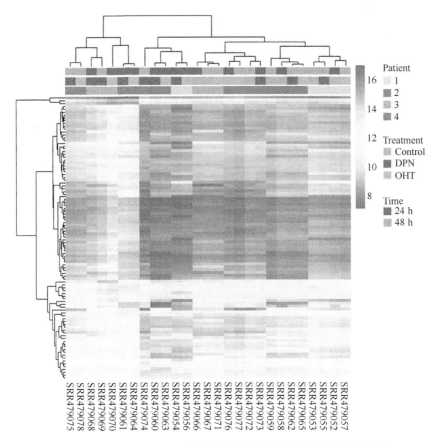

图 11.2 从 parathyroidGenes 数据集生成的热图，图中使用了假基因。

热图也可以用于可视化外显子专化的表达分析的结果。每个外显子构成图中的一个单独的行，颜色取自计数表。对于第 9 章中确定的基因 ENSG00000119541，可以使用下面的 R 代码从对象 ecs（在第 9 章生成）生成热图：

```
vismat <-counts(ecs)[fData(ecs)$geneID==
            "ENSG00000119541",]
colnames(vismat)<-pData(ecs)$samplename
pheatmap(log2(vismat), cluster_rows = FALSE,
        cluster_cols = FALSE, border_col = "grey95")
```

首先，从 exonCountSet 对象（ecs）中提取所有外显子专化的计数，然后在不对样本或行进行聚类的情况下生成图，以保留外显子沿基因的空间布局。由此产生的图如图 11.3 所示。

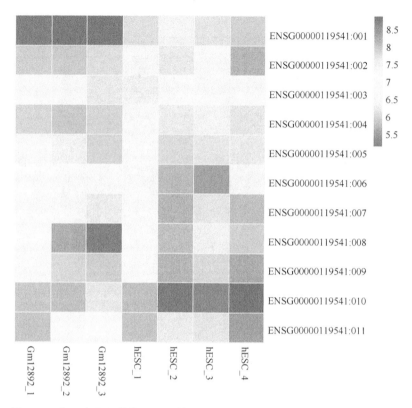

图 11.3　从一个基因的外显子计数表生成的热图。请将该图与图 9.4 比较。

11.2.2　火山图

火山图[2]只是一个散点图，其中所有特征的折数变化值在水平(x)轴上，–log10 转换的 p 值在垂直（y）轴上。该图被称为火山图，是因为它像一座正在爆发的火山，熔岩溅到所有的地方。如果上调和下调的特征的颜色不同，并在背景中添加几个指导线，火山图会变得更好看。火山图给出表达不足和过表达的特征的大致数目及其统计显著性的直观概况。

我们使用为 parathyroidGenes 数据集生成的 res 对象。第 8 章详细介绍了该分析，上面讨论热图时也提到了。所说的 res 对象包含用于绘图的列 log2FoldChange 和 pvalue。下面的代码将生成图 11.4 所示的图：

```
# Analysis library(parathyroid)
library(DESeq2)
data(parathyroidGenes)
d.deseq <- DESeqDataSetFromMatrix(countData =
          counts (parathyroidGenes),
```

```
                colData = pData(parathyroidGenes),
                design = ~treatment)
d.deseq <- estimateSizeFactors(d.deseq)
d.deseq <- DESeq(d.deseq)
resultsNames(d.deseq)
res <- results(d.deseq, "treatment_OHT_vs_Control")
sig <- res[which(res$pvalue < 0.01),]
# Generate the colors
cols <-rep("#000000", nrow(res))
cols[res$log2FoldChange >=1]<-"#CC0000"
cols[res$log2FoldChange <=-1]<-"#0000CC"
# Produce the plot
plot(res$log2FoldChange,-log10(res$pvalue),
  pch = 16, cex = 0.75, col = cols, las = 1,
  xlab = "FoldChange", ylab = "-log10(pvalue)",
  xlim = c(-2,2))
# Add the vertical and horizontal
lines abline(h = -log10(c(0.05)),col = "grey75")
abline(v = c(-1,1),col = "grey75")
# Plot the points again to overlay the lines
points(res$log2FoldChange, -log10(res$pvalue),
  pch = 16,cex = 0.75, col = cols)
# Add a title
title(main = "parathyroidGenes")
```

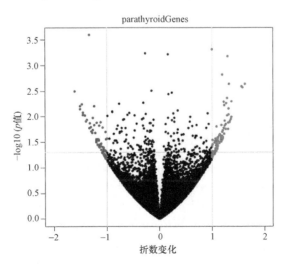

图 11.4　从 parathyroidGenes 数据集生成的火山图。统计上显著差异表达的基因数量相当少，
这一事实是清晰可见的。

11.2.3 MA 图

MA 图[3]是一种散点图，其中基因的平均表达量放在 *x* 轴上，折数变化或对数比放在 *y* 轴上。MA 图已广泛应用于 DNA 微阵列生物信息学领域。也可用于 RNA-seq 实验中。这里是 parathyroidGenes 数据集的一个例子。首先，让我们找到差异表达的基因：

```
# Analysis library(parathyroid)
library(DESeq2)
data(parathyroidGenes)
d.deseq <- DESeqDataSetFromMatrix(countData =
  counts (parathyroidGenes),
  colData = pData(parathyroidGenes),
  design = ~treatment)
d.deseq <- estimateSizeFactors(d.deseq)
d.deseq <- DESeq(d.deseq)
resultsNames(d.deseq)
res <-results(d.deseq, "treatment_OHT_vs_Control")
sig <- res[which(res$pvalue < 0.01),]
```

由此产生的对象 res 包含列 baseMean（平均表达量）和折数变化值的列 log2FoldChange。此外，列 pvalue 包含用于对图中的符号进行着色的原始 *p* 值。首先，我们绘制散点图，并在它上面绘制一个灰色的网格。然后擦除覆盖点的网格的灰色线，重新绘制点，但是为差异表达和不表达的基因分别绘制。差异表达的基因最后用红色方块绘制，以便相对于不表达的基因突出显示它们。最后，绘图区周围的框被增强，得到图的最终外观。下面是用于绘图的 R 代码，样本图像如图 11.5 所示。

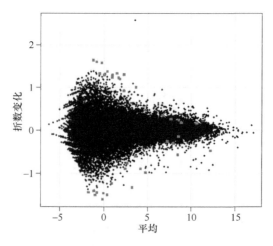

图 11.5 parathyroidGenes 数据集的 MA 图。表达的基因用正方形突出显示。

```
# Plot
plot(x = log2(res$baseMean), res$log2FoldChange, pch = 16,
    cex = 0.5, las = 1, xlab = "Mean", ylab = "Fold Change")
grid(lty = 1, col = "grey95")
cols <- ifelse(res$pvalue>0.01|is.na(res$pvalue),
    "#000000", "#CC0000")
points(x = log2(res$baseMean)[cols = ="#000000"],
    res$log2FoldChange[cols = ="#000000"],pch = 16,
    cex = 0.5)
points(x = log2(res$baseMean)[cols = ="#CC0000"],
    res$log2FoldChange[cols = ="#CC0000"],pch = 15,
    cex = 0.75, col = "#CC0000")
box()
```

11.2.4 染色体组型图

染色体组型图（idiogram）是细胞的染色体（核型）的一幅图画或一张照片。它更普遍地用来描绘生物染色体的理想化的图形，有时可能会被读成"ideogram"（表意文字），造成误解。在基因表达研究中，有时用于显示表达的基因在生物体基因组中的位置。此外，SNP 和结构变异的位置也经常使用染色体组型图来可视化。

人类染色体经吉姆萨染色后在显微镜下会出现条纹。这些条纹被称为等容线（isochore），是具有不同相对 GC 含量的较大的基因组区域。等容线通常用于指示基因在染色体中的位置。人类基因组被大部分测序之前，等容线是主要的定位系统。如今，更经常使用的是精确的核苷酸位置。基于核苷酸的位置系统的一个小缺点是相同基因组的不同组装版本之间位置可能会有差异。等容线是相对较为稳定的，但是条纹的数量某种程度上取决于染色体被染色时细胞周期的阶段。使用等容线（带）时，用一个简单的系统来表示位置：染色体号（1~22，X 和 Y），染色体臂（长臂为 q，短臂为 p），以及等容线带（从着丝粒向染色体两端的编号）。例如，7q31 表明该基因位于 7 号染色体的长臂，第 31 带。有时也使用子带，并用小数表明，如 7q31.2。

让我们生成一个染色体组型图，指示从 parathyroidGenes 数据集中发现的差异表达基因的位置。首先，我们需要找到差异表达的基因有哪些。这是如同上面对热图那样进行的，但在这里重复这一过程：

```
library(parathyroid)
library(parathyroid)
library(DESeq2)
data(parathyroidGenes)
d.deseq <- DESeqDataSetFromMatrix(
    countData = counts(parathyroidGenes),
    colData = pData(parathyroidGenes),
```

```
    design = ~treatment)
d.deseq <- estimateSizeFactors(d.deseq)
d.deseq <- DESeq(d.deseq)
resultsNames(d.deseq)
res <- results(d.deseq, "treatment_OHT_vs_Control")
sig <- res[which(res$pvalue < 0.01),]
```

在显著的差异表达基因被保存到对象 sig 之后，我们需要找到基因的染色体位置。为此有几种可能性，但这里使用人类的生物体专化的注释包。

```
library(org.Hs.eg.db)
keys <- keys(org.Hs.eg.db, keytype = "ENSEMBL")
columns <-c ("CHR","CHRLOC", "CHRLOCEND")
sel <-select(org.Hs.eg.db, keys, columns,
    keytype = "ENSEMBL")
sel2 <-sel[sel$ENSEMBL %in% rownames(sig),]
sel3 <-na.omit(sel2[!duplicated(sel2$ENSEMBL),])
sel3$strand <-ifelse(sel3$CHRLOC < 0, "-", " + ")
sel3$start <-abs(sel3$CHRLOC)
sel3$end <-abs(sel3$CHRLOCEND)
```

一旦差异表达基因的位置已知后，我们就可以使用数据生成染色体组型图。实际上有几种可能性来绘制染色体组型图，Bioconductor 项目提供的至少两个包具有此功能。较老的包是 idiogram，可以与 geneplotter 包很好地配合。然而，在这里我们将使用较新的包 ggbio。在实际绘制之前，我们需要生成包含差异表达基因的位置的一个 Granges 对象，因为 ggbio 主要利用 Granges 对象进行工作：

```
library(GenomicRanges)
tt <-org.Hs.egCHRLENGTHS
read <-GRanges(
    seqnames = Rle(paste("chr", sel3$CHR, sep = "")),
    ranges = IRanges(start = sel3$start, end = sel3$end),
    strand = Rle(sel3$strand)
)
```

Granges 对象就位后，按如下方法绘制染色体组型图。首先，我们需要人类染色体显带的数据。这包含在对象 hg19IdeogramCyto 的 biovizBase 包中。请注意，这个数据是与基因组组装版本 hg19 捆绑在一起的。因为我们只想要完整的染色体（数据中还有其他片段），我们将利用函数 keepSeqlevels()来选择那些染色体。然后利用 ggplot()函数，使用一种核型专化的布局生成染色体组型图。基因位置作为红色条被添加到图上，形成最终的染色体组型图。当键入存储它的对象的名称（p）时图即可被呈现：

```
library(biovizBase)
data(hg19IdeogramCyto, package = "biovizBase")
data(hg19Ideogram, package = "biovizBase")
```

```
hg19 <- keepSeqlevels(hg19IdeogramCyto,
    paste0 ("chr", c(1:22, "X", "Y"))) library(ggbio)
p <- ggplot(hg19) + layout_karyogram(cytoband = TRUE)
seqlengths(read) <-
    seqlengths(hg19Ideogram)[names(seqlengths(read))]
p <- p + layout_karyogram(read, geom = "rect",
    ylim = c(11,21), color = "red")
p
```

得到的图如图 11.6 所示。

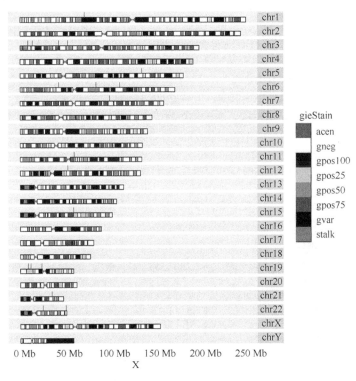

图 11.6　人类的染色体组型图，图中覆盖了从 parathyroidGenes 数据集推断
的差异表达基因的位置。

11.2.5　基因和转录本结构的可视化

可以相当简单地使用 ggbio 包来可视化已知的转录本。人类基因组组装 hg19
的已知的人类转录本都可以在 Bioconductor 包中找到。包含有基因结构（外显子
和内含子）、链信息（正向或反向）和染色体位置的图是按以下几个步骤生成的。

首先从 Bioconductor 包 TxDb.Hsapiens.UCSC.hg19.knownGene 中提取所有已
知的转录本。然后从生物体专化的注释包 org.Hs.eg.db 中（按碱基对）提取开始和结束位置。然后将位置转换成一个 Granges 对象，如同上面对染色体组型图所做的那样，利用函数 autoplot()绘图。每个转录本绘制在单独的线上，但基因结构可能会减少。autoplot()函数的一个缩减版绘制所有的转录本，其中在单独的一条线上包含基因的所有外显子和内含子。可以用函数 plotIdeogram()绘制染色体位置。最后，可以使用函数 tracks()生成一个包含所有元素的完整的图。由此产生的图如图 11.7 所示，整个的 R 代码如下所示：

```
library(TxDb.Hsapiens.UCSC.hg19.knownGene)
library(org.Hs.eg.db) library(ggbio)
txdb <- TxDb.Hsapiens.UCSC.hg19.knownGene
columns <-c ("CHR", "CHRLOC", "CHRLOCEND")
sel <-select(org.Hs.eg.db, "ENSG00000119541", columns,
    keytype = "ENSEMBL")
wh <- GRanges("chr18", IRanges(61056425, 61089752),
    strand = Rle("-"))
p1 <- autoplot(txdb, which = wh, names.expr = "gene_id")
p2 <- autoplot(txdb, which = wh, stat = "reduce",
    color = "brown",fill = "brown")
p.ideo <- plotIdeogram(genome = "hg19", subchr = "chr18")
tracks(p.ideo, full = p1, reduce = p2,
    heights = c(1.5, 5, 1)) + ylab("") +
    theme_tracks_sunset()
```

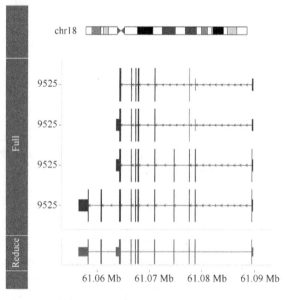

图 11.7 ENCODE 数据集中的基因 ENSG00000119541 的基因（"reduce"）结构图和转录本（"full"）结构图，该基因被发现有两个差异表达的外显子。该基因位于 18 号染色体的长臂上。

11.3 完 成 图

上述的所有代码都在屏幕上产生图。可以在 Windows 和 Mac OS 上通过菜单选项将图保存到一个图像文件,但最好是控制产生的图的细节。如同在本章的引言中提到的,可以改变光栅图或位图的分辨率,另外对于矢量图,可以指定颜色模型。

首先,在实际的图像被绘制之前,必须先打开我们想要绘制到的设备。有若干个可以使用的图形设备。如果目的是产生一个出版质量的图,TIFF 或 PDF 格式可能是最被普遍接受的。利用命令 tiff()或 pdf()打开这些文件类型的图形设备。打开图形设备后,给出绘图命令,如同上面的例子所示。按命令绘图后,必须利用命令 dev.off()关闭图形设备。一定要记得关闭图形设备,这是至关重要的。否则,你所有进一步的屏幕输出也将指向图形设备和已经绘制的图形。

例如,如果我们想把来自外显子分析的单个基因的结果绘制成热图,使用下面的代码将生成一个 tiff 图像:

```
tiff(filename = "heatmap1.tif", width = 1000, height =1000)
    vismat <-counts(ecs)
        [fData(ecs)$geneID = ="ENSG00000119541",]
    colnames(vismat) <-pData(ecs)$samplename
    pheatmap(log2(vismat), cluster_rows = FALSE,
        cluster_cols = FALSE, border_col = "grey95")
dev.off()
```

该代码将产生一个 tiff 图像,高和宽都是 1000 个像素。在纸上,这通常比 3 in(8 cm)宽一点。如果你测试上面的代码,你可能会发现图形中的文字已经变得很小。因此,你将需要调整图的边距和文本大小。这些可以通过利用函数 par()设置通常的 R 图形参数或内部绘图命令来实现,例如:

```
tiff(filename = "heatmap1.tif", width = 1000, height =1000)
    vismat <-counts(ecs)
        [fData(ecs)$geneID = ="ENSG00000119541",]
    colnames(vismat) <-pData(ecs)$samplename
    par(mar = c(4,1,1,4))
    pheatmap(log2(vismat), cluster_rows = FALSE,
    cluster_cols = FALSE, border_col = "grey95",
    cex = 1.5)
dev.off()
```

对于 pdf 图形设备，宽度和高度不是用像素指定的，而是以英寸为单位。原理上，你仍然可以使用像素，但别忘了对它们除以分辨率，否则你就会得到一个巨大的文件。对于想要以 300 DPI 的分辨率得到文件的一台印刷机，你可以将像素的量除以 300，例如：

```
pdf(file = "heatmap1.pdf", width = 1000/300,
    height = 1000/300)
        vismat <-counts(ecs)
            [fData(ecs)$geneID = ="ENSG00000119541",]
        colnames(vismat) <-pData(ecs)$samplename
        pheatmap(log2(vismat), cluster_rows = FALSE,
            cluster_cols = FALSE,
            border_col = "grey95",
            cex = 1)
dev.off()
```

此外，如果需要，也可以按 CMYK 颜色模型生成一个 PDF 文件。这需要一个额外的参数 colormodel，取值为 "cmyk"：

```
pdf(file = "heatmap1.pdf", width = 1000/300,
    height = 1000/300, colormodel="cmyk")
        vismat <-counts(ecs)
            [fData(ecs)$geneID = ="ENSG00000119541",]
        colnames(vismat) <-pData(ecs)$samplename
        pheatmap(log2(vismat), cluster_rows = FALSE,
            cluster_cols = FALSE,
            border_col = "grey95",
            cex = 1)
dev.off()
```

11.4 小 结

R 可以生成各种不同的图，如热图、火山图、MA 图、染色体组型图。使用 R 也可以生成更专门的图，允许对基因和转录本结构可视化。此外，R 具有以各种格式保存图的功能，如作为 Postscript、PDF 和 TIFF，但只有矢量图形格式支持不同的颜色模型。

参 考 文 献

1. Murrell P. *R Graphics*, Boca Raton: CRC Press, 2011, ISBN9781439831762.
2. Cui X. and Churchill G.A. Statistical tests for differential expression in cDNA microarray experiments. *Genome Biol* 4(4):210, 2003. Epub Mar 17, 2003

[Review]. PubMed PMID: 12702200; PubMed Central PMCID: PMC154570.

3. Yang Y.H., Dudoit S., Luu P., Lin D.M., Peng V., Ngai J., and Speed T.P. Normalization for cDNA microarray data: A robust composite method addressing single and multiple slide systematic variation. *Nucleic Acids Res* 30(4):e15, 2002. PubMed PMID: 11842121; PubMed Central PMCID: PMC100354.

第 12 章　非编码小 RNA

12.1　引　言

非编码小 RNA 由多个种类的生物活性分子组成，控制和修饰从早期发育时间到程序性细胞死亡的生物功能。它们从第一次细胞分裂之前到老化的最后阶段都有表达。它们可以在卵母细胞、干细胞、神经细胞、神经胶质细胞、体细胞及癌细胞中被发现。虽然早期的研究一直集中在翻译过程中的小 RNA（tRNA、snoRNA）的鉴定和功能，但是最近的研究已经将重点放在提供转录的控制或修饰的非编码 RNA（miRNA、piRNA、endo-siRNA）。早期的研究也严重依赖于传统的分子生物学方法（如克隆和双脱氧测序）来识别类成员（class member）。现在最新的 RNA-seq 方法为测序小 RNA 类成员提供了前所未有的广度和深度。随着下一代测序方法的通量和精度的巨大进步，现在的挑战变成了识别、注释和分析已知的小 RNA 和在测序数据集内发现新的 RNA。当前的小 RNA-seq 方法不容易区分小 RNA 的类别，因此获得关于不同类别小 RNA、它们的特点及其相互之间关系的知识，有利于规划和执行旨在识别和量化特定的非编码 RNA 类的成员的实验。下面，我们将描述主要的非编码小 RNA 类。在描述中，我们重点放在动物系统。表 12.1 给出了不同类的汇总。随着可用的小 RNA 测序数据量爆炸性地增加，越来越明显的是，存在许多不同类别的非编码 RNA，因为在这个过程中发现了新的类。下面，我们尝试至少对众所周知的、更好地表征过的那些进行分类。下面的列表不是打算作为全部非编码小 RNA 类的详尽列表，而是作为理解目前已知的主要类方面的一个合理的起始点。

表 12.1　非编码小 RNA 的主要类别

类	大小/nt	生物发生	成员数目（人类）	功能
microRNA（miRNA）	21~23	由 DICER 从 65~70 nt 前体加工	> 2 500	基因表达的调控
piwi-RNA（piRNA）	25~33	通过细胞质中的"乒乓球"机制扩增的核前体	>20 000	逆转录转座子的调控
内源性沉默 RNA（endo-siRNA）	21~26	从信使 RNA 转录本加工	未知	基因表达的调控
小核仁 RNA（snoRNA）	60~300	从信使 RNA 内含子加工	> 260	参与其他 RNA 的化学修饰

续表

类	大小/nt	生物发生	成员数目（人类）	功能
小核 RNA（snRNA）	150	RNA 聚合酶 II 和 III	9 个家族	参与其他 RNA 的剪接
转运 RNA（tRNA）	73~93	RNA 聚合酶 III	> 500	mRNA 到蛋白质的翻译
微 RNA 并列 RNA（moRNA）	19~23	从 miRNA 前体加工	未知	未知
增强子 RNA（eRNA）	50~2 000	新生的 RNA 转录	> 2 000	调节近端基因的表达

12.2　microRNA（miRNA）

microRNA（miRNA）是 21~23 nt 的小分子，从较大的初级 miRNA（primary-miRNA）和随后的约 70 nt 的前体 miRNA（precursor-miRNA）分子加工而来。它们是多样的、丰富的和进化上保守的。最早的成员，*lin-4*，是在前向遗传筛选中偶然发现的，这个筛选旨在识别基因，其突变引起秀丽隐杆线虫（*Caenorhabditis elegans*）发育中的系谱缺陷（lineage defect）[1]。*lin-4* 突变体动物属于一类异时性突变体（heterochronic mutant），由于发育时间缺陷导致成年的结构（如外阴）无法发育。对突变体动物的这些缺陷进行挽救的野生型 *lin-4* 基因令人惊奇地被发现不编码蛋白质，而是编码一种 22 nt 的小 RNA，是从一个小的发夹前体加工而来。*lin-4* 小 RNA 基因也被发现对 *lin-14* 的 3′非翻译区的多个位点有强的序列互补。由于 *lin-4* 和 *lin-14* 的表达谱呈负相关，并且 *lin-4* 被证明是 *lin-14* 的阻遏物，因此提出假设，认为 *lin-4* 是靶向 *lin-14* 的，通过识别和随后的翻译抑制最终导致 *lin-14* 蛋白的下调。*lin-4* 转录本的大小最初被估计为长度接近 22 nt，有一个长度为 61 nt 的假定前体。自这些早期的报道以来，在该领域中很少有结果发表，直到另一个线虫细胞谱系缺陷基因 *let-7* 也被克隆并鉴定为 22 nt 的非编码 RNA。随后在人类、果蝇和其他高等生物中对 *let-7* 的直系同源物的鉴定，导致对该领域的兴趣和研究工作的爆炸性增长，同时克隆和鉴定了数以百计的新型 microRNA[2-5]。现在已经发现 microRNA 在许多其他物种中是保守的，包括人类、植物和其他线虫。目前，在 miRBase 中有超过 24 000 个条目。

已经做了很多工作来揭示 miRNA 的生物发生机制。miRNA 基因最初由 RNA 聚合酶 II 转录，这是与产生 mRNA 相同的聚合酶。一些 miRNA 还可能由 RNA 聚合酶 III 转录。最初转录的 miRNA 基因（初级 miRNA 或 pri-miRNA）可能位于编码蛋白质的基因之间，在内含子之内，在编码区中，或在一个 mRNA 非翻译的区域中。许多 miRNA 也被从它们自己的启动子转录。初级 miRNA 的大小范围跨越较大，从几百 nt 到若干 kb。下一步是生成一个成熟的 60~70 nt 的发夹中间物，称为前体 miRNA 或 pre-miRNA。这个成熟步骤由 DroshaRNase III 核酸内切酶执行，在一个大的约 650 kDa 的复合体（DiGeorge 综合征关键区域基因 8）DGCR8/Pasha 中，它包含两个双链 RNA（dsRNA）结合域。这个复合体通常称为 pri-miRNA 加工复合体或微处理器复合体。加工 pri-miRNA 的结果是一个茎环（stem loop），具有一个 2 nt 的 3′悬垂（overhang），现在被称为 pre-miRNA。此 pre-miRNA 然后通过 Ran-GTP 和 Exportin-5 从细胞核运输到细胞质。在细胞质中，另一种核糖核酸酶（RNAase）III 核酸内切酶 Dicer 识别双链 pre-miRNA 并切割 RNA 的两条链。Dicer 切除末端的 5′和 3′悬垂并切割环，留下一个双链的 22 nt RNA，在两条链中都有一个 2 nt 的 3′悬垂。在两条链中，活跃的"引导"分子加载到 RNAi 沉默复合体（也称为 RISC 复合体）中的 Argonaute 蛋白中，而另一个"乘客"链被降解。然后 RISC 复合体（其中包含几个其他蛋白质，包括 GW182，在线虫中也被称为 AIN-1）定位和瞄准 mRNA。引导分子把 RISC 复合体带到目标附近，并招募酶和辅因子，它们通过转录抑制、mRNA 稳定性的丧失、mRNA 降解或三者的结合来影响 RNA 沉默。miRNA 加工的不同步骤的概述如图 12.1 所示。

在图 12.1 中，miRNA 基因在细胞核内由 RNA 聚合酶 II 转录产生 pri-miRNA。这些分子然后被 Drosha 与 DGCR8 的复合体（pri-miRNA 加工复合体中的一种核糖核酸酶 III 核酸内切酶）裁剪来生产 pre-miRNA 发夹。发夹通过 Exportin 5-RanGTP 输出到细胞质。在细胞质中，发夹由 Dicer[miRNA 加载复合体（miRLC）中的另一种核糖核酸酶 III 核酸内切酶]进一步加工，以产生成熟的 miRNA 引导链和乘客链。引导链然后加载到一个与 GW182 关联的 Argonaute 蛋白。其他相关的蛋白质取决于 RNA 诱导沉默复合体（RISC）途径。在翻译抑制途径中，polyA 结合蛋白、PABP、GW182 和翻译机制中的蛋白质相互作用来阻止翻译。在 mRNA 衰变途径中，其中包含至少 5 个 CCR 或 NOT 蛋白质的 CCR4：NOT 复合体起作用，来对多聚腺苷酸的 mRNA 脱腺苷；而 mRNA 脱帽酶（decapping enzyme，DCP）1/2、DCP1/2 可能在稍后起作用，来脱帽 m7GmRNA。也提出了一个模型，其中翻译抑制及随后的 mRNA 衰变可能是按顺序发生的[6]。

由于大量 miRNA 被鉴定，对于它们的序列重叠及其保守的系统发育，已经提出了一个特定的命名法。术语的描述如表 12.2 所示。

IsomiR 是成熟 miRNA 的异构体，在 5′或 3′方向与它们相差几个 nt，可能归因于 miRNA 生物发生过程中不精确的加工[7]。它们还可以通过编辑生成，这可以将一个或多个尿苷残基添加到成熟 miRNA 的 3′端，或通过腺苷脱氨酶在双链 RNA 分子的末端编辑添加腺苷到肌苷。特定的 isomiR 已被证明是丰富的、可调控的、保守的，而且是有功能的，因此被视为在生物学上很重要。

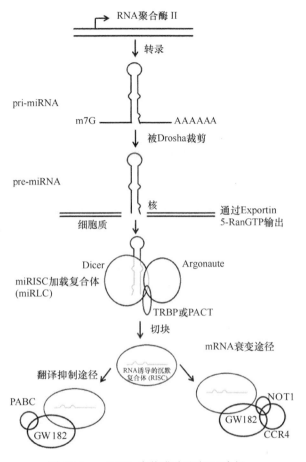

图 12.1　miRNA 生物发生和加工途径。

表 12.2　miRNA 的命名法

术语	定义	例子
物种标识符	缩写的 3 个或 4 个字母前缀	hsa-miR-101（*Homo sapiens*），mus-miR-101（*Mus musculus*），dme-miR-101（*Drosophila melanogaster*），cbr-miR-101（*Caenorhabditis briggsae*）
成熟标识符	由 Dicer 加工的成熟序列用大写的 R 表示	hsa-miR-7
前体标识符	前体发夹表示为小写的 r	hsa-mir-7
数值标识符	基于历史先例分配顺序编号（较早发现的 miRNA 具有较低的数字，更晚发现的具有较高的数字）。直系同源的 mRNA 在不同的物种中具有相同的数字	mir-1，mir-2，mir-3
同源标识符	成熟序列中相差 1~2 nt 的旁系同源体用数值标识符后面的字母后缀给出	mmu-miR-10a 和 mmu-miR-10b 是 mir-10 的老鼠旁系同源体

续表

术语	定义	例子
不同的发夹前体，相同的成熟 miRNA 序列	编号的后缀	dme-mir-281–1 和 dme-mir-281–2
主要形式和次要形式	更高表达的主要形式命名如上文所述，次要形式带有星号 "*"	主要形式为 mmu-miR-124；次要形式为 mmu-miR-124*
5′臂和 3′臂	星号/*形式被一个更明确的系统取代，其中前体的 5′臂中的成熟 miRNA 用 5p 表示，3′臂中的成熟 miRNA 用 3p 表示	miR-124-5p，miR-124-3p
miRNA 聚类	在单个 RNA 上转录的多个 miRNA，或染色体上位置非常接近的多个 miRNA 基因	miR-17-92 包含单个转录本，从中加工出 6 个 miRNA 基因和 12 个成熟 miRNA：miR-17，miR-18a，miR-19a，miR-20a，miR-19b-1，miR-92a-1
miRNA 家族	通过匹配的种子序列定义	let-7 家族，其中包含脊椎动物 let-7、mir-98 和 mir-202

miRNA 也可能从内含子序列可变地加工，通过剪接和套索脱支酶（lariat debranching enzyme）脱支，在此之后它们在 Mirtron 途径中被折叠成 pre-miRNA 发夹。与源于剪接的内含子的短发夹一样，它们绕过微处理器复合体，在细胞质中被 Dicer 裂解，成为成熟 miRNA，此后它们可以与其他 miRNA 一样在 miRNA 加工途径中继续前进[8]。Mirtron 最初是从果蝇（D. melanogaster）和秀丽隐杆线虫（Caenorhabditis elegans）中鉴定和克隆的，这些生物有紧凑的基因组，因而有许多短的发夹长度的内含子，后来其在很多物种中也被发现，包括人类、其他灵长类动物和植物。

12.3　微 RNA 并列 RNA

微 RNA 并列 RNA（microRNA off-set RNA，moRNA）是与 miRNA 来自相同的 pre-miRNA 发夹的小 RNA 分子。moRNA 位于成熟 miRNA 的附近，在 5′和/或 3′臂上，大小与成熟 miRNA 相似。它们已在简单的脊索动物玻璃海鞘（Ciona intestinalis）中被发现，后来通过 RNA-seq 分析在人类的大脑文库中也被发现[9-11]。虽然远不如 miRNA 丰富，但其功能和通过发夹进行加工的细节目前仍是未知的。

12.4　Piwi 关联的 RNA

Piwi 关联的 RNA（piRNA）也是非编码小 RNA，但具有独特的表达模式、生物发生和功能。piRNA 的长度为 25~33 nt，在生殖细胞中，特别是在睾丸中表达，但也可以在女性细胞中被发现，是根据其与 Piwi 蛋白质（Argonaute 的一类）的关联来对其进行定义的。序列中的第一个位置也有对于 U 的偏向。它们的作用是沉默移动生殖系基因组的 DNA 序列，即通常所说的转座元件。转座元件是基因组中移动的 DNA 序列。转座元件可以归类为"逆转录转座子"，这要求它们被转录成 RNA，反向转录成 DNA，然后重新安插到基因组中；或者"DNA 转座子"，这需要一种主动转座酶基因，其产物催化 DNA 转座元件的切除和整合。人类基因组中最常见的转座子是 Alu 序列，大约 300 bp 长，存在数十万个拷贝。piRNA 最初从染色体的特定区域转录为初级 piRNA，可能从几 kb 到大于 200 kb。这些区域被称为 piRNA 群集（piRNA cluster），每个群集可能占数十或数千 piRNA 序列。来自每个群集的 piRNA 序列可能重叠，也可能从群集中的两个链转录。初级 piRNA 然后被加载到三种 Argonaute 之一：在小鼠中为 MILI、MIWII 或 MIWIII；在果蝇中为 PIWI、AUB 或 AGO3。应该指出的是，每个 Argonaute 具有大小的特异性。例如，在果蝇中，涉及的 Argonaute 的 piRNA 大小对于 PIWI、AUB 和 AGO3 分别是 25 nt、24 nt 或 23 nt。然后初级 piRNA 经过一个独特的第二次生物发生步骤，在其中它们被扩增。加载到 AUB 的正义 piRNA（sense piRNA）结合到互补的反义链，然后从 5′端裂开 10 个核苷酸。然后次级 piRNA 加载到 AGO3，并与一个活跃的转座子转录本的正义链结合，从 5′端切割 10 nt，因此从转座子序列再产生一个 piRNA。具有切割活性的元件被称为切片器（slicer），包含在 AUB 和 AGO3 内部。这种扩增循环被称为"乒乓球扩增循环"（ping-pong amplification cycle）。

12.5 内源沉默 RNA

内源沉默 RNA（endo-siRNA）是内源性转录的小 RNA，长度为 21 nt。它们从双链的 RNA 产物生成，这种双链的 RNA 产物可以从短的正义-反义配对（sense-antisense pair）转录、单个 RNA 链反向重复或反义假基因与正义编码基因的杂交产生。正义-反义配对可以从单个位点在两个方向的转录生成，称为顺式双链 RNA（*cis*-dsRNA），或从具有互补序列的不同位点生成，称为反式双链 RNA（*trans*-dsRNA）。正义-反义前体也可以从发夹生成，但不同于 miRNA 发夹，区别在于：具有更长的茎，由 DICER2 而不是 DICER1 进行加工。反式双链 RNA 与长茎发夹之间的互补可能不准确，导致双链 RNA 中的许多突起，也可以对其进行编辑。然后在果蝇中初级 endo-siRNA 加载到 AGO2。除了果蝇，在小鼠卵母细胞、胚胎干细胞、植物和秀丽隐杆线虫（*Caenorhabditis elegans*）中也都发现了 endo-siRNA[12]。在秀丽隐杆线虫中，这些 endo-siRNA 可能经扩增，通过依赖 RNA 的 RNA 聚合酶产生次级 endo-siRNA。虽然人们对靶向机制知道得很少，但是已知 endo-siRNA 的序列精确匹配到其靶子的互补序列，与 miRNA 中的种子配对（seed pairing）相反。

12.6　外源沉默 RNA

外源沉默 RNA（exo-siRNA）是外部来源的小 RNA，长度大约为 21 nt。它们是在自然环境中通过病毒感染引入细胞的，以及通过转染或 DNA 序列的转导，然后内源性转录为双链 RNA 序列。外部来源的一个例子是丙型肝炎病毒（hepatitis C virus），这是一种双链 RNA 病毒。双链 RNA 序列被细胞识别，被 DICER2 消化。在线虫中由 DICER 生成的初级 exo-siRNA 可以通过 RNA 依赖的 RNA 聚合酶来扩增。已经证明线虫中的 exo-siRNA 和 endo-siRNA 途径可能会共享一些限制的组件[13]。

12.7　转运 RNA

转运 RNA（tRNA）存在于所有生物体内，长度为 73~95 nt 不等。它们由 RNA 聚合酶 III 转录，功能基于其二级和三级结构。tRNA 在翻译中起关键作用，通过将氨基酸转运到核糖体用于蛋白质合成。在最常研究的物种中，来自一个生物体的 tRNA 基因的数目为 170~570 个，人类有 497 个[14]。

12.8　核仁小 RNA

核仁小 RNA（snoRNA）是 60~150 nt 长的核 RNA，其作用是指导核糖体 RNA 分子的加工。它通过与小核仁核糖体复合体中的蛋白质关联来执行此任务。到目前为止在人类中大约已鉴定了 400 个 snoRNA[15]。一个 snoRNA 包含 10～20 个核苷酸，与其 rRNA 靶反义，并利用这一点来指导 rRNA 的修饰，包括甲基化和假尿苷化（pseudouridylation）。snoRNA 通常位于参与核糖体合成的蛋白质的内含子中，因而由 RNA 聚合酶 II 转录，但也可以通过其自身的启动子转录。snoRNA 具有保守的结构：一个带有两个短的保守序列基序（motif）的 C/D 框和一个 H/ACA 框。snoRNA 的 H/ACA 框形成两个发夹。

12.9　小核 RNA

小核 RNA（snRNA）是大约 150 nt 长的核 RNA，因为其高尿苷含量也称为 U-RNA。它们主要由 RNA 聚合酶 II 或 III（U6）转录，功能是在小核糖核蛋白复合体中加工异核 RNA（heteronuclear RNA）。因此，snRNA（如 U1、U2、U4、U5 和 U6）构成剪接体（spliceosome）的一部分，剪接体在 mRNA 加工过程中切割出内含子。高等生物包含 5~30 个 snRNA。

12.10 增强子衍生 RNA

增强子衍生 RNA（eRNA）是短的 RNA，从新生转录过程中作图到增强子区域的测序产物中获得[16]。可以使用免疫沉淀反应来识别新生转录产物，也可以用全局连缀测序（global run-on sequencing，GRO-seq）。增强子位于编码基因附近，就近端基因而言，eRNA 可以在正义和反义的方向被转录。最近的研究表明，在细胞培养中经过激素或电生理的刺激可产生几千个 eRNA[17]。细胞培养研究也表明，eRNA 可以激活或者抑制其近端基因的转录，可能通过招募或与已知在增强子及其近端基因之间形成的控制染色质循环的因子互作。

12.11 其他非编码小 RNA

其他非编码小 RNA 包括 tRNA 派生的 RNA 片段（tRF），tRNA 派生的小 RNA（tsRNA），snoRNA 派生的 RNA（sdRNA），启动子关联的小 RNA，以及转录起始位点关联的 RNA（TSSa-RNA）。这些片段可能长 17~26 nt，最初被认为是来自 tRNA、snoRNA 转录的降解产物；尽管如此，它们的高丰度，不同的表达模式，以及通过 siRNA 敲除时的表型影响，表明它们可能是有功能的[18]。

存在许多不同种类的小 RNA。这些小 RNA 可以按照其大小、生物发生、加工、表达模式、细胞内定位和分子功能来区分。因此在规划 RNA-seq 实验时，必须首先知道你期望找到的小 RNA 类别的预期位置和大小。丰度的粗略估计在确定实验工作的可行性和所需的材料方面也可能有实际的用途。在决定所需的覆盖深度方面也可能是有益的。使用预期的序列知识还有助于对来自 RNA-seq 实验的序列读段进行注释。虽然关于每个非编码小 RNA 类的详细介绍超出了本书的范围，但有一些优秀的综述对于好奇的读者可能是有帮助的。表 12.3 显示了 miRNA 途径元件的比较直系同源物，可帮助读者了解人类、果蝇和线虫方面的研究人员使用的各种术语。miRNA 生物发生、成熟、表达和 RISC 组装的基本步骤及详细步骤可以在 Bartel 的优秀综述中找到[19]。有关 piRNA 的综述可以在 Siomi 等的一篇文章中找到[20]。有关 endo-siRNA 的生物发生的简短汇总可以在 Kim 等的综述中找到[21]。关于 miRNA 和 siRNA 途径的一篇优秀的和最新的综述，尤其是关于 Argonaute，可以在参考文献[22]中找到。

表 12.3　miRNA 途径元件基因及其在果蝇和线虫中的直系同源物

元件/功能	人类基因名称	果蝇直系同源物	线虫直系同源物
Drosha：在与 DCGR8 的复合体中裂解初级 miRNA 转录本	*DROSHA*	*drosha*	*drsh-1*
DiGeorge 综合征关键区域：识别 DROSHA 的 RNA 底物和辅酶	*DGCR8*	*pasha*	*pash-1*
Exportin-5：将前体 miRNA 从细胞核转移到细胞质	*XPO5*	*Ranbp21*	???
Dicer：核糖核酸酶 III 家族蛋白质，裂解双链 RNA	*DICER1*	*Dcr-1*	*dcr-1*
Argonaute：绑定双链 RNA 和加工前体 RNA 到引导链和乘客链，把引导链带到目标 mRNA	*AGO1-4*	*AGO1-2*	*alg-1，alg-2*
Piwi 蛋白质：绑定 piRNA，帮助扩增和产生次级 piRNA，是一个专门化的 Argonaute 蛋白质	*PIWI1-4*	*AUB，AGO3，PIWI*	???
TRBP：反式激活响应（TAR）RNA 结合蛋白，与 Dicer 一起行动来识别双链 RNA，用于裂解、改变裂解的速率和参与编辑	*TRBP*	*loqs*	*rde-4*
PACT：PKR 激活蛋白是一种双链 RNA 结合蛋白，可能协助链选择，并与 Dicer 配合，但是不协助裂解活动	*PACT*	???	???
GW182：帮助 miRNA 目标和沉默 miRNA，与翻译起始因子、腺苷脱氨酶及脱帽酶复合	*GW182*	*Gawky*	*ain-1，ain-2*

注：符号???表示未知。

12.12　用于发现非编码小 RNA 的测序方法

　　非编码小 RNA 测序方法的主要原理与第 1 章中所述的 RNA-seq 非常相似。主要差异在于选择和富集 RNA 池以包含小 RNA。正如 RNA-seq 一样，从一个生物源分离 RNA，将接头添加到末端，合成一个 cDNA 链，用包含索引和测序引物的 PCR 引物扩增 cDNA 来创建文库。当输入 RNA 被纯化或对小 RNA 进行浓缩后，以及 cDNA 链被合成后，都要进行大小选择。在实践中，大小选择也可以在文库扩增后进行。基于芯片电泳技术的新的实验仪器，如 Pippen-prep 系统，基本上可以在文库制备的任何阶段用于纯化和大小选择。下面是当前主要的小 RNA-seq 方法的更详细的描述和工作流程。它们一般只在小 RNA 纯化的起步阶段有差别，其中在建库前一个非编码小 RNA 的特定目标群体（如 Argonaute 绑定的小 RNA）被纯化。然后使用各种各样的商业试剂盒继续进行文库构建。可用于产生测序用的小 RNA 文库的试剂盒已经对各个测序平台进行了优化。下面，我们详细介绍主要的小 RNA 测序方法。

12.12.1　miRNA-seq

miRNA-seq 类似于 RNA-seq，只不过输入材料没有被聚腺苷酸化，并且测序的 RNA 比较小。按照第 11 章中的表格，小 RNA 的范围可以从 21 nt 到几百 nt，取决于人们希望在文库中测序的类别。因此，纯化或选择输入 RNA 对于文库制备是至关重要的。对于一个典型的 miRNA-seq 实验（其中 miRNA 是测序的目标），miRNA 被富集或从总 RNA 池中进行大小选择。这可以使用商业试剂盒或凝胶纯化方案轻松地完成。现在甚至有商业的微流控芯片系统来帮助完成这一步骤。小RNA 的质量和数量是起始的和关键的一步。降解的 RNA 不仅将增加文库中赝品的数目，也使序列信息的解释出现问题。在实践中，当我们有大量的样品要制备时，我们使用一种 RNA 稳定性试剂 RNAlater（Ambion，Austin，TX/Life Technologies，Carlsbad，CA），所以可以在一天中收集样品并进行下一步。我们注意到这种试剂对我们的 RNA 样品的质量没有影响。事实上，它对运输及贮存样品有帮助。对于分离的小 RNA，我们使用柱纯化方法，富集<200 nt 的小 RNA。我们已经利用 mirVana 试剂盒（Ambion/Life Technologies）取得成功，虽然别的试剂盒可能工作得一样好。一旦合成了小 RNA 文库，则请参阅下面的步骤，在送去测序之前我们将它们保持在−80℃或在干冰中。由于我们想要进行比较，一次同时并行制备很多文库是正常的做法。下面的文库规程基于 Illumina 平台上的测序。请注意 GAIIx 和 Hi-Seq 2000 设备是与不同的文库接头兼容的，所以要确保你的文库规程中接头的序列可以被你计划使用的仪器使用。该文库规程一般需要3 d 时间。cDNA 文库制备的一般工作流程如图 12.2 所示。有关工作流程和接头序列的一个详细的示例（不使用试剂盒），可以从 Juhila 等的参考文献[23]中找到。

miRNA-seq 文库工作流程如下。

1）（可选）在一个离心管中，将你的样品放在 10 体积的 RNAlater™中。在 4℃过夜。储藏一夜之后，样品可以在−20℃冷冻存储几个月或在−80℃无限期存储。

2）（可选）通过离心和用移液器吸出残留的 RNAlater™，从你的样品中去除尽可能多的 RNAlater。

3）按照制造商的说明，使用 mirVana™试剂盒分离小 RNA<200 nt 的富集的 RNA。在最后的洗脱步骤中，使用 60 μL 每柱而不是建议的 100 μL。我们也用 miRNeasyKits（Qiagen）获得成功。这两个试剂盒都易于使用，非常方便，并可为文库制备提供足够质量的小 RNA。

4）使用 2 μL 的分装来测量 RNA 浓度并用 Nanodrop（Thermo Scientific）或 Qubit®fluorometer（Life Technologies）方法回收。Nanodrop 更方便，而 Qubit 往往更准确，尤其是对于较低的产量。在来自 0.5 mL 原始组织的 50 μL 体积中，典

型的产量是 2~4 μg 浓缩的小 RNA。

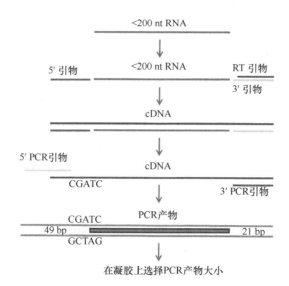

图 12.2　小 RNA 文库制备的方案。首先使用生化方法富集小 RNA。一个 3′接头和一个 5′接头被连接到 RNA 分子。利用一个与 3′接头互补的引物进行反向转录，产生 RNA 的 cDNA。然后使用 5′和 3′ PCR 引物对 cDNA 进行 PCR，引物是基于连接的接头序列的。5′引物有一个到 cDNA 序列的悬垂，在那里文库索引可以用于多路复用（multiplex）。

5）在真空离心机中不加热地将小 RNA 颗粒浓缩到大约 5 μL。

6）按照制造商的说明，制备小 RNA 样品文库，使用 NEBNext Small RNA Sample Prep Set 1 Kit（New England Biolabs）或 TruSeq®小 RNA 样品制备试剂盒（Illumina）。在文库的 PCR 扩增步骤使用 12 次循环。样品文库试剂盒必须与你计划使用的测序平台兼容。该试剂盒的技术手册会提到这一点。例如，新英格兰 Biolabs（New England Biolabs）具有不同的小 RNA 样品制备试剂盒，分别与 Illumina、Solid、Ion Torrent 和 Roche 454 平台兼容。每个平台都有它们自己的试剂盒，你可以肯定，这些是兼容的。

7）在扩增的 cDNA 文库的大小选择和凝胶纯化过程中，切除 80~110 nt 的带。避开在 70~75 bp 上的主带，因为这包含接头二聚体（dimer）。由于接头的连接、序列引物和索引，成熟的 miRNA 为 91~93 nt。如果有兴趣可以在 pre-miRNA 中切除大小较大的带。

8）按照试剂盒制造商说明书中的指示，从丙烯酰胺凝胶中洗脱扩增的 cDNA 文库，将颗粒重新悬浮在 10 μL 的 TE 缓冲溶液中。

9）使用 1 μL 的 cDNA 文库在 Bioanalyzer（Agilent Technologies）上查看大小。分析 miRNA 文库大小的例子见图 12.3。

10）如果文库的大小与预期相符，继续通过利用平台专化的集群试剂盒（TruSeq SR Cluster Kit，Illumina）生成集群，通过合成试剂盒（TruSeq SBS Kit，Illumina）进行测序。生成集群和测序的最后步骤通常由核心单位（core unit）执行。

12.12.2　CLIP-seq

交联免疫沉淀测序（CLIP-seq）是 RNA-seq 的一个变体，差别主要在用于文库的 RNA 的来源。识别 miRNA:mRNA 分子的早期的研究用免疫沉淀作为一种工具来富集复合体中与蛋白质相互作用的小 RNA 分子。这些研究使用针对 myc 标签的 Argonaute 蛋白质的抗体来沉淀结合的 RNA 分子，然后继续识别 mRNA 靶分子[24]或使用微阵列对其进行分析[25]。目的是分离成熟 miRNA 和它们的靶分子用于测序。此方法的一个进一步改进首先利用 RNA 分子与物理上紧邻的蛋白质通过紫外线照射产生交联；然后，用 RNA-seq 而不是克隆或微阵列分析来识别 RNA 分子，并命名为"通过交联免疫沉淀分离的 RNA 高通量测序"（HITS-CLIP，现在通常简称 CLIP-seq）[26]。早期的研究对神经元专化的剪接因子 Nova 进行免疫沉淀，后来的研究对来自老鼠大脑的 Argonaute 蛋白质（Ago）进行交联和免疫沉淀，在该蛋白质与 miRNA 及 mRNA 的复合体中[27]。结果得到了来自 829 个转录本的 mRNA 序列。在线虫中进行了类似的研究，使用野生型和 Argonaute 零突变体（null mutant）（alg-1）作为对照，通过这种方法，识别了特定于野生型的 3093 个基因[28]。当抗原表位（epitope）是 RNA 结合蛋白时[29]，RNA 结合蛋白免疫沉淀测序（RIP-seq）有时也作为一个术语用于描述 CLIP-seq。CLIP-seq 也被用来识别 pri-miRNA 加工复合体中的 RNA，是通过 DGCR8 的免疫沉淀[30]。有趣的是，他们发现 pri-miRNA 及 mRNA 和 snoRNA，表明 DGCR8 具有额外的功能。由于从免疫沉淀的样品中恢复的 RNA 是很少的，阴性对照的使用变得非常重要。因此，多个重复及背景对照已被广泛应用于 CLIP-seq 规程。CLIP-seq 的一个优秀的分步规程可以从参考文献[31]中找到。

光催化核糖核苷增强交联免疫沉淀测序法（photoactivatable ribonucleoside-enhanced CLIP，PAR-CLIP seq）是 CLIP-seq 的一个变体，其目的是在核苷酸水平上作图蛋白质和 RNA 之间精确的互作位点。PAR-CLIP seq 使用修饰的核苷酸，如在生物合成过程中结合到 RNA 分子中的硫代尿苷（4-thiouridine）。然后修饰的光激活核苷酸在一个反应中通过紫外光被交联到 RNA 结合蛋白，这个反应的效率比未修饰的核苷酸高得多[32]。这项技术的另一个优点是，可以获得 RNA::蛋白质互作位点的更精确的作图。紫外光交联后，随后进行免疫沉淀和下一代测序，以与 CLIP-seq 相同的方式。这种技术的一个缺点是它需要用核苷类似物对细胞/样品进行预培养，从而限制了适用于这种技术的样品的范围。此外，一些核苷类似物可能是有毒的，因此在样本之间要进行比较的情况下使结果有偏。

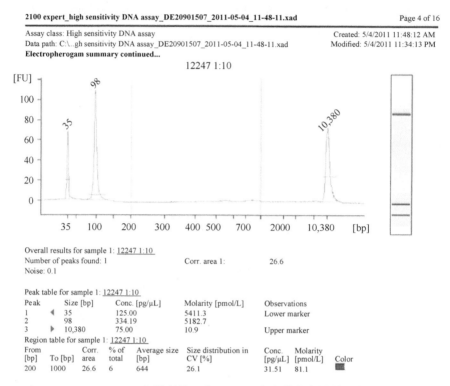

图 12.3　在 Agilent Bioanalyzer 上得到的一个 miRNA 文库的电泳图谱。大小标记处于 35 bp 和 10 380 bp 上，而文库在 98 bp 上显示一个峰。在 98 bp 的峰中，小 RNA 是 21~23 nt，其余的双链 DNA（dsDNA）由文库接头组成。

　　单个核苷酸分辨率 UV 交联免疫沉淀测序法（individual-nucleotide resolution UV crosslinking and immunoprecipitation sequencing，iCLIPSeq）是 CLIP-seq 的另一个变体。早期的 CLIP-seq 研究表明，当作图到其各自的基因组时，一些免疫沉淀的 RNA 包含缺失的序列。这被假定为是由于逆转录酶跳过了 RNA 序列，在那里交联的蛋白质仍然结合着。为了提高分辨率，创建了 iCLIPSeq 来将 RNA:蛋白质相互作用作图到单核苷酸水平[33]。这种方法依赖于文库构建过程中的观察，在免疫沉淀和分离的 RNA 正在被反向转录成 cDNA 的那个步骤中，逆转录酶要么跳过，要么在 RNA 和蛋白质交联的确切点上停止，在少数几个分子中，其中蛋白酶 K 处理没有完全将蛋白质与 RNA 分开。在这些情况下，由此产生的截断的 cDNA 被环化、线性化、扩增，然后测序[34]。所产生的序列不仅提供识别的免疫沉淀的 RNA，而且在单个核苷酸水平上识别蛋白质相互作用位点。

12.12.3 降解组测序

由在序列中的什么地方和 mRNA 分子如何被内切核糖核酸酶切割的问题激发，已经创建了一套方法，现在被称为降解组测序（degradome-seq）[35,36]。此方法的最实际的应用一直是作图、匹配和识别 miRNA 及其靶 mRNA 的裂解产物。这种方法依赖的原理为：成熟的真核 mRNA 在 5′端被 7-甲基鸟苷（7-methylguanasine）戴帽，而内切核糖核酸酶裂解具有 5′单磷酸的 mRNA。在该方法中，小 RNA 文库是从含有 5′单磷酸的细胞 RNA 构建的，排除未切割的 mRNA，因为 7-甲基鸟苷核苷酸在文库构建过程中不能连接接头。再对文库进行 RNA-seq。然后将读段作图到基因组，其在那里作图的 5′端成为 miRNA 介导的裂解的潜在位点。如果裂解由 Dicer（一种 RNase III 类核酸内切酶）介导，miRNA 的开头应该是离 miRNA 的 5′端刚好 10 个核苷酸远。因此，从裂解位点可以推断 miRNA 序列。利用各种不同的数据库交叉检查裂解位点周围的序列，可以验证 miRNA 序列和身份。其他生物信息学方法，如计算 RNA 二级结构和裂解位点附近发夹的最小自由能，也可以用于识别新的 miRNA。这个文库构建、测序和生物信息学分析的联合方法也被称为 RNA 末端并行分析（PARE）。该方法在植物中被首次描述，但现在已被应用在多细胞动物的很多物种中。对该方法的警告是，除了 Dicer 之外，5′单磷酸可能从其他细胞的核糖核酸酶 III 类分子生成，因此更多地代表内源性 RNA 降解活动。因此，这种方法的术语（降解组测序）是恰当的。此方法一个值得注意的计算和技术方面的挑战，是 miRNA 的作图与鉴定。已经产生了一个生物信息学管道 CleaveLand，可检测来自降解组测序项目的切割的 miRNA [35]。CleaveLand 可以从 http://axtell-lab-psu.weebly.com/cleaveland.html 下载。

12.12.4 全局连缀测序

全局连缀测序（Global Run-On Sequencing，GRO-seq）描述一种方法，这种方法识别新生的、新合成的转录本，当它们正在被延长时。它在检测的时候还识别实际上正在被合成的转录本，与生物样品中的稳态水平的转录本相反。它是一种利用转录暂停的方法，其中 RNA 聚合酶已开始转录或正在从事转录活动，但转录复合体可能在等待额外的因素，因此已经暂停。也可以利用毒素（如放线菌素 D）获得暂停或转录干扰。要获得 RNA 片段用于在这种背景下的测序，进行核连缀（nuclear run-on），其中 5-溴尿苷 5′磷酸被添加到培养物并结合到细胞中正在产生的新生 RNA 中[37]。其通常用于标识积极转录的基因，但最近已被用于识别 eRNA。

12.13 小 结

小 RNA-seq 方法的共同主题是小 RNA 的分离，以及随后在各种平台上的测序。由于科学家继续在发现新类别的小 RNA（如 eRNA），并且每个生物体似乎有其自身独特的 miRNA 组（miRNAome），这些方法将会继续发展。事实上，现在的很多方法都包括分馏步骤，旨在富集 RNA，用于小 RNA 和 mRNA 的文库合成。利用现有的技术财富，有望有很多新的和令人兴奋的发现。

参 考 文 献

1. Lee R.C., Feinbaum R.L., and Ambros V. The *C. elegans* heterochronic gene lin-4 encodes small RNAs with antisense complementarity to lin-14. *Cell* 75(5):843–854, 1993.
2. Pasquinelli A.E., Reinhart B.J., Slack F. et al. Conservation of the sequence and temporal expression of let-7 heterochronic regulatory RNA. *Nature* 408(6808):86–89, 2000.
3. Lagos-Quintana M., Rauhut R., Lendeckel W. et al. Identification of novel genes coding for small expressed RNAs. *Science* 294(5543):853–858, 2001.
4. Lau N.C., Lim L.P., Weinstein E.G. et al. An abundant class of tiny RNAs with probable regulatory roles in *Caenorhabditis elegans*. *Science* 294(5543):858–862, 2001.
5. Lee R.C. and Ambros V. An extensive class of small RNAs in *Caenorhabditis elegans*. *Science* 294(5543):862–864, 2001.
6. Djuranovic S., Nahvi A., and Green R. A parsimonious model for gene regulation by miRNAs. *Science* 331(6017):550–553, 2011.
7. Neilsen C.T., Goodall G.J., and Bracken C.P. IsomiRs—the overlooked repertoire in the dynamic microRNAome. *Trends Genet* 28(11):544–549, 2012.
8. Westholm J.O. and Lai E.C. Mirtrons: MicroRNA biogenesis via splicing. *Biochimie* 93(11):1897–1904, 2011.
9. Shi W., Hendrix D., Levine M. et al. A distinct class of small RNAs arises from pre-miRNA-proximal regions in a simple chordate. *Nat Struct Mol Biol* 16(2):183–189, 2009.
10. Langenberger D., Bermudez-Santana C., Hertel J. et al. Evidence for human microRNA-offset RNAs in small RNA sequencing data. *Bioinformatics* 25(18):2298–2301, 2009.
11. Bortoluzzi S., Biasiolo M., and Bisognin A. MicroRNA-offset RNAs (moRNAs): By-product spectators or functional players? *Trends Mol Med* 17(9):473–474, 2011.
12. Asikainen S., Heikkinen L., Wong G. et al. Functional characterization of endogenous siRNA target genes in *Caenorhabditis elegans*. *BMC Genomics* 9:270, 2008.

13. Duchaine T.F., Wohlschlegel J.A., and Kennedy S. Functional proteomics reveals the biochemical niche of *C. elegans* DCR-1 in multiple small-RNA-mediated pathways. *Cell* 124(2):343–354, 2006.

14. Goodenbour J.M. and Pan T. Diversity of tRNA genes in eukaryotes. *Nucleic Acids Res* 34(21):6137–6146, 2006.

15. Lestrade L. and Weber M.J. snoRNA-LBME-db, a comprehensive database of human H/ACA and C/D box snoRNAs. *Nucleic Acids Res* 34(Database issue):D158–D162, 2006.

16. Redmond A.M. and Carroll J.S. Enhancer-derived RNAs: "spicing up" transcription programs. *EMBO J* 32(15):2096–2098, 2013.

17. Kim T.K., Hemberg M., Gray J.M. et al. Widespread transcription at neuronal activity-regulated enhancers. *Nature* 465(7295):182–187, 2010.

18. Aalto A.P. and Pasquinelli A.E. Small non-coding RNAs mount a silent revolution in gene expression. *Current Opinion Cell Biol* 24(2):333–340, 2012.

19. Bartel D. MicroRNAs: Genomics, biogenesis, mechanism, and function. *Cell* 116(2):281–297, 2004.

20. Siomi M.C., Sato K., Pezic D. et al. PIWI-interacting small RNAs: The vanguard of genome defence. *Nat Rev Mol Cell Biol* 12(4):246–258, 2011.

21. Kim V.N., Han J., and Siomi M.C. Biogenesis of small RNAs in animals. *Nat Rev Mol Cell Biol* 10(2):126–139, 2009.

22. Meister G. Argonaute proteins: Functional insights and emerging roles. *Nat Rev Genet* 14(7):447–459, 2013.

23. Juhila J., Sipilä T., Icay K. et al. MicroRNA expression profiling reveals miRNA families regulating specific biological pathways in mouse frontal cortex and hippocampus. *PLoS ONE* 6(6):e21495, 2011.

24. Karginov F.V., Conaco C., Xuan Z. et al. A biochemical approach to identifying microRNA targets. *Proc Natl Acad Sci USA* 104(49):19291–19296, 2007.

25. Easow G., Teleman A.A., and Cohen S.M. Isolation of microRNA targets by miRNP immunopurification. *RNA* 13(8):1198–1204, 2007.

26. Licatalosi D.D., Mele A., Fak J.J. et al. HITS-CLIP yields genome-wide insights into brain alternative RNA processing. *Nature* 456(7221):464–469, 2008.

27. Chi S.W., Zang J.B., Mele A. et al. Argonaute HITS-CLIP decodes microRNA–mRNA interaction maps. *Nature* 460(7254):479–486, 2009.

28. Zisoulis D.G., Lovci M.T., Wilbert M.L. et al. Comprehensive discovery of endogenous Argonaute binding sites in *Caenorhabditis elegans*. *Nat Struct Mol Biol* 17(2):173–179, 2010.

29. Zhao J., Ohsumi T.K., Kung J.T. et al. Genome-wide identification of polycomb-associated RNAs by RIP-seq. *Mol Cell* 40(6):939–953, 2010.

30. Macias S., Plass M., Stajuda A. et al. DGCR8 HITS-CLIP reveals novel functions for the microprocessor. *Nat Struct Mol Biol* 19(8):760–766, 2012.

31. Murigneux V., Saulière J., Roest Crollius H. et al. Transcriptome-wide identification of RNA binding sites by CLIP-seq. *Methods* 63(1):32–40, 2013.

32. Hafner M., Lianoglou S., Tuschl T. et al. Genome-wide identification of miRNA targets by PAR-CLIP. *Methods* 58(2):94–105, 2012.

33. König J., Zarnack K., Rot G. et al. iCLIP reveals the function of hnRNP

particles in splicing at individual nucleotide resolution. *Nat Struct Mol Biol* 17(7):909–915, 2010.

34. Sugimoto Y., König J., Hussain S. et al. Analysis of CLIP and iCLIP methods for nucleotide-resolution studies of protein–RNA interactions. *Genome Biol* 13(8):R67, 2012.

35. Addo-Quaye C., Eshoo T.W., Bartel D.P. et al. Endogenous siRNA and miRNA targets identified by sequencing of the *Arabidopsis* degradome. *Current Biol* 18(10):758–762, 2008.

36. German M.A., Pillay M., Jeong D.H. et al. Global identification of microRNA-target RNA pairs by parallel analysis of RNA ends. *Nat Biotechnol* 26(8):941–946, 2008.

37. Core L.J., Waterfall J.J., and Lis J.T. Nascent RNA sequencing reveals widespread pausing and divergent initiation at human promoters. *Science* 322(5909):1845–1848, 2008.

第 13 章　非编码小 RNA 测序数据的分析

13.1　引　　言

当小 RNA 已从你的样品中分离，构建了文库，并获得了序列数据之后，通常会为你提供一个或几个大的文件，其中包含你的序列，为 FASTA 格式。现在真正的乐趣开始了！有很多工具可用来分析数据，这取决于实验目的。这些工具在许多方面有不同，包括易用性、检测各种类型小 RNA 的算法、对其他数据文件和注释的依赖性、统计方法、加载项，以及输入和输出格式，这里只是列举了少数几个因素。我们通过一种循序渐进的实践方式带你学习 miRDeep2 的使用，因为这个软件是我们手头上表现较好的，已被该领域中的其他研究者使用和引用。它包含各种工具，用于作图读段、折叠和可视化潜在的、新发现的 miRNA，并具有直观易读的输出。但是它要求使用者具有命令行的知识。作为第二个工具，我们演示 miRanalyzer 的使用，这是一个基于 web 的工具，可以运行在任何已启用 web 的浏览器上。它易于使用，并提供差异性分析的工具，这种分析是很多研究想要进行的。这些都不是小 RNA-seq 数据分析的唯一工具。我们提供的两个例子是执行起来相对简单或非常简单的实用解决方案。读者如果对其他可用的工具感兴趣，可以看看几篇最近的综述，其中详细介绍了这里提到的和其他当前可用的工具之间的差异，并评价了这些工具的优缺点[1,2]。在本章的第二部分，我们介绍下游分析的实用方法，一旦 miRNA 已经从你的样本中被鉴定并量化，就要进行这种分析。这些分析包括定位 miRNA 的 mRNA 靶。最后，我们指出关于小 RNA 的一般信息的一些重要来源，包括 miRBase 和 RFAM。

13.2　小 RNA 的发现——miRDeep2

miRDeep2 是一个综合的工具，允许你输入 RNA-seq 数据并获得已知 miRNA 的计数作为输出，发现新型 miRNA，以及数据集之间在 miRNA 方面的差异[3]。该软件在 Linux 中运行。包装在 perl 内的模块包括一个作图读段的工具（Bowtie）及用于折叠和可视化 miRNA 前体的工具（Randfold 和 ViennaRNA）。命令行界面和图形的输出使这个软件成为一个非常有用的工具。

运行 miRDeep2 的基本方法如下。

1）在你的工作站上安装 Linux。有关如何执行此操作的具体说明，请参见第 2 章的 2.6 节。

2）从你的 Linux 安装中，下载 miRDeep2（https://www.mdc-berlin.de/8551903/ en/research/research_teams/systems_biology_of_gene_regulatory_elements/projects/m iRDeep）。

3）下载你想要分析的物种的 gff 注释文件。

4）下载你想要分析的物种已知 miRNA 的 FASTA 文件。

5）设置你的运行环境。例如，把所有需要的文件放在"miRDeep2 工作目录"中，并根据需要配置脚本。

6）运行 miRDeep2。

13.2.1 GFF 文件

GFF 文件——GFF 代表通用特征格式（generic feature format），它包含一个序列的基因组特征。特征存储在一个纯文本文件中，具有 9 列，每一列代表序列的一个不同的特征。列是制表符分隔的。该文件的第一行包含一个文本标题 ##gff-version 3。以下各行还可以包含描述性的文本，如文件、来源、版本号、注释、参考文献和说明的描述，只要行以#号开头。在描述行之后，在 9 列的每一列中可以看到基因组特征。在表 13.1 的示例中，9 列包含以下的基因组特征信息。

第 1 列：Landmark ID，在这个例子中它是 I，表示 1 号染色体。

第 2 列：生成此特征的来源。在例子中其留空，当该字段中没有列出源时放一个句点（.）。

第 3 列：序列的类型，在这个例子中为 miRNA 初级转录本，或如同此条目之后所看到的，miRNA。

第 4 列：序列的开始，按照坐标系统表示。在示例中，显示的 1738637 意味着序列始于 1 号染色体，核苷酸 1738637。

第 5 列：序列的末尾，按照坐标系统表示。在示例中，显示的 1738735 意味着序列结束于 1 号染色体，核苷酸 1738735。

第 6 列：得分（score），在这个例子中留空，用"."表示。

第 7 列：链（strand），在这个例子中为+，表示正链。

第 8 列：相（phase），在这个例子中留空，用"."表示。

第 9 列：序列的属性。使用的系统是标签=值，用分号分隔。每个标签是一个属性，可以被赋予一个值。可以使用多个标签。在我们的示例中，第一个标签是 ID，为 MI0000021-1，第二个是 NameM，它是 cel-mir-50。

表 13.1　线虫 miRNA 的 GFF 文件

```
##gff-version 3
##date
 2012-7-23
#
# Chromosomal coordinates of C. elegans microRNAs
# microRNAs                         miRBase v19
#               genome-build-id WBcel215
#
# Hairpin precursor sequences have type "miRNA_primary_transcript"
# Note, these sequences do not represent the full primary transcript
# rather a predicted stem-loop portion that includes the precursor
# miRNA. Mature sequences have type "miRNA."
#
I            .  miRNA_primary_transcript  17,38,637  17,38,735  .  +  .  ID = MI0000021_1;Name = cel-mir-50
I            .  miRNA                     17,38,652  17,38,675  .  +  .  ID = MIMAT0000021_1;Name = cel-miR-50-5p
I            .  miRNA                     17,38,694  17,38,715  .  +  .  ID = MIMAT0020310_1;Name = cel-miR-50-3p
I            .  miRNA_primary_transcript  28,88,450  28,88,559  .  -  .  ID = MI0019067_1;Name = cel-mir-5546
I            .  miRNA                     28,88,514  28,88,536  .  -  .  ID = MIMAT0022183_1;Name = cel-miR-5546-5p
I            .  miRNA                     28,88,472  28,88,493  .  -  .  ID = MIMAT0022184_1;Name = cel-miR-5546-3p
I            .  miRNA_primary_transcript  29,21,188  29,21,292  .  +  .  ID = MI0017717_1;Name = cel-mir-4931
I            .  miRNA                     29,21,258  29,21,277  .  +  .  ID = MIMAT0020137_1;Name = cel-miR-4931
```

注：#表示注释行。9 列数据跟在注释的后面。本表在第 8 项之后已经过删减。

　　GFF 文件有不同的版本，我们使用第 3 版。要小心，虽然版本是相似的，但它们并不总是兼容的。我们使用的 GFF 文件是从 miRBase 下载的，但也可以从许多不同的来源下载，如不同基因组数据库。精确的描述可以在 www.sequenceont-ology.org/gff3.shtml 上找到。

13.2.2　已知 miRNA 的 FASTA 文件

　　FASTA 文件格式是 DNA、RNA 或蛋白质序列的文本格式。FASTA 格式的序列的第一行包含一个大于号 ">"，后跟描述序列的文本。其余的行包含序列本身。当下一个 ">" 符号出现时开始下一个序列。每个物种已知 miRNA 的 FASTA 文件可以直接从 miRBase 下载。例如，在表 13.2 中显示了秀丽隐杆线虫（*Caenorhabditis elegans*）miRNA 的 FASTA 文件。

13.2.3　设置运行环境

　　1）请确保 GCC 工具链已安装。在 Ubuntu 中，安装基本编译器（build-essential）包：

```
$ sudo apt-get install build-essential
```

　　2）获得 Bowtie（bowtie-bio.sourceforge.net）。将软件包解压缩到 usr/local/share，并使符号链接到/usr/local/bin，以指向解压缩的可执行文件：

```
$ sudo unzip name_of_the_bowtie_package.zip -d/usr/local/
share
```

```
$  ln  -s/usr/local/share/name_of_the_bowtie_directory/
bowtie*/usr/local/bin
```

表 13.2　线虫 miRNA 的 FASTA 文件

>cel-let-7 MI0000001 *C. elegans* let-7 stem-loop
UACACUGUGGAUCCGGUGAGGUAGUAGGUUGUAUAGUUUGGAAUAUUACCACCGGUGAAC
UAUGCAAUUUUCUACCUUACCGGAGACAGAACUCUUCGA
>cel-lin-4 MI0000002 *C. elegans* lin-4 stem-loop
AUGCUUCCGGCCUGUUCCCUGAGACCUCAAGUGUGAGUGUACUAUUGAUGCUUCACACCU
GGGCUCUCCGGGUACCAGGACGGUUUGAGCAGAU
>cel-mir-1 MI0000003 *C. elegans* miR-1 stem-loop
AAAGUGACCGUACCGAGCUGCAUACUUCCUUACAUGCCCAUACUAUAUCAUAAAUGGAUA
UGGAAUGUAAAGAAGUAUGUAGAACGGGGUGGUAGU
>cel-mir-2 MI0000004 *C. elegans* miR-2 stem-loop
UAAACAGUAUACAGAAAGCCAUCAAAGCGGUGGUUGAUGUGUUGCAAAUUAUGACUUUCA
UAUCACAGCCAGCUUUGAUGUGCUGCCUGUUGCACUGU
>cel-mir-34 MI0000005 *C. elegans* miR-34 stem-loop
CGGACAAUGCUCGAGAGGCAGUGUGGUUAGCUGGUUGCAUAUUUCCUUGACAACGGCUAC
CUUCACUGCCACCCCGAACAUGUCGUCCAUCUUUGAA
>cel-mir-35 MI0000006 *C. elegans* miR-35 stem-loop

UCUCGGAUCAGAUCGAGCCAUUGCUGGUUUCUUCCACAGUGGUACUUUCCAUUAGAACUA
UCACCGGGUGGAAACUAGCAGUGGCUCGAUCUUUUCC
>cel-mir-36 MI0000007 *C. elegans* miR-36 stem-loop
CACCGCUGUCGGGGAACCGCGCCAAUUUUCGCUUCAGUGCUAGACCAUCCAAAGUGUCUA
UCACCGGGUGAAAAUUCGCAUGGGUCCCCGACGCGGA
>cel-mir-37 MI0000008 *C. elegans* miR-37 stem-loop
UUCUAGAAACCCUUGGACCAGUGUGGGGUGUCCGUUGCGGUGCUACAUUCUCUAAUCUGUA
UCACCGGGUGAACACUUGCAGUGGUCCUCGUGGUUUCU
>cel-mir-38 MI0000009 *C. elegans* miR-38 stem-loop
GUGAGCCAGGUCCUGUUCCGGUUUUUUCCGUGGUGAUAACGCAUCCAAAAGUCUCUAUCA
CCGGGAGAAAAACUGGAGUAGGACCUGUGACUCAU
>cel-mir-39 MI0000010 *C. elegans* miR-39 stem-loop
UAUACCGAGAGCCCAGCUGAUUUCGUCUUGGUAAUAAGCUCGUCAUUGAGAUUAUCACCG
GGUGUAAAUCAGCUUGGCUCUGGUGUC

3）获得 Vienna RNA 包（http://www.tbi.univie.ac.at/~ivo/RNA/）。若要编译和
安装，请键入：

```
$ ./configure
$ make
$ sudo make install
```

4）安装 SQUID。在 Ubuntu 中，键入：

```
$ sudo apt-get install biosquid
```

5）获取 Randfold 的版本 2（C 版）（http://bioinformatics.psb.ugent.be/software/

details/Randfold）。

首先，修改 Makefile 并添加-I/usr/include/biosquid 到 INCLUDE 行（现在该行应为 INCLUDE = -I. -I/usr/include/biosquid）。若要编译和安装，请键入：

```
$ make
$ sudocprandfold/usr/local/bin
```

6）安装 PDF::API2 包。在 Ubuntu 中，键入：

```
$ sudo apt-get install libpdf-api2-perl
```

7）获取 miRDeep2（www.mdc-berlin.de/8551903/en/research/research_teams/systems_biology_of_gene_regulatory_elements/projects/miRDeep）。解压缩并运行。

13.2.4 运行 **miRDeep2**

```
mapper.pl ctrl_trimmed.fasta -c -p/home/wong/rna_seq/
genomes/ws220/
   genome -t ctrl_trimmed_mapped.arf -o 4 -n -s ctrl_trimmed_
processed.fa -v -m
   miRDeep2.pl
ctrl_trimmed_processed.fa/home/wong/rna_seq/genomes/ws220/
   genome.fa ctrl_trimmed_mapped.arfmature.fa none hairpin.
fa
```

miRDeep2 提示：

1）将程序和所需的文件转移到 public/common 目录，以便它总是在路径中。

2）创建一个新的子目录来运行 miRDeep2，并将输出文件存放在那里。

3）将需要的输入文件转移到新的 miRDeep2 子目录中。

13.2.4.1 miRDeep2 输出

miRDeep2 的一个好的特点是输出文件中包含一个 html 页，其中收集了所有的输出，并允许你以熟悉的网页格式阅读它。然而你仍然可以查看个别的结果，网页的使用链接了所有的输出，其中包括单独的 pdf 文件中的图形。输出文件放在执行该程序的工作目录中，除非另有规定。从工作目录中，单击带有日期和时间标志的 html 图标。在此示例中，该文件是/mirdeepworking/expression_02_04_2013_t_15_15_09.html（图 13.1）。第一组输出详述使用的参数,包括 miRDeep2 的版本、程序调用、取出读段的文件的名称、基因组文件的位置和名称、作图文件的名称、参考成熟 miRNA 文件的名称，以及任何其他成熟的 miRNA。输出的下一个部分提供 miRDeep2 性能的测量，利用识别的新预测的 miRNA 和已知的 miRNA 的数目。第三部分提供由 miRDeep2 预测的新型 miRNA 的一个列表，其中包括临时 ID，miRDeep2 得分，成熟、循环和星号区域中读段的计数，randfold 显著性，到外部数据库的链接，到 NCBI blastn 结果的链接，一致成熟序列（consensus mature sequence），一致星号序列（consensus star sequence），一致前体序列（consensus precursor sequence），以及用染色体和位置表示的前体坐标（图 13.2）。第四部分提供成熟 miRBasemiRNA 的列表，具有一个标签 ID，miRDeep2 得分，miRNA 是一个真阳性的估计的概率，与 miRBase 成熟序列一致的陈述，成熟、循环和星号形式的总读段计数，randfold 显著性，成熟的 miRBasemiRNA 的名称，到 NCBI blastn 搜索的链接，以及一致的成熟、星号和发夹序列。

Parameters used

miRDeep2 version	2.0.0.5
Program call	/home/wong/mirdeep2/miRDeep2.pl ctrl_processed.fa /home/wong/rna_seq/genomes/ws220/genome.fa ctrl_mapped.arf mature.fa none hairpin.fa
Reads	ctrl_processed.fa
Genome	/home/wong/rna_seq/genomes/ws220/genome.fa
Mappings	ctrl_mapped.arf
Reference mature miRNAs	mature.fa
Other mature miRNAs	none

Survey of miRDeep2 performance for score cut-offs -10 to 10

miRDeep2 score	novel miRNAs			known miRBase miRNAs			estimated signal-to-noise	excision gearing
	predicted by miRDeep2	estimated false positives	estimated true positives	in species	in data	detected by miRDeep2		
10	3	2 ± 1	1 ± 1 (46 ± 37%)	112	112	2 (2%)	2.3	2
9	3	2 ± 1	1 ± 1 (45 ± 37%)	112	112	2 (2%)	2.2	2
8	3	2 ± 1	1 ± 1 (42 ± 37%)	112	112	2 (2%)	2.1	2
7	3	2 ± 2	1 ± 1 (41 ± 37%)	112	112	2 (2%)	2	2
6	3	2 ± 2	1 ± 1 (39 ± 36%)	112	112	2 (2%)	1.9	2
5	3	2 ± 2	1 ± 1 (38 ± 35%)	112	112	2 (2%)	1.8	2
4	3	2 ± 2	1 ± 1 (36 ± 35%)	112	112	2 (2%)	1.7	2
3	5	2 ± 2	3 ± 2 (53 ± 30%)	112	112	2 (2%)	2.4	2
2	22	4 ± 2	18 ± 2 (83 ± 9%)	112	112	62 (55%)	14.6	2
1	54	8 ± 3	46 ± 3 (85 ± 5%)	112	112	90 (80%)	12.3	2
0	69	40 ± 6	29 ± 6 (42 ± 9%)	112	112	93 (83%)	2.9	2
-1	79	64 ± 8	15 ± 7 (19 ± 9%)	112	112	93 (83%)	2	2
-2	99	91 ± 8	9 ± 7 (9 ± 7%)	112	112	97 (87%)	1.6	2
-3	124	123 ± 9	4 ± 6 (3 ± 5%)	112	112	97 (87%)	1.4	2
-4	137	166 ± 10	0 ± 0 (0 ± 0%)	112	112	98 (88%)	1.1	2
-5	150	223 ± 11	0 ± 0 (0 ± 0%)	112	112	100 (89%)	0.9	2
-6	166	271 ± 12	0 ± 0 (0 ± 0%)	112	112	100 (89%)	0.8	2
-7	188	319 ± 12	0 ± 0 (0 ± 0%)	112	112	100 (89%)	0.8	2
-8	220	369 ± 13	0 ± 0 (0 ± 0%)	112	112	100 (89%)	0.7	2
-9	257	419 ± 15	0 ± 0 (0 ± 0%)	112	112	100 (89%)	0.7	2
-10	281	474 ± 16	0 ± 0 (0 ± 0%)	112	112	100 (89%)	0.7	2

图 13.1　来自 miRDeep2 的输出文件，显示性能得分。

单击新的 miRNA 的临时 ID 将得到一个 RNAfold 生成的图形，其中包含实际的电子折叠的（in silico-folded）发夹、带有发夹的每个部分的读段数目、最小自由能的得分、randfold 的得分，以及保守的种子序列的得分。此外，为作图到发夹的读段生成了一个比对，包括紧密作图的读段，允许你查看任何异构体（iso-mir）。一个示例如图 13.3 所示。

novel miRNAs predicted by miRDeep2

provisional id	miRDeep2 score	estimated probability that the miRNA candidate is a true positive	rfam alert	total read count	mature read count	loop read count	star read count	significant randfold p-value
X_16668	4.2e+2	0.46 ± 0.37		826	753	0	73	yes
IV_7271	2.1e+1	0.46 ± 0.37		37	35	1	1	yes
IV_12490	2.1e+1	0.46 ± 0.37		36	35	0	1	yes
X_17044	3.2	0.53 ± 0.30		818	748	11	59	yes
X_16689	3.2	0.53 ± 0.30		804	748	0	56	yes
IV_14843	2.9	0.83 ± 0.09		121	121	0	0	yes
IV_5013	2.8	0.83 ± 0.09		594	573	0	21	yes
II_2882	2.7	0.83 ± 0.09		42	41	0	1	yes
X_16990	2.4	0.83 ± 0.09		70	70	0	0	yes
V_15838	2.4	0.83 ± 0.09		345	328	0	17	yes
X_16661	2.3	0.83 ± 0.09		155	155	0	0	yes
IV_5316	2.3	0.83 ± 0.09		46064	46028	0	36	yes
IV_6089	2.2	0.83 ± 0.09		94	93	0	1	yes
X_16561	2.1	0.83 ± 0.09		696	696	0	0	yes
X_16952	2.0	0.83 ± 0.09		386	319	0	67	yes
III_4385	2.0	0.83 ± 0.09		12	8	0	4	yes
III_4580	2.0	0.83 ± 0.09		6828	5813	0	1015	yes
X_16998	2.0	0.83 ± 0.09		111	111	0	0	yes
X_16598	2.0	0.83 ± 0.09		26	26	0	0	yes
X_16902	2.0	0.83 ± 0.09		76	76	0	0	yes
I_1297	2.0	0.83 ± 0.09		204	202	0	2	yes
V_16054	2.0	0.83 ± 0.09		9890	9872	0	18	yes
I_44	1.9	0.85 ± 0.05		10	10	0	0	yes
V_15924	1.9	0.85 ± 0.05		62	62	0	0	yes
II_3022	1.9	0.85 ± 0.05		5197	5193	0	4	yes
IV_5318	1.9	0.85 ± 0.05		119	118	0	1	yes
X_16559	1.9	0.85 ± 0.05		496	496	0	0	yes

图 13.2　来自 miRDeep2 的输出文件，显示预测的新型 miRNA。表已被解析，在右侧列中成熟的及发夹 miRNA 序列已被删除。

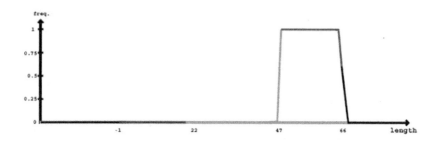

Provisional ID	: IV_7211
Score total	: 1.7
Score for star read(s)	: -1.3
Score for read counts	: 0
Score for mfe	: 1.4
Score for randfold	: 1.6
Score for cons. seed	:
Total read count	: 327098
Mature read count	: 327047
Loop read count	: 2
Star read count	: 49

图 13.3　来自 miRDeep2 的发夹和作图的读段的图形输出。

13.3　miRanalyzer

识别已知的 miRNA 并从 RNA-seq 数据中发现新的 miRNA 发夹的另一个工具是 miRanalyzer[4]。它还允许你对两个数据集之间 miRNA 表达的差异进行比较。在实践中其与 miRDeep2 的一个较大的区别在于，miRanalyzer 是基于 web 的。它也可被下载并在本地运行。在任一情况下，用户将需要对其 RNA-seq 数据进行聚类并重新格式化成"读段计数格式"或"多 FASTA 格式"。至于这些数据格式的样子，请参阅表 13.3。

表 13.3　FASTA 格式，读段计数格式，多 FASTA 格式

FASTA 格式：	
> gene1	
ACTCTCGATCTATTT	
> gene2	
TCTCACGTGCGGTAAGC	
> gene3	
GTGATTGCATATCAT	
...	
读段计数格式：	
ACTCTCGATCTATTT	57882
TCTCACGTGCGGTAAGC	23815
GTGATTGCATATCAT	432
多 FASTA 格式：	
> gene1 57882	
ACTCTCGATCTATTT	
> gene2 23815	
TCTCACGTGCGGTAAGC	
> gene3 432	
GTGATTGCATATCAT	

注：本表显示格式之间的差异。miRanalyzer 只接受读段计数或多 FASTA 格式的数据为输入文件。

基本上这些格式列出了数据集中的序列和读段的数目，因此它提供了数据集的压缩，这对基于 web 的程序是非常重要的。提供了一个 perl 程序，用以执行这种聚类和格式转换。在那之后，用户已经准备就绪了。从 web 页面中，用户选择生物/基因组，目前支持 40 个以上，包括人类、小鼠、果蝇和线虫。从一个下拉菜单中键入参数，如允许的不匹配的数目，决定是预测新型 miRNA 还是检测已知的 miRNA，然后单击启动按钮。miRanalyzer 服务器处理和分析数据，并为用户提供一个 miRanalyzerjobIDweb-链接，当工作完成时结果就放在那个链接中。根据数据集的大小，这可能要用半天到一个星期的时间。在 web 页中呈现的输出显示使用的参数和结果的简短汇总。其他部分显示作图到已知的 miRNA 的读段数目、其他 RNA 类和预测的新 RNA。在这些部分的每一项中单击详细信息框（details box），提供精确的 miRNA 或 RNA 条目集的每个读段。利用差异表达分析工具可直接进行两个数据集之间的比较。在这里，用户只需输入两个数据集的 miRanalyzerjobID。在 miRanalyzer 网站提供了教程和样本数据集。miRanalyzer 工具可以从 http://bioinfo5.ugr.es/miRana-lyzer/miRanalyzer.php 上找到。用于聚类分析和重新格式化数据以输入到 miRanalyzer 的 perl 脚本可以从 http://web.bioinformatics.cicbiogune.es/microRNA/miRanalyser.php 上找到（图 13.4）。

Queing and Execution

Analysis completed
You can bookmark this page
Download all results in plain text here

Parameters

Species:	Cel	Assembly:	Ce6
Input:	mehg_ctrl.txt.	Mismatches (known):	
Mismatches (library):	1	Mismatches (genome):	1
Score threshold:	0.9	Min. positives:	3
Type:	Full analysis	Solid	m

Brief summary

unique reads:	443720	read count:	18450502
filltered unique reads:	200564	filtered read count:	101762
No known microRNA:	274	No. known microRNA:	
No microRNA (not miRBase):	...	No. new microRNA:	115
unique reads (after known):	395939	read count (after known):	1
unique reads (after lb):	393256	read count (after lb):	1
unique reads matched:	277749	read count matched:	1
unique reads not-matched:	115507	read count not-matched:	1477974

Mapping to known microRNA (miRBase 19)

Library/ Parameters	Mature	ambiguous mature	Mature-star	ambiguous mature-star	unobs. mature-star	ambiguous unobs. mature-star	hairpin	ambiguous hairpin
No.microRNA	274	7	0	0	0		121	3
fraction (number) of known microRNAs	74.7% (367)	...	0.0% (57)	...	...		54.3% (223)	...
unique reads	26882	70	0	0	0		768	7
fraction of unique reads	6.3%	0.017%	0.000%	0.000%	0.000%	0.000%	0.181%	0.002%
read count	2371520	488	0	0	0	0	2639	9
fraction of read count	12.9%	0.003%	0.000%	0.000%	0.000%	0.000%	0.014%	0.000%
links to detail pages	details	details	no results	no results	no results	no results	details	details

Alignment to other transcibed entities

Library/ Parameters	RefSeq_genes	Rfam
number of unique reads	58333	1196
fraction of unique reads	13.77%	0.28%
number of reads	1	3711
fraction of reads	67.55%	0.02%
Links	details	details

Predicted candidate microRNAs

No. of read clusters:	173783		
No. of checked candidates:	46844		
No. new microRNAs:	115	Unique reads (read count): 629 (44440)	details
No. new microRNAs (trans filtered):	109	Unique reads (read count): 623 (4434)	details

图 13.4 来自 miRanalyzer 的输出。

13.3.1 运行 miRanalyzer

1）下载用于聚类和重新格式化数据的 perl 脚本。
2）运行 perl 脚本来对你的 RNA-seq 数据进行聚类和重新格式化。
3）使用重新设置了格式的数据作为 miRanalyzer 的输入。

13.4　miRNA 靶分析

　　miRNA 通过尚不完全明白的机制瞄准其同源的 mRNA。但是，靶识别的某些关键方面是未知的。miRNA 中前面 7~8 nt 与 mRNA 靶的互补性是重要的；miRNA-mRNA 复合体的热力学稳定性是重要的；特定的 GC 和 AU 匹配的位置也是重要的。

　　位于成熟 miRNA 的 5′端位置 2~9 中的核苷酸被称为种子序列（seed sequence）。在这些位置中的种子序列与靶 mRNA 的互补匹配被分类为 7-mer-A1（7 个匹配的核苷酸，在位置 1 有一个腺苷）、7-mer-m8（7 个匹配的核苷酸，在位置 8 有一个错配）或 8-mer（在种子中有 8 个匹配的核苷酸）。mRNA 上的靶位点已集中到 mRNA 3′非翻译区（UTR），虽然有证据表明 miRNA 也可能将外显子和 5′非编码区作为靶。至少三个不同的方法已经被用于 miRNA 靶分析。第一，基于序列特征的得分和统计分析的计算预测方法一直是有用的，并且是历史上最早的。这些预测方法建立在最初的基本准则上，这些基本准则源于最初的 lin-4 miRNA:1 lin-14 mRNA 配对，后来通过鉴定更多的 miRNA 及其靶得到改进。第二，人工智能方法，基于将 mRNA 分类为靶或非靶的正的和负的训练集，代表更简单的序列匹配得分的一个更智能的替代方法。第三，实验的方法，被认为比计算的方法更准确并且是经过验证的，但由于缺乏通量，例子很少。早期的研究依赖于转染到细胞中的 miRNA 发夹，然后是下调基因的分析。目前，涉及 Argonaute 和其他 RNA 结合蛋白的交联免疫沉淀（CLIP）的 RNA-seq 方法原位识别 miRNA:mRNA 复合体，提供了靶验证中的先进技术。

13.4.1 计算的预测方法

　　大多数纯计算的预测程序依赖于以下准则。准则本身对靶的发现既不必要也不充分，而是为潜在的靶打分提供依据。在实践中使用了很多不同的计算工具，并提出一致预测作为最佳预测。

　　这些准则为：

1）在"种子区域"中互补匹配，"种子区域"定义为 miRNA 的位置 2~7

2）存在弱的种子区域匹配的情况下，在种子区域之外补偿性的互补匹配

3）mRNA 中存在侧翼种子配对序列的腺苷

4）多个种子区域在 3′UTR 与单个 miRNA 匹配

5）多个不同的 miRNA 种子区域在 3′UTR 匹配

6）miRNA 与 3′UTR 全面互补的序列匹配

7）种子序列跨物种保守

由于种子区域只有 6~8 个核苷酸，而准则是含糊不清的，很多计算工具缺乏特异性，因此每个 miRNA 预测数百个靶是常见的。尽管如此，这些工具还是有用的，可以作为产生新假说和进行下游实验分析的起点。以下是 miRNA 靶预测工具的一些例子。

Targetscan（www.targetscan.org）是一个基于 web 的通用工具，用于寻找动物的预测 miRNA 靶。它支持很多物种，包括人类、老鼠、果蝇和线虫。它是一个精选的数据库。因此，已经利用上文所述的寻找 miRNA 靶的一般原理对预测进行了计算[5]。miRNA 被分组到家族，所以靶是对整个家族列出的。输出为表格格式，可以轻松地导出到电子表格中。此工具的一个优点是，除了列出预测的 mRNA 之外，还提供一个基于保守的得分（Aggregate Pct）和一个基于序列上下文的单独的得分（总上下文得分），以帮助评估预测的置信度。作为一个例子，与上下文得分相比，系统发生上高度保守的 miRNA 将更多依靠 Aggregate Pct 得分。该工具的一个缺点是支持的物种数目有限，以及对"星号"miRNA 序列的支持深度有限。然而，如果你想使用靶扫描数据库（target scan database）自定义预测，整个数据库是可以从网站下载的。靶扫描也可以反过来使用，例如，如果你有一个mRNA，并且想要知道预测的 miRNA 靶位点。如果你对使用的精确算法有兴趣，可以查阅精心设计的 FAQ，其中还包括了引文。

Targetscan 的规程：

1）将浏览器指向 Targetscan（www.targetscan.org）

2）通过下拉对话菜单选择物种并单击

3）通过下拉对话菜单选择 miRNA 并单击

4）把网页表粘贴到你的电子表格

DIANA-microT web 服务器（www.microRNA.gr/microT）具有独特的功能，用户可以输入自己的 miRNA 序列，服务器将计算出潜在的靶。虽然它也可以对已知 miRNA 执行靶搜索，或反过来，其评分算法取决于 miRNA 的一个 7 nt、8 nt 或 9 nt 的种子匹配，miRNA 的 3′端的 G:U 摇摆配对，或 5′ miRNA 的前面 9 nt 中的 6 nt 匹配。跨 27 个物种的靶位点的保守性也用于计算中。假阳性是通过生成模拟 miRNA 以得到信噪比来控制的[6]。

miRBase——miRBase 包含来自 TargetScan 的每个 miRNA 的预测。人们只需

简单地在 miRBase 中查询 miRNA，输出屏幕显示预测的靶，包括 Aggregate Pct 和总上下文得分。此外，显示了图形输出，详细说明 miRNA 的互补匹配/不匹配序列，以及 3′UTR。因为对于可以用于预测的最好的计算算法和/或生物信息学工具目前还没有达成一致，许多实验室使用若干个工具来建立一致的预测。miRBase 可以从 www.mirbase.org 访问。miRBase 的扩展的解释将在本章后面详细说明。

13.4.2　人工智能方法

支持向量机（support vector machine，SVM）是机器学习的基本工具。数据的特征被映射到高维向量空间。特征的数目是没有限制的，但可以包括诸如种子中的匹配，种子中的不匹配，种子或 3′部分的自由能，以及基于位置的序列。一旦所有的特征都向量化，来自一个训练集的不同样本可以被分离，并构建一个分类器，最佳地分离样本中的向量。直观地说，这可以被认为是分离训练集中的向量的一个最优的超平面（hyperplane）。接下来，输入真实的数据，基于训练集构建的分类器被用来判别或分离数据。在实践中，训练集可以包括来自微阵列实验的下调 mRNA 的 miRNA 的正面例子，以及来自相同数据集的非调控基因的负面的例子。从被下调的 mRNA 的 miRNA 和 3′UTR 序列中提取特征。有时也使用随机序列作为训练集中的负面例子。支持向量机方法是利用 9 个训练集执行的，具有 0~51 个正面的例子和 0~114 个负面例子，前面 5 个特征的重要性的排序为：nt 匹配位置 5，5′自由能，nt 匹配位置 6，nt 匹配位置 4，以及 5′部分中的 AU 匹配[7]。后来的一个支持向量机研究，使用一个单一的训练集，发现重要的特征为种子匹配保守性、终端碱基匹配及种子 7a 匹配位点[8]。这后一项研究把他们的研究结果放在一个 web 浏览器工具中（www.mirdb.org），你可以从那里搜索你的 miRNA 的靶，或瞄准你的基因的 miRNA，只要它们是来自人类、老鼠、大鼠、狗或鸡的[8,9]。

自组织作图（self-organizing map，SOM）是另一种人工智能方法，以一种无监督的学习算法为基础，已被用于寻找 miRNA 靶。初始的学习过程包括聚类数据（如序列）到多维空间。接下来的作图过程涉及将新输入的数据放入图中。涉及的 MirSOM 方法取 3′UTR 子序列并对它们进行聚类[10]。其结果是一个 32×32 = 964 个神经元的自组织作图，每个神经元包含 180 万个 22 nt 的子字符串中的零个、一个或更多，这些子字符串来自已知的线虫基因的 3′UTR。下一步，miRNA 被作图到 SOM，对应于神经元中的 3′UTR 序列的基因被视为候选目标。mirSOM 比大多数其他工具表现更好，具有高的灵敏度和很好的特异性。不过它目前只支持线虫数据。mirSOM 界面允许用户输入一个 miRNA，预测的 mRNA 被作为输出返回。mirSOM 可以从 www.oppi.uef.fi/bioinformatics/mirsom/访问。

13.4.3　基于实验支持的方法

如果有实验的支持，生物学家会更喜欢计算的预测。幸运的是，在过去几年间，已经朝着这个方向做出了很多努力。大多数实验性的方法受限于通量，但是它们在提供更确定的 miRNA:mRNA 靶相互作用方面具有价值。现在，一些实验方法具有足够的通量，它们自己的结果的一个数据库被证明是合理的。最近，涵盖 miRNA、具有来自文献的实验支持的精选的数据库已被证明是非常有用的。下面我们描述几个包含 miRNA:mRNA 靶的数据库源，既有证实的也有预测的，具有基于实验数据的支持。

mirWIP 作为纯计算预测的一种替代方法，有可能获得 miRNA-mRNA 双链体（duplex）的一个列表，可从免疫沉淀实验获得，这种实验从线虫中分离出 RISC 复合体[11,12]。这方面的知识首先被用于提供实验验证的 miRNA:mRNA 靶复合体的一个列表，其次用来发展一种改进的评分标准，用于 miRNA 靶预测。在 mirWIP 中的初始的靶预测依赖于最小自由能、系统发育的保守性，以及种子配对。mirWIP 用实验的免疫沉淀数据来改进它们的得分算法，现在包括 5′种子匹配特征、结构的可访问性和结合位点能量。mirWIP 可以从 www.mirwip.org 访问。

TarBase 是具有实验支持的 miRNA 靶的一个精选的数据库。TarBase 利用一种文本挖掘辅助的精选管道以半自动的方式从文献中进行精选[13]。该数据库包含 65 814 个实验验证的 miRNA-基因交互作用。实验数据的来源从 miRNA 基因特异的方法，如报告基因、qRT-PCR 及 Western 印迹，到更高通量的方法，如微阵列及 RNA-seq 方法，如 HITS-CLIP 和 PAR-CLIP，以及 Degradome-seq。通过 DIANA microTmiRNA 靶得分可以对实验结果进行计算验证。可以在网站 www.microRNA.gr/tarbase 上找到数据和 TarBase 的一个非常友好的用户界面。

miRTarBase 是另一个精选的 miRNA 靶数据库，是从文献中精选的。精选了近 2000 篇论文，它有 3576 个实验验证的 miRNA 靶交互作用，来自 17 个物种，包括人类[14]。与 TarBase 相比，它不包含来自 RNA-seq 研究的 miRNA 靶相互作用，因而可能会得到对来自单个基因的验证研究数据感兴趣的人的偏爱。miRTarBase 可以从网站 www.miRTarBase.mbc.nctu.edu.tw/访问。

13.5　miRNA-seq 和 mRNA-seq 数据集成

作为很多 miRNA-seq 研究的目标，人们可能不仅想知道在一个特定的组织样品中哪些 miRNA 被调控，还想知道这些 miRNA 调节哪些 mRNA。这个问题已被研究了许多年，甚至在 NGS 之前。对于 miRNA，一个简单的步骤是从失调的

miRNA 的列表中选择一个 miRNA,集中在这个 miRNA 上,通过计算来预测 mRNA 靶。另外,许多实验室将此作为一个进一步的步骤,通过选择一个特定的 miRNA 并分离它的功能性角色,利用 miRNA 发夹模仿物转染或转化细胞,然后通过 qRT-PCR、微阵列或 RNA-seq 的方法确认其调节的 mRNA。这也可以反过来,可以敲除 miRNA,并检测候选 mRNA 靶及其表达。虽然这些实验室方法很辛苦,但是它们的确提供了 miRNA 及其靶的实验验证。

典型的 miRNA-seq 研究可能会得到数万个失调的 miRNA。对同一组织的等价的 RNA-seq 研究可能产生数百个失调的 miRNA。结果的整合是很繁重的工作。一个简单的方法是将一种类型的组织或细胞中 miRNA 的表达水平与同一组织中 mRNA 的表达水平相关联。更复杂的方法是添加转录因子靶预测并基于此数据构建基因网络[15]。一个代表性的方法是构建 miRNA-转录因子前馈循环(feed-forward loop)[16]。在此解决方案中,miRNA-转录因子-mRNA 网络是通过转录因子数据库和 miRNA-靶预测工具构建的。然后这些网络与 miRNA 和 mRNA 的表达数据结合,这些表达数据来自基因表达数据库,如基因表达汇编(gene expression omnibus,GEO)和 ArrayExpress 等。然后对靶富集数据进行统计打分,对得到基因表达数据库支持的 miRNA-转录因子-mRNA-网络给出最好的分数。

miRNA-mRNA 数据集成仍然具有挑战性。一个潜在的因素是,miRNA 和 mRNA 的相互作用发生在 4D 中,也就是说,它们不仅依赖于空间,而且依赖于发育和衰老过程中的时间。如果在一个 miRNA-seq 实验中发现 miRNA 增加了 2 倍,这并不一定意味着细胞中 miRNA 的表达也增加了 2 倍,或者所有细胞都以 2 倍的丰度表达它。如果 miRNA 表达了,存在其他因素允许其靶定和调控吗?目前,在这一领域有大量工作要做,似乎没有简单的答案。

13.6　小 RNA 数据库和资源

13.6.1　miRBase 中 miRNA 的 RNA-seq 读段

miRBase 是用于研究目的的精选的 miRNA 数据库。它包含序列、结构、假定的靶,以及许多物种的参考[17]。miRBase 允许你基于 miRNA 名称或关键词搜索 miRNA 序列和注释。目前,它包含超过 20 000 个 miRNA 条目(Release 19, 2012 年 8 月)。人们可以按物种浏览 miRNA。例如,miRBase 的当前版本(Release 20)有 1872 个人类 miRNA 前体和 2578 个成熟序列。下载部分允许人们下载数据库中的所有 miRNA 序列,或只下载前体,或只下载成熟的序列。它还具有可下载的 miRNA 家族的文件。最近添加的一个新功能是关于读段的精选的数据,支持每个 miRNA 的存在[18]。注释和维持 miRNA 的实验验证的读段数目仍然是一个挑

战，然而面对大量新数据时 miRBase 似乎做了卓越的工作[19]。miRBase 条目
cel-mir-124 的一个典型的例子如图 13.5 所示。此条目显示登录号、描述、基因家
族、社区批注、匹配的茎环、环、凸出区域、支持深度测序读段的数目、深度测
序读段的位置、基因组上下文（这实质上是相对于转录本的精确的坐标和位置）。

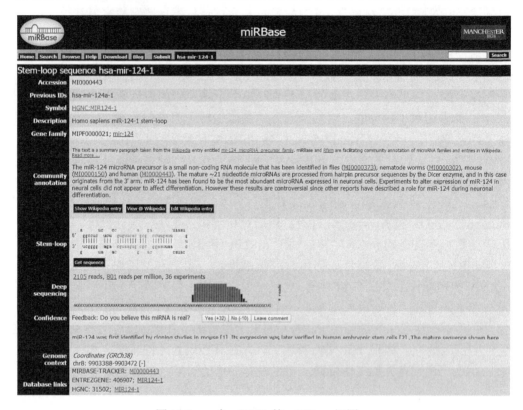

图 13.5　一个 miRNA 的 miRBase 视图。

　　进一步的结果提供 miRNA 的实验证据、验证的靶和预测的靶。实验证据可
能来自克隆、Northern 印迹、测序或 CLIP-seq。验证的靶来自与 TARBASE 的连
接，预测的靶来自 microRNA.org、RNA22-CEL 或 TargetscanWorm。最后，有一
个部分为特定的 miRNA 提供最重要的参考。

　　从茎环的视图，有可能获得茎环中 miRNA 读段的精确数目。点击读段前面
的数字打开另一个视图，带有茎环序列的深度测序读段如图 13.6 所示。在这里可
以查看特定读段的序列和读段/计数的确切数目，按绝对值或计数及按归一化的
RPM（每百万读段的平均数目）单位。该视图的另一个优点是，人们可以看到测
序的异构体（iso-mir）及其对整体计数的贡献。一个进一步的视图提供实验登录，
以及从中派生出数据的读段计数值。

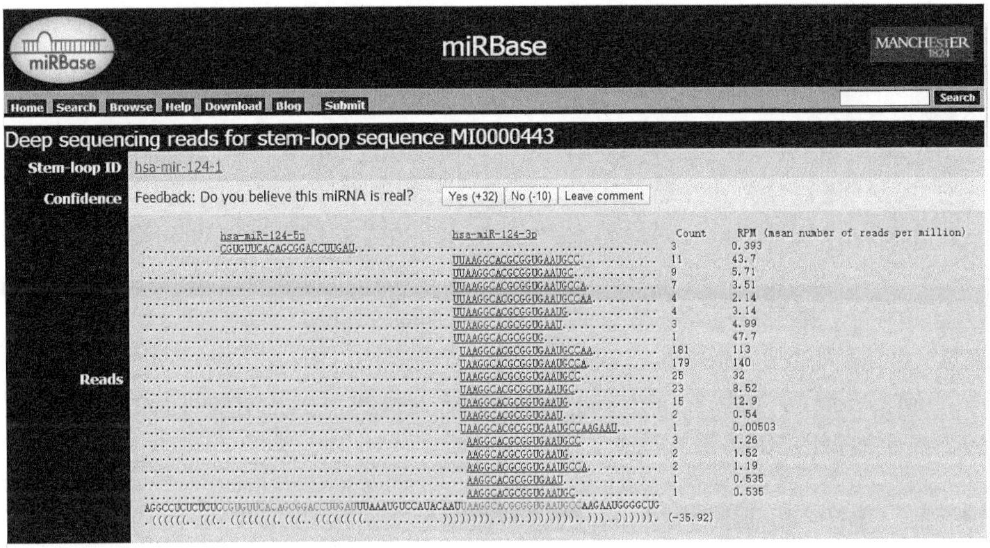

图 13.6　从实验中精选的 hsa-mir-124-1 RNA-seq 读段的 miRBase 条目。

　　UCSC 基因组浏览器是一个多用途的通用浏览器，使用注释轨道从基因组水平寻找序列的特征。每个轨道列出基于生物学实验的特定注释，并分门别类。对于任何序列有数以百计可能的注释轨道，因此它是交互的，允许用户点击各种不同的注释轨道。对于 RNA-seq 数据，用户还可以查看来自测序实验的读段，跨越基因组的一个定义的区域。数据是从不同实验精选的，包括 Encode 项目。UCSC 基因组浏览器可以从 http://genome.ucsc.edu/访问。

13.6.2　miRNA 的表达地图集

　　microRNA.org：在同名网站（microRNA.org）中实际上有两个工具[20]。第一个工具列出基于从转录实验训练的智能支持向量回归算法得到的 miRNA:mRNA 靶位点的计算预测。用户可以利用 miRNA 搜索靶，或反过来。第二个工具具有独特而强大的功能，允许用户访问 miRNA 的表达谱，表达谱是从小 RNA 文库构建和对>300 000 个克隆进行测序得到的，这些克隆来自 256 个小 RNA 文库，其来自人类、大鼠和小鼠的 26 个器官系统或细胞系。可以以热图、条形图或 3D 条形图的方式查看 miRNA 的表达模式。

　　piRNABank：包含可搜索的 piwi 序列及其位置、图谱和分析工具[21]。该资源支持来自人类、小鼠、大鼠、果蝇、斑马鱼、鸭嘴兽的 piRNA。目前在该数据库中有超过 20 000 个不重叠的人类 piRNA 序列。一个有用的功能是，其可以查看和下载一个聚类中的 piRNA 序列。所以如果你对一个特定的基因组位置中表达的所有 piRNA 感兴趣，你可以得到所有数百或数千个 piRNA 序列，并以 FASTA 格式将其下载。piwiDB 可以在网站 piRNAbank.ibab.ac.in/index.shtml 上找到。

Rfam：是最古老的 RNA 数据库之一，存在超过 10 年了[22]。该数据库基于家族对 RNA 进行分类，并通过比对、二级结构和协方差模型来表示它们。它不仅包含非编码的 RNA 基因，也包含催化的 RNA。协方差模型用于对 RNA 序列和结构进行建模。数据库允许人们不仅检索 RNA 数据，而且寻找与输入的 RNA 序列匹配的序列，并查看注释和比对。Rfam 的最新版本（v11.0）包含 2208 个 RNA 家族。Rfam 可以在 http://rfam.sanger.ac.uk/ 上找到。

miRGator[23]：可以在 mirgator.kobic.re.kr 上找到。它是连接到 NGS、表达和 mRNA 靶数据的 RNA 数据库入口。

13.6.3 CLIP-seq 和降解组-seq 数据的数据库

starBase：代表一个数据库，已经收集和分析了 21 种 Argonaute 或 TNRC6 CLIP-seq 及 10 种降解组-seq 数据，来自 6 种生物，包括人类、小鼠、线虫、拟南芥、水稻和葡萄（*Vitis vinifera*）[24]。该数据库是交互式的，显示 Argonaute 结合位点和 miRNA 裂解位点的基因组景观。利用计算预测将来自 CLIP-seq 和降解组-seq 数据集的数据合并，产生大约 66 000 个 miRNA-靶调控关系，大大增加了当前的知识。starBase 是可搜索的，所以你可以输入一个种子序列，通过 CLIPSearch 服务器定位一个 CLIP-seq，或输入一个短的 RNA 序列，并通过降解组（Degradome）搜索服务器找到一个降解组-seq 序列。最近它已经更新了[25]。starBase 可以从 http://starbase.sysu.edu.cn/ 访问。

13.6.4 miRNA 和疾病的数据库

miRò：是一个基于 web 的界面，可以帮助用户寻找 miRNA 和疾病之间的联系[26]。该数据库将来自 miRNA 的数据与 mRNA 靶预测（TargetScan、PicTar、miRanda）和实验验证（miRecord）整合在一起。与 miRNA 关联的基因则链接到基因本体论（gene ontology）和遗传关联数据库（Genetic Association Database）。然后该数据库基本上将你的 miRNA 与一种人类疾病联系起来。可以形成 4 种类型的查询：①关于一个 miRNA、基因、本体术语、疾病或组织的检索信息；②找到 miRNA 和疾病之间的关联，或周围的其他方面，找到与一种疾病关联的所有 miRNA；③对关联检验新的 miRNA-靶配对；④执行高级查询，通过选择一个主题并对主题指定约束条件来限制输出。例如，用"Parkinson's disease"（帕金森病）

进行查询将返回一个 7658 个条目的列表，包括 miRNA 及其靶向基因，靶是通过实验验证的还是预测的，以及是用哪个程序来预测它的。miRò 可以从 http://ferrolab.dmi.unict.it/miro/index.php 访问。

　　miRdSNP：是一个数据库，用于那些希望将 miRNA 与 3′UTR 中的靶位点相关联的人，在靶位点附近定位了与疾病有关联的 SNP[27]。该数据库目前有 786 个疾病相关的 SNP 和 204 种疾病。该工具对于那些想要找到与一个 miRNA 相关联的潜在 SNP 的人特别有用。miRdSNP 可以从 mirdsnp.ccr.buffalo.edu 访问。

13.6.5　研究社区和资源的通用数据库

　　RNAcentral：是针对 RNA 序列的一种联合数据库。随着非编码小 RNA 家族数目的增长，以及对其功能的研究，开始建立数据库以容纳关于它们的生物学功能的 RNA 序列和注释。这已导致高度专业和专门化的数据库，用于许多 RNA 家族（miRBase、RFAM、starBase 等）。这种趋势的一个优点是域专化的知识和跟上迅速发展的影响该领域的新信息的能力。缺点是关于 RNA 序列的信息碎片化，一个 RNA 生物学研究者必须处理不同的接口和数据库模型。因此，许多这些 RNA 数据库的管理人员已经设想，并正在向着 RNA 序列的一个联合数据库开展工作[28]。联合的方法允许每个数据库维护其自己的身份、管理、行政管理，并与用户进行交互，而且充分利用中心数据库和门户网站，对于 RNA 序列访问、存储和展示的用户社区可能是一种资源。这种做法在蛋白质领域已经成功（如 InterPro 数据库）。该项目已获拨款，目前正在欧洲分子生物学实验室（EMBL）-欧洲生物信息研究所（EBI）进行构建。

13.6.6　miRNAblog

　　miRNAblog（mirnablog.com）是一个集中的资源，可以获取 miRNA 研究的更新，找出会议将在哪里举行，列出工作，寻找工作，以及解决 miRNA 领域中的常见问题。它是由广告和 miRNA 研究人员的科学团体支持的。在博客（blog）中很容易找到并讨论学术研究报告及行业新闻。

　　大多数 miRNA 门户网站正在努力将 RNA-seq 数据检索、展示和数据分析工具纳入到它们的系统中。虽然这个工作的规模很大，并需要顶级的工程及计算和生物学的支持，但人们对从中获得的成果充满期待，并将在不久的将来被下游用户迅速采用。在表 13.4 中列出了这里给出的所有网站和资源的汇总。

表 13.4   miRNA-seq 分析的资源

资源	类型	描述	地址
miRBase	数据库	miRNA 的数据库，显示 miRNA 序列的 RNA-seq 读段	mirbase.org
RFAM	数据库	RNA 家族的数据库	rfam.sanger.ac.uk
UCSC	数据库	数据库和基因组浏览器	genome.ucsc.edu/
piRNABank	数据库	piwiRNA 序列的数据库	pirnabank.ibab.ac.in/index.shtml
starBase	数据库	CLIP-seq 和降解组数据的数据库	starbase.sysu.edu.cn
microRNA.org	数据库	miRNA 文库和表达谱的数据库	microRNA.org
miRò	数据库	链接到靶和疾病的 miRNA 的数据库	ferrolab.dmi.unict.it/miro/index.php
miRdSNP	数据库	miRNA、miRNA 靶、关联的 SNP 和疾病的数据库	mirdsnp.ccr.buffalo.edu
miRDeep2	分析	小 RNA-Seq 数据的分析：发现，注释及展示	mdc-berlin.de/8551903/en/research/research_teams/systems_biology_of_gene_regulatory_elements/projects/miRDeep
miRanalyzer	分析	小 RNA-seq 数据的分析：发现，注释及展示	http://bioinfo5.ugr.es/miRanalyzer/miRanalyzer.php
TargetScan	分析	miRNA 靶工具	targetscan.org
mir-WIP	分析	miRNA 靶工具，基于从免疫沉淀数据进行的改进的预测	146.189.76.171/query.php
mirSOM	分析	miRNA 靶工具，基于自组织作图	www.oppi.uef.fi/bioinformatics/mirsom/
mirTarBase	分析	miRNA 靶工具，基于精选的文献	miRTarBase.mbc.nctu.edu.tw
TarBase	分析	miRNA 靶工具，基于实验证据	microrna.gr/tarbase
DIANAmicroT	分析	miRNA 靶工具，允许你输入自己的 miRNA 并返回潜在的靶	ferrolab.dmi.unict.it/miro/index.php
microRNAblog	通用	新闻，会议，公告及招聘信息	mirnablog.com

13.7 小   结

目前有很多易于获得和易于使用的工具可用于 miRNA 数据分析。这些工具可以处理原始 NGS 读段及进行下游的分析。此外，若干个数据库（通过 miRBase）为科学界提供丰富的精选数据。一些工具要求用户熟悉命令行环境；然而，越来越多的分析工具是基于 web 的。两者结合起来可以提供功能强大的分析手段，允许人们发现、注释、可视化和识别 miRNA 数据集中的差异。虽然非 miRNA 类的分析工具是滞后的，但在不久的将来在这一领域会有更多的成果。在当前的环境中确实可以找到 miRNA 和非编码小 RNA 序列分析的实用方法。

参 考 文 献

1. Li Y., Zhang Z., Liu F. et al. Performance comparison and evaluation of software tools for microRNA deep-sequencing data analysis. *Nucleic Acids Research* 40(10):4298–4305, 2012.

2. Williamson V., Kim A., Xie B. et al. Detecting miRNAs in deep-sequencing data: A software performance comparison and evaluation. *Briefings Bioinformatics* 14(1):36–45, 2013.

3. Friedländer M.R., Mackowiak S.D., Li N., Chen W. et al. miRDeep2 accurately identifies known and hundreds of novel microRNA genes in seven animal clades. *Nucleic Acids Research* 40(1):37–52, 2012.

4. Hackenberg M., Sturm M., Langenberger D. et al. miRanalyzer: A microRNA detection and analysis tool for next-generation sequencing experiments. *Nucleic Acids Research* 37(Web Server issue):W68–W76, 2009.

5. Lewis B.P., Burge C.B., and Bartel D.P. Conserved seed pairing, often flanked by adenosines, indicates that thousands of human genes are microRNA targets. *Cell* 120(1):15–20, 2005.

6. Maragkakis M., Reczko M., Simossis V.A. et al. DIANA-microT web server: Elucidating microRNA functions through target prediction. *Nucleic Acids Research* 37(Web Server issue):W273–W276, 2009.

7. Kim S.K., Nam J.W., Rhee J.K. et al. miTarget: microRNA target gene prediction using a support vector machine. *BMC Bioinformatics* 7:411, 2006.

8. Wang X. and El Naqa I.M. Prediction of both conserved and nonconserved microRNA targets in animals. *Bioinformatics* 24(3):325–332, 2008.

9. Wang X. miRDB: A microRNA target prediction and functional annotation database with a wiki interface. *RNA* 14(6):1012–1017, 2008.

10. Heikkinen L., Kolehmainen M., and Wong G. Prediction of microRNA targets in *Caenorhabditis elegans* using a self-organizing map. *Bioinformatics* 27(9):1247–1254, 2011.

11. Zhang L., Ding L., Cheung T.H. et al. Systematic identification of *C. elegans* miRISC proteins, miRNAs, and mRNA targets by their interactions with GW182 proteins AIN-1 and AIN-2. *Molecular Cell* 28(4):598–613, 2007.

12. Hammell M., Long D., Zhang L. et al. mirWIP: MicroRNA target prediction based on microRNA-containing ribonucleoprotein-enriched transcripts. *Nature Methods* 5(9):813–819, 2008.

13. Vergoulis T., Vlachos I.S., Alexiou P. et al. TarBase 6.0: Capturing the exponential growth of miRNA targets with experimental support. *Nucleic Acids Research* 40(Database issue):D222–D229, 2012.

14. Hsu S.D., Lin F.M., Wu W.Y. et al. miRTarBase: A database curates experimentally validated microRNA-target interactions. *Nucleic Acids Research* 39(Database issue):D163–D169, 2011.

15. Mestdagh P., Lefever S., Pattyn F. et al. The microRNA body map: Dissecting microRNA function through integrative genomics. *Nucleic Acids Research* 39(20):e136, 2011.

16. Yan Z., Shah P.K., Amin S.B. et al. Integrative analysis of gene and miRNA

expression profiles with transcription factor-miRNA feed-forward loops identifies regulators in human cancers. *Nucleic Acids Research* 40(17):e135, 2012.

17. Griffiths-Jones S., Saini H.K., van Dongen S. et al. miRBase: Tools for microRNA genomics. *Nucleic Acids Research* 36(Database issue):D154–D158, 2008.

18. Kozomara A. and Griffiths-Jones S. miRBase: Integrating microRNA anno-tation and deep-sequencing data. *Nucleic Acids Research* 39(Database Issue):D152–D157, 2011.

19. Kozomara A. and Griffiths-Jones S. miRBase: Annotating high confidence microRNAs using deep sequencing data. *Nucleic Acids Research* 42(1):D68–D73, 2014.

20. Betel D., Wilson M., Gabow A. et al. The microRNA.org resource: Targets and expression. *Nucleic Acids Research* 36(Database issue):D149–D153, 2008.

21. Lakshmi S. and Agrawal S. piRNABank: A web resource on classified and clustered Piwi-interacting RNAs. *Nucleic Acids Research* 36(Database issue):D173–D177, 2008.

22. Burge S.W., Daub J., Eberhardt R. et al. Rfam 11.0: 10 years of RNA families. *Nucleic Acids Research* 41(Database issue):D226–D232, 2013.

23. Cho S., Jang I., Jun Y., Yoon et al. MiRGator v3.0: A microRNA portal for deep sequencing, expression profiling and mRNA targeting. *Nucleic Acids Research* 41(Database issue):D252–D257, 2013.

24. Yang J.H., Li J.H., Shao P. et al. starBase: A database for exploring microRNA–mRNA interaction maps from Argonaute CLIP-seq and Degradome-seq data. *Nucleic Acids Research* 39(Database issue):D202–D209, 2011.

25. Li J.H., Liu S., Zhou H. et al. starBase v2.0: Decoding miRNA–ceRNA, miRNA–ncRNA and protein–RNA interaction networks from large-scale CLIP-seq data. *Nucleic Acids Research* 42(1):D92–D97, 2014.

26. Laganà A., Forte S., Giudice A. et al. miRò: A miRNA knowledge base. Database (Oxford):bap008 2009.

27. Bruno A.E., Li L., Kalabus J.L. et al. miRdSNP: A database of disease-asso-ciated SNPs and microRNA target sites on 3′UTRs of human genes. *BMC Genomics* 13:44, 2012.

28. Bateman A., Agrawal S., Birney E. et al. RNAcentral: A vision for an interna-tional database of RNA sequences. *RNA* 17(11):1941–1946, 2011.